U0850776

双相不锈钢基础

李静媛　编著

北　京
冶　金　工　业　出　版　社
2025

内 容 提 要

本书系统介绍了双相不锈钢的基础理论、制备工艺及工程应用，涵盖其发展历程、典型牌号、析出相行为、力学与耐腐蚀性能，以及热变形、冷加工和超塑性变形等关键工艺；重点探讨了经济型双相不锈钢和特超级双相不锈钢的研发趋势，为材料设计、加工优化及工业应用提供科学指导。

本书可供材料、冶金领域的科研人员、工程师及高校师生参考。

图书在版编目（CIP）数据

双相不锈钢基础／李静媛编著. --北京：冶金工业出版社，2025. 5

ISBN 978-7-5024-9391-2

Ⅰ. ①双…　Ⅱ. ①李…　Ⅲ. ①不锈钢—基本知识
Ⅳ. ①TG142. 71

中国国家版本馆 CIP 数据核字（2023）第 022721 号

双相不锈钢基础

出版发行　冶金工业出版社　　**电　　话**　（010）64027926
地　　址　北京市东城区嵩祝院北巷 39 号　　**邮　　编**　100009
网　　址　www. mip1953. com　　**电子信箱**　service@ mip1953. com

责任编辑　曾　媛　赵缘园　美术编辑　彭子赫　版式设计　郑小利
责任校对　石　静　责任印制　范天娇
三河市双峰印刷装订有限公司印刷
2025 年 5 月第 1 版，2025 年 5 月第 1 次印刷
710mm×1000mm　1/16；14. 25 印张；275 千字；217 页
定价 88. 00 元

投稿电话　（010）64027932　投稿信箱　tougao@cnmip. com. cn
营销中心电话　（010）64044283
冶金工业出版社天猫旗舰店　yjgycbs. tmall. com
（本书如有印装质量问题，本社营销中心负责退换）

前　言

双相不锈钢，作为不锈钢的分支之一，是一类兼具奥氏体和铁素体两相组织的高性能钢材，以其独特的两相组织结构、均衡且优异的综合性能而得到非常迅速的发展和应用。近些年来，在镍资源短缺、镍价格较高的情况下，发展节镍、钼的经济型双相不锈钢是双相不锈钢发展的一个重要方向，同时多种应对严苛环境要求的特超级双相不锈钢也相继问世。鉴于双相不锈钢的技术指标随社会需求日新月异地不断发展，及其在石油化工、海洋工程、食品加工等多个工业领域的扩展应用，本书以作者最新研究成果和生产技术积累为基础，结合国内外前人的文献资料，系统总结和阐述双相不锈钢的基础理论和制备工艺调控，旨在助力相关领域的科研工作者、工程师及学生更好地理解和应用这一材料。

全书共分7个章节。第1章系统梳理和介绍了双相不锈钢从萌芽到逐步成熟的演进历程以及一些典型牌号，同时引入了与奥氏体不锈钢和铁素体不锈钢的对比。在此基础上，在第2章中，深入探讨了析出相的种类、形态及其对双相不锈钢性能的影响；第3章全面分析了双相不锈钢的力学性能和耐腐蚀性的关键特性及其影响规律；第4章和第5章分别从热加工和冷加工的角度，详细阐述了变形工艺对双相不锈钢组织和性能的影响机制，为材料的加工优化和性能调控提供了科学依据；第6章介绍了双相不锈钢板材的评价指标和影响因素，为工程应用提供了实践指导；第7章探索了超塑性双相不锈钢的变形机理及影响因素，简要介绍了双相不锈钢的高性能化新的应用方向。

本书由北京科技大学李静媛教授主笔，黎旺博士、张兴海博士、巩庆第博士、郭惠华博士和曹铸博士共同参与了本书的编写工作。本书的编写、审定成员均长期从事双相不锈钢的研究与应用，具有丰富的科研经验和学术功底。他们的专业知识和研究成果为本书的编写提供了坚实的基础，使本书能够全面、深入地呈现双相不锈钢领域的最新研究成果和技术发展。

本书的编写和出版特别感谢北京科技大学的大力支持与帮助，在此致以诚挚的谢意。

由于作者水平所限，若书中有不足之处，诚请广大读者批评指正，以便我们在未来的研究和出版中不断改进和完善。

编　者

目　录

1 双相不锈钢概述

1.1 双相不锈钢的发展历史

双相不锈钢是指在钢的固溶组织中既含有铁素体又含有奥氏体的不锈钢钢种。一般来说，铁素体和奥氏体相约各占50%，一般较少相的含量最少也需要达到30%。双相不锈钢同时具有铁素体α和奥氏体γ两相组织结构，所以铁素体型不锈钢和奥氏体型不锈钢的特性均会在双相不锈钢中体现出来。与奥氏体型不锈钢相比，双相不锈钢具有更高的强度，耐腐蚀疲劳、耐应力腐蚀、耐晶间腐蚀等性能也获得了很大改善；与铁素体不锈钢相比，双相不锈钢的韧性高、低温脆性转变温度低、焊接性能和耐晶间腐蚀性能均显著提高，且保留了铁素体不锈钢线膨胀系数小、热导率高、不需要焊接前热处理和焊接后热处理的特点。

双相不锈钢作为不锈钢的一个重要分支，其发展和应用非常迅速，到目前为止，双相不锈钢已经发展了三代。

1927年，Bain 和 Griffiths 首先发现了 Fe-Ni-Cr 合金中存在奥氏体和铁素体两相组织。1930年，J. Hochmann 偶然发现提高奥氏体不锈钢中的铬含量不仅使钢具有磁性，而且提高了钢的耐晶间腐蚀性能。随后为了改善奥氏体不锈钢中的晶间腐蚀现象，瑞典的阿维斯塔（Avesta）公司发明并生产以 26Cr-5Ni-1.5Mo（wt.%，后同）为主要成分的商业双相不锈钢。作为另一个第一代双相不锈钢的代表，法国在1935年获得第一个双相不锈钢专利 Uranus50，大幅度提高了不锈钢的抗应力腐蚀能力。从此，双相不锈钢开始进入发展与应用阶段。但是早期的双相不锈钢存在板材边缘裂纹敏感性高以及焊后热影响区韧性低等问题，限制了它们的广泛使用。

第一代双相不锈钢以美国20世纪40年代开发的329钢为代表钢种，含高 Cr、Mo，耐局部腐蚀性能良好，但含碳量较高（≤0.1%）。缺点是焊接时失去相的平衡，沿晶界析出碳化物导致耐腐蚀性能及韧性下降，焊接后必须经过热处理，一般仅仅用于铸锻件，这使它的应用受到了一定程度的限制。

20世纪70年代，二次精炼技术引发了第二代双相不锈钢的发展。采用 AOD 和 VOD 等精炼技术，可以生产出超低碳（≤0.03%）的钢，并且 S、P、O 等杂质元素含量被极大地降低，钢材纯净度大幅度提高。同时，钢中 N、Mo、Cu 等合金元素含量获得窄成分范围精确控制。通常来说，含氮双相钢称为第二代双相不锈钢。氮元素作为奥氏体形成元素可以增加奥氏体相比例、提高奥氏体稳定性，还可以提高不锈钢的耐腐蚀性能，另外加入氮元素可以使焊接后热影响区的韧性和耐腐蚀性能更接近母材。利用氮元素的独特作用和超低碳冶炼技术，对第一代双相不锈钢的缺点进行了改进，开创了第二代的含氮双相不锈钢，发展了双相不锈钢新的应用领域。

第二代双相不锈钢有 18Cr 型、22Cr 型和 25Cr 型等多种钢种。18Cr 型的 3RE60 双相不锈钢具有良好的高温双相组织稳定性，使其热加工能力与可轧制性得到了极大的提高。尽管如此，人们仍然担心在这种情况下由于高的 Cr/Ni 当量比，可能导致的材料抗晶间腐蚀能力较弱的问题。20 世纪 70 年代末，瑞典的 Sandvik 公司针对酸性油井井管及管线用材，通过提高合金中的 N 与 Cr 含量，首先开发出了 22Cr 型的 SAF2205 双相不锈钢，并纳入了 ASTM A789、A790、A240、A276 等标准，美国牌号为 UNSS31803。2205 钢的主要成分是 22Cr-5Ni-3Mo-2Mn-0. 2N，由于合金中氮含量的提高，不仅抗腐蚀能力更加优异，同时也具备了更好的力学性能。与 00Cr18Ni5Mo3Si2（1825、3RE60）相比，在高温下(如1300 ℃)仍能保持一定比例的奥氏体，具有优良的高温焊接性能。在实际使用方面，具有比 SUS304、SUS316L 等奥氏体不锈钢更好的耐应力腐蚀、耐缝隙腐蚀、耐 Cl^-点蚀、耐晶界腐蚀以及高强度、高耐磨等优点，并且未明显降低伸长率。2205 钢作为第二代双相钢的代表钢种，是目前应用最普遍的双相不锈钢，除油、气井外还成功应用于化工换热器、蒸发器等设备。在国外该牌号双相不锈钢使用量已占双相不锈钢的 80%，并以每年 17%的速度递增。

第三代双相不锈钢于 20 世纪 80 年代后期开始发展。这类双相不锈钢的特点是含碳量极低，约为 0. 01%~0. 02%，而且含有高钼和高氮（Mo 约 3%~4%，N 约 0. 3%~0. 4%)，同时添加了钨、铌、钒和铜等元素。此类钢具有优良的耐点蚀性能，耐点蚀当量值（PRE = %Cr+3. 3%Mo+16%N）大于 40，且表现出良好的高温塑性和抗高温氧化性能。这类不锈钢也被称为超级双相不锈钢，代表钢种为 SAF2507、Zeron100、$UR52N^+$等。双相不锈钢的发展历史如图 1-1 所示。

1980 年初，首届双相不锈钢国际会议上，双相不锈钢已经成为与奥氏体不锈钢、铁素体不锈钢并列的一类不锈钢，并且制定了牌号。

近些年来，在镍资源短缺，镍价格较高的情况下，发展节镍、钼的经济型双相不锈钢是双相不锈钢发展的一个重要方向。典型的钢种例如如实开发的 LDX2101，成分为 21. 5% Cr、5% Mn、1. 5% Ni、0. 22% N、0. 3% Mo、0. 3% Cu。除了发展经济型双相不锈钢，为了满足极端恶劣环境对于材料耐腐蚀性能的要求，开发出超级、特超级型双相不锈钢也是双相不锈钢发展的方向之一。如瑞典 Sandvik 公司开发的 SAF2507 是应用广泛的超级双相不锈钢钢种，瑞典近期开发

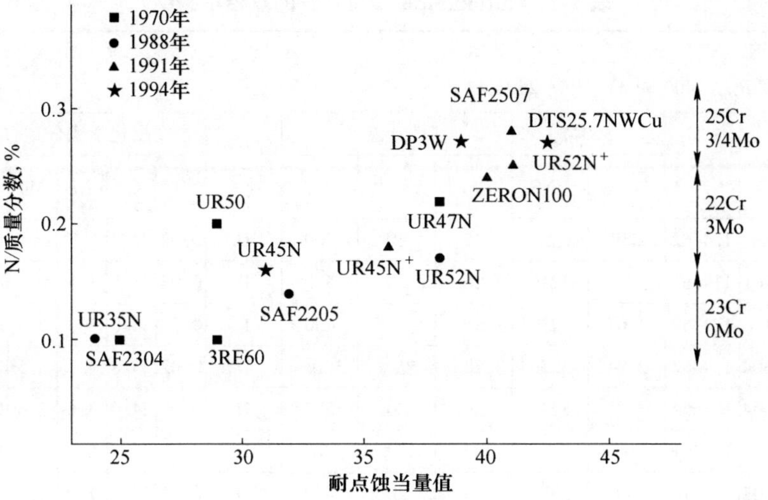

图 1-1 双相不锈钢的发展历史

的特超级双相不锈钢（Hyper Duplex Stainless Steel，HDSS）SAF2707HD 和 SAF3207HD 铬含量为 27%、32%，氮含量大于 0.45%，*PRE* 大于 45，强度高于 900 MPa。

1.2 典型的双相不锈钢牌号

经过几十年的发展，双相不锈钢的商用牌号已多达几十种，表 1-1 所示为 ASTM 标准中经济型双相不锈钢的牌号和对应的成分，表 1-2 所示为 Outokumpu 公司开发及生产的几种双相不锈钢的牌号、成分及主要性能。下面介绍几种较为常用的牌号及其主要特点。

表 1-1 ASTM 标准中经济型双相不锈钢牌号和对应的成分

（质量分数,%）

商业牌号	UNS 商业标准	国内牌号	Cr	Ni	Mn	Mo	N
3RE60	S31500	00Cr18Ni5Mo3Si2	18.4	5		2.7	0.7
SAF2205	S31803	00Cr22Ni5Mo3N	22	5.3		3	0.17
SAF2507	S32750	00Cr25Ni7Mo4N	25	7	1	4	0.27
SAF3207		00Cr32Ni7Mo4N	32	7	1	4	0.53
Zcron100	S32760		25	7		3.2	0.25
AL2003	S32003		22	3.5	2	1.7	0.17
LDX2101	S32101		22	1.5	5	0.4	0.2
SAF2304	S32304	00Cr22Ni4N	23	4.5	2.5	0.3	0.1

表 1-2 Outokumpu 公司开发的双相不锈钢

双相不锈钢

（屈服强度 $R_{p0.2}$>400 MPa），*PRE* 26 to 43.

钢材名称	EN	ASTM		性 能			牌号体系	主要化学成分/质量分数,%					
		类型	UNS	*PRE*	A①/%	$R_{p0.2}$/MPa		C	Cr	Ni	Mo	N	其他
Forta DX2205	1.4462	2205	S32205②	35	20	500	D	0.02	22.4	5.7	3.1	0.17	—
Forta LDX2101	1.4162	—	S32101	26	20	530	D	0.03	21.5	1.5	0.3	0.22	5Mn Cu
Forta DX2304	1.4362	2304	S32304	26	20	450	D	0.02	23.0	4.8	0.3	0.10	Cu
Forta EDX2304	1.4362	2304	S32304	28	25③	500③	D	0.02	23.8	4.3	0.5	0.18	Cu
Forta LDX2404	1.4662	—	S82441	34	20	550	D	0.02	24.0	3.6	1.6	0.27	3Mn Cu
Forta SDX100	1.4501	—	S32760	42	25④	530④	D	0.02	25.4	6.9	3.8	0.27	W Cu
Forta SDX2507	1.4410	2507	S32750	43	20	550	D	0.02	25.0	7.0	4.0	0.27	—
比较													
Core 304L/4307	1.4307	304L	S30403	18	45	220	A	0.02	18.1	8.1	—	—	—
Supra 316L/4404	1.4404	316L	S31603	24	40	240	A	0.02	17.2	10.1	2.1	—	—
Ultra 904L	1.4539	904L	N08904	34	35	240	A	0.01	19.8	24.2	4.3	—	1.4Cu
Ultra 254 SMO	1.4547	—	S31254	43	35	320	A	0.01	20.0	18.0	6.1	0.2	Cu

注：牌号体系：D=双相体，A=奥氏体，F=铁素体。

①最小值符合 ASTM A240 标准，适用于厚度小于5 mm 的带材。不同标准的伸长率参考值不同，此处参考的信息表示 A_{80}，否则，请参见脚注了解具体等级，或咨询参考其他标准。

②也适用于 S31803。

③Outokumpu MDS-D35 可用于 EDX 2304。

④板材的最小值符合 EN 10088-2。

1.2.1 2101 双相不锈钢

2101 双相不锈钢是目前商用领域成本最低廉的双相不锈钢。该钢种是 2002 年由瑞典阿维斯塔-波拉里特公司开发的，企业牌号为 LDX2101，其目的是用更低的成本来代替另一种经济型双相不锈钢 S32304。

该钢种主要以 Mn、N 代 Ni 来降低成本，其耐蚀性比 2205 双相不锈钢有所下降，但与 304L 奥氏体不锈钢相当。实验表明 2101 双相不锈钢的耐局部腐蚀性能至少在 304 钢水平以上，接近 316L，且在大多数环境下的均匀腐蚀性能与 304L 和 316L 相当，同时具有良好的耐氯应力腐蚀开裂性能。

在力学性能方面，由于 2101 双相不锈钢中氮含量较高，固溶强化作用明显，因此经过 1050 ℃固溶后，LDX2101 的力学性能明显优于其他双相不锈钢。同时，因为用N代替了Ni，导致了钢中奥氏体相的层错能远低于其他双相不锈钢，因此该钢种很容易发生相变诱导塑性效应。

由于其良好的性能和较低的原材料成本，LDX2101钢的已被广泛应用于各种场合，可取代304奥氏体不锈钢，或者在一定程度上还可取代结构碳钢。如应用于制造中等腐蚀环境中的工艺设备，造纸厂的白液罐等；在大气环境中，LDX2101表现出足够的耐耐腐蚀，其机械强度较高，因此成为压力容器的理想材料。近年来为了提高基础设施结构用钢的耐腐蚀性，已开始在桥梁建设中应用。另一个可以通过更高强度实现质量减轻的是移动式罐式集装箱。对于储罐材料，来自内部液体的压力是极限设计标准，因此可以通过使用更高强度的LDX2101板材和盘管来节省材料。

1.2.2 2205双相不锈钢

瑞典的Sandvik公司于20世纪70年代针对酸性油井井管及管线用材首先开发出了SAF 2205钢，也属于第二代双相不锈钢，纳入了ASTM A789、A790、A240、A276等标准，美国牌号为UNSS 31803；20世纪80年代以后，各国相继开发类似钢种，并纳入标准。德国有W-Nr 1.4462、DIN X 2CrNiMoN2253，法国有Z2CND 2205-03，瑞典有SS 2377，英国有BS 318S13等。我国在20世纪80年代初开始研制相当SAF2205钢的00Cr22Ni5Mo3N双相不锈钢。

2205双相钢管有优异的力学性能，其综合了铁素体和奥氏体最有益的性能，是由21%铬、2.5%钼及4.5%镍为主要成分的一种不锈钢，它的屈服强度是奥氏体不锈钢的两倍，这一特性使设计者在设计产品时减轻质量，让这种合金比316L、317L更具有优势。其抗拉强度大于或等于620 MPa，屈服强度大于450 MPa。2205双相不锈钢焊接性能优异，线热倾向系数小，焊前不需要预热，焊后不需热处理，可与304钢焊接。

2205双相不锈钢由于铬和钼的含量都很高，因此具有极好的抗点腐蚀和均匀腐蚀的能力，双相微观组织保证了很高的抗应力腐蚀破裂的能力，在中性氯化物溶液和H_2S中耐应力腐蚀性能优于304L、316L奥氏体不锈钢及18-5Mo型双相不锈钢。

2205双相不锈钢是目前应用最普遍的双相不锈钢材料，SAF2205双相不锈钢自20世纪80年代初开始用于油、气井生产，这是最早在这方面使用的双相不锈钢。由于耐点蚀性能很好，还有良好的强度及韧性等综合性能，可进行冷、热加工及成型，焊接性良好，适用作结构材料。除油、气井外还成功应用于化工换热器，蒸发器等设备。

1.2.3 2304双相不锈钢

2304不锈钢（中国牌号：00Cr23Ni4N）是瑞典开发的一个低合金的双相不

锈钢，是一种含23%铬、4%镍、不含钼的双相不锈钢。该钢种是作为一个具有高强度和价廉特色，能代替304L和316L常用奥氏体不锈钢而开发的钢种，它具有与合金304L和316L相似或更好的一般耐腐蚀性，但屈服强度几乎是奥氏体不锈钢的两倍。

2304双相不锈钢具有高机械强度、良好的焊接性、良好的机械加工性、低热膨胀、良好的疲劳性能、高导热性和易于制造。它固溶处理温度为1000 ℃左右，组织有40%~50%铁素体和50%~60%奥氏体，具有双相不锈钢的共性特点，其力学性能如表1-3所示。

表1-3 2304双相不锈钢力学性能

钢 种	钢材品种	温度/℃	σ_b/MPa	$\sigma_{0.2}$/MPa	δ/%
SAF2304	钢管 $\phi \leq 25.4$ mm	室温	≥690	≥450	25
	钢板	室温	≥600	≥400	25
		50	600	370	—
		100	570	330	—
		200	530	290	—
		300	500	260	—

2304双相不锈钢具有良好的耐蚀性能，由于其23%的高铬含量，其耐腐蚀性能实际上与合金316L相当。与304L和316L标准奥氏体牌号相比，其双相微观结构以及低镍和高铬含量使得抗应力腐蚀性能更高，它通常适用于-58~572 F（-50~300 ℃）温度范围，比316L更耐点蚀和耐缝隙腐蚀，在含氯化物水溶液中的抗应力腐蚀开裂性能优于合金304L和316L，不过其在沸腾硝酸（65%）中的腐蚀速率高于316L合金。双相不锈钢2304的高屈服强度使得其在磨损腐蚀应用中表现良好。

1.2.4 2507双相不锈钢

2507双相不锈钢是瑞典Sandvik公司于20世纪80年代开发的超级双相不锈钢。其主要的合金元素包括25%铬、4%钼和7%镍，对应的中国牌号为00Cr25Ni7Mo4N。

2507双相不锈钢具有较高的强度，力学性能优异，相比于奥氏体不锈钢，其热导率高而热膨胀系数低。试验测得2507双相不锈钢板材的力学性能结果如图1-2及表1-4所示。由图1-2可以清晰观察到，2507双相不锈钢板材在不同方向的力学性能差异明显，各向异性显著。

由表1-4中力学数据可以看出，与轧制方向呈45°方向上有着最小的屈服强

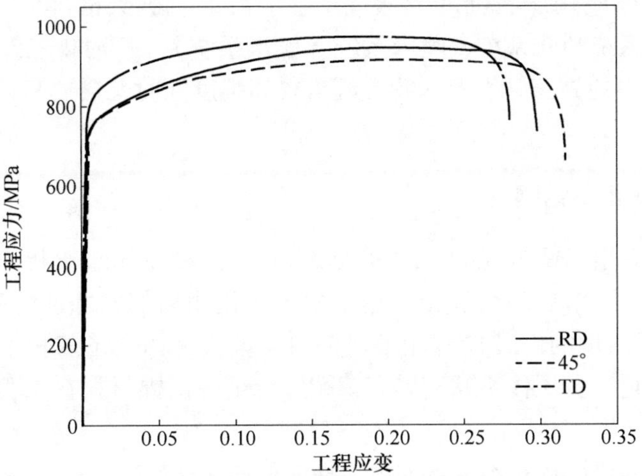

图 1-2 2507 双相不锈钢板材不同方向的力学性能

度 725 MPa 及抗拉强度 939 MPa，但其断后伸长率最大，为 32%；与轧制方向呈 90°方向上的屈服强度和抗拉强度最大，分别为 802 MPa、999 MPa，其抗拉强度比 45°方向上的抗拉强度高出约 6.3%，但其断后伸长率为三个方向中的最小值 29%；轧制方向的力学性能位于两者之间，其屈服强度、抗拉强度和断后伸长率分别为 736 MPa、971 MPa 和 31%。此外发现，不同方向上的弹性模量也有着与强度相同的分布规律，90°方向上的弹性模量最大，45°方向上的弹性模量最小。

表 1-4 2507 双相不锈钢的拉伸性能

拉伸方向/(°)	屈服强度/MPa	抗拉强度/MPa	弹性模量/GPa	断后伸长率/%
0	736	971	211	31
45	725	940	199	32
90	802	999	233	29

2507 双相不锈钢中铬及钼含量较高，有非常好的耐蚀性。因此对有机酸如甲酸、乙酸等具有较强的抗均匀腐蚀性，同时对包含氯化物的无机酸也具有较强的抗腐蚀能力。与 904L 相比，2507 对稀释且混有氯离子的硫酸具有更强的抗腐蚀能力。而 904L 是奥氏体不锈钢，专用于抗纯硫酸腐蚀。316L 不锈钢不能用于盐酸环境中，它可能会遭到局部腐蚀或整体腐蚀。2507 可以用于稀释的盐酸环境里，具有较强的抗点腐蚀及抗缝隙腐蚀的能力。2507 较低的碳含量大大地降低了其在热处理时晶间碳化物沉淀的风险，因此，这种不锈钢具有很强的抵抗与碳化物相关的晶间腐蚀的能力。双相结构使其具有较强的抗应力腐蚀开裂的能力，由于其较高的铬、钼含量，2507 钢的抗腐蚀能力及强度均优于 2205 钢。

2507 不锈钢应用于石油和天然气工业、海上石破天油平台（热交换器管、水处理和供水系统消防系统、喷水系统、稳水系统），石油化工设备，脱盐（海水淡化）设备中的高压管、海水管等既需要高强度同时又需要高耐腐蚀性的机械和结构部件。

1.2.5 2707 双相不锈钢

SAF2707 双相不锈钢（00Cr27Ni7Mo5N）是一种特超级双相不锈钢。特超级双相不锈钢是为了解决超级双相不锈钢耐热氯化物局部腐蚀性能和强度的不足，于 2000 年以后问世的。2707 双相不锈钢的面世大大拓宽了双相不锈钢的应用范围并提高了与超级奥氏体不锈钢和高镍耐蚀合金等高镍材料在工程应用领域中的竞争力。

SAF2707 特超级双相不锈钢的力学性能要高于 2507，高氮、钼、铬量和双相组织使此钢的屈服强度和抗拉强度分别高达 800 MPa 和 1000 MPa，且塑、韧性也保持在工程应用所需要的较高水平上。使用双相不锈钢可大幅减薄材料厚度，降低设备质量，从而可使节约材料、降低成本成为可能，2707 钢的强度较一般双相不锈钢更高，更具有节约材料和降低成本的优势。不同工艺制备的 UNS S32707 双相不锈钢的力学性能如表 1-5 所示。2707 存在韧性的各向异性，其脆性转变温度均小于等于−50 ℃，纵向冲击韧性可以达到 200 J，横向冲击韧性可达 100 J。

表 1-5 不同工艺制备的 UNS S32707 双相不锈钢的力学性能

种类	抗拉强度/MPa	屈服强度/MPa	断后伸长率/%	断面收缩率/%	硬度（HV）	冲击功/J
S1	1493±6	1391±9	13. 2±1	24. 1±3	528. 7±4	18±3
S2	593±20				523. 8±8	
S3	941±10	665±7	24. 6±2	25. 8±3	321. 8±7	
S4	901±4	658±10	36. 4±2	48. 4±2	291. 5±6	132±5
S5	893±1	646±3	38. 7±2	52. 6±3	286. 7±5	
S6	581				467. 2±10	
S7	883±2	597±32	34±1		289. 6±5	
S8	814±16	678±12	2±1	2±1	302±4	3. 5±3
S9	851±7	614±10	29. 2±2	59. 4±3	285. 4±4	128±6
S10	≥920	≥700	≥25		≤34HRC（322HV）	

2707 双相不锈钢其 *PRE* 值可高达 49，其耐蚀性优于 2507 双相不锈钢，在甲酸和乙酸中有良好的耐蚀性，在 6% $FeCl_3$ 溶液中其临界点蚀温度约为 95 ℃，比

2507 双相不锈钢高；耐缝隙腐蚀能力也优于 2507 双相不锈钢。2707 双相不锈钢在氯化物环境中具有优异的耐点蚀、耐缝隙腐蚀和耐应力腐蚀的性能，特别适于制造以海水和含 Cl^- 为工作介质和冷却介质的热交换器设备，比如在炼油厂的常压蒸馏装置的塔顶热交换器管束。

1.2.6 2906 双相不锈钢

SAF2906（00Cr29Ni6Mo2N）双相不锈钢是在第三代含氮双相不锈钢 SAF2507（00Cr25Ni7Mo4N）基础上发展而来，此材料是瑞典 Sandvik 公司 2006 年公开发布的新型双相不锈钢，与 2507 钢相比，2906 双相不锈钢降低了钼、铬含量，成分更加平衡，热稳定性有所改善。

SAF2906 双相不锈钢的显微组织特点与其他超级双相不锈钢相似，其固溶态时 α/γ 两相比例接近于 1。在高温冷却过程中会有 σ、χ、R 等金属间相沉淀，从而对钢的力学性能产生不利的影响。但与 SAF2507 钢相比，SAF2906 钢中钼含量低、氮含量高，故减缓了 σ 相的形成，其具有较高的组织热稳定性。2906 双相不锈钢具有良好的冲击韧性，其脆性转变温度约在-100 ℃，其在-50 ℃时的冲击功仍可达 120 J。

由于 SAF2906 钢含有高的铬量，其在苛性介质中具有优良的耐蚀性能，也具有良好的耐氯化物应力腐蚀的性能。其耐点蚀当量 *PRE* 值达 41，高于 2205，稍低于 2507 超级双相不锈钢。

SAF2906 钢由于其高强度和高韧性的特性，主要用在苛性钠生产中包括蒸发器用管在内的管线系统用管，氧化铝生产中热交换器管和氧化铝厂一些装置中的管路，以及对点蚀和缝隙腐蚀有高耐蚀需求的设备和构件。

1.2.7 3207 双相不锈钢

SAF3207（00Cr32Ni7Mo4N）双相不锈钢也属于特超级双相不锈钢，它是为解决深海（水深近 2500 m，压力高于 1500 psi）管道缆的苛刻需求而开发的。SAF3207 钢的 *PRE* 值高达 50，比超级奥氏体不锈钢具有更加优良的耐点蚀和耐缝隙腐蚀性能，其临界点蚀温度也高于 2507 双相不锈钢，而且有较高的疲劳寿命，可以满足深海油田管道缆的需求。所以 3207 双相不锈钢主要应用于深海领域中的信号传输和油气运输等腐蚀性强的工况。

与前述 SAF2507 钢相比，钢中铬、氮量的提高，使得 3207 钢既有更高的强度以承受更高的外加载荷，又具有更加优异的耐蚀性以适应更加苛刻的腐蚀介质的需求。所制造的产品截面可以减薄，从而减轻质量、节约材料，最终使产品成本降低。SAF3207 不锈钢，其化学成分如表 1-6 所示，其具有优异的力学性能，具有非常高的拉伸性能，其强度也比 2507 钢高 20%左右，在 $\alpha+\gamma$ 双相不锈钢中属于强度最高的。

表 1-6 两种特超级双相不锈钢的化学成分 （质量分数,%）

商业牌号	Cr	Ni	Mo	N	Fe
SAF2707HD	27	6.5	4.8	0.4	余量
SAF3207HD	32	7	3.5	0.5	余量

1.3 双相不锈钢与奥氏体不锈钢、铁素体不锈钢的对比

双相不锈钢由于两相组织的特点，通过正确控制化学成分和热处理工艺，可以使双相不锈钢兼有铁素体不锈钢和奥氏体不锈钢的优点。

（1）与奥氏体不锈钢相比，双相不锈钢的优势如下：

1）屈服强度比普通奥氏体不锈钢高一倍多，且具有成形需要的足够的塑韧性。采用双相不锈钢制造储罐或压力容器的壁厚要比常用的奥氏体减少 30%～50%，有利于降低成本。

2）具有优异的耐应力腐蚀破裂的能力，即使是含合金量最低的双相不锈钢也有比奥氏体不锈钢更高的耐应力腐蚀破裂的能力，尤其在含氯离子的环境中。应力腐蚀是普通奥氏体不锈钢难以解决的突出问题。

3）在许多介质中应用最普遍的 2205 双相不锈钢的耐腐蚀性优于普通的 316 L 奥氏体不锈钢，而超级双相不锈钢具有极高的耐腐蚀性，在一些介质中，如醋酸，甲酸等甚至可以取代高合金奥氏体不锈钢，乃至耐蚀合金。

4）具有良好的耐局部腐蚀性能，与合金含量相当的奥氏体不锈钢相比，它的耐磨损腐蚀和疲劳腐蚀性能都优于奥氏体不锈钢。

5）比奥氏体不锈钢的线膨胀系数低，和碳钢接近，适合与碳钢连接，具有重要的工程意义，如生产复合板或衬里等。

6）不论在动载或静载条件下，比奥氏体不锈钢具有更高的能量吸收能力，这对双相不锈钢结构件应对如冲撞、爆炸等突发事故优势明显，具有实际应用价值。

与奥氏体不锈钢相比，双相不锈钢的弱势如下：

1）应用的普遍性与多面性不如奥氏体不锈钢，例如其使用温度必须控制在 250 ℃以下。

2）其塑韧性较奥氏体不锈钢低，冷、热加工工艺和成形性能不如奥氏体不锈钢。

3）存在中温脆性区，需要严格控制热处理和焊接的工艺制度，以避免有害相的出现，损害性能。

(2) 与铁素体不锈钢相比，双相不锈钢的优势如下：

1) 综合力学性能比铁素体不锈钢好，尤其是塑韧性，不像铁素体不锈钢那样对脆性敏感。

2) 除耐应力腐蚀性能外，其他耐局部腐蚀性能都优于铁素体不锈钢。

3) 冷加工工艺性能和冷成形性能远优于铁素体不锈钢。

4) 焊接性能也远优于铁素体不锈钢，一般焊前不需预热，焊后不需热处理。

5) 应用范围较铁素体不锈钢宽。

与铁素体不锈钢相比，双相不锈钢的弱势如下：

一般铁素体不锈钢不含镍，而双相不锈钢合金元素含量高，价格相对高。

2 析　出　相

2.1 概　　述

双相不锈钢在热处理和冷、热变形时，会析出除铁素体（α）与奥氏体（γ）以外的其他相，并使不锈钢的性能发生变化[1]。双相不锈钢中通常出现的析出相有：碳化物、氮化物、金属间相与调幅分解相等，如表 2-1 所示。

表 2-1　双相不锈钢常见析出相

析出相	结构	晶胞原子数	空间群	析出温度/℃	元素/化学式
$M_{23}C_6$	fcc	116	Fm3m	650~950	$(Cr,Fe,Mo)_{23}C_6$
M_7C_3	hex	40	Pnma	950~1050	$(Cr,Fe)_7C_3$
MN	Ordfcc	8	Fm3m	约 1000	CrN、TiN、NbN、VN
M_2N	hex	9	P31m	700~900	$(Cr,Fe)_2N$
σ	bct	30	P42/mnm	600~1000	$(Fe,Ni)_x(Cr,Mo)_y$
χ	bcc	58	I43m	700~900	$Fe_{36}Cr_{12}Mo_{10}$
R	三角		R3	550~850	Fe-Cr-Mo
π	立方		$P4_132$	550~600	$Fe_7Mo_{13}N_4$
τ	正交		Fmmm	550~650	

2.2　碳化物与氮化物

2.2.1　碳化物

双相不锈钢在低于 1050 ℃加热时，沿 α 和 γ 相界析出碳化物。碳化物主要以 M_7C_3和 $M_{23}C_6$的形式存在，其中 M 主要以 Cr(Fe,Mo) 为主。在双相不锈钢中 γ 相含碳量高，α 相含 Cr 量高，所以相界是碳化物析出的有利位置。

双相不锈钢在较高温度范围 950~1050 ℃时，沿 γ/α 相界析出 M_7C_3型碳化物，快速冷却可以抑制析出；在低于 950 ℃时，析出 $M_{23}C_6$型碳化物，快速冷却很难抑制析出。当 $M_{23}C_6$长大时，由于要消耗邻近铁素体相内的铬含量，于是这部分的原铁素体区随即转变为二次奥氏体，出现 $M_{23}C_6$ 和二次奥氏体的聚集区。

双相不锈钢相界碳化物的析出并不像对奥氏体不锈钢那样带来很大的危害。在含 0.03% C 的超低碳双相不锈钢中，碳化物的析出量很少，甚至不能分布到所有的相界上。而 SAF2507 含碳量在 0.01%~0.02%范围内，所以根本没有任何类型的碳化物析出。

2.2.2 氮化物

随着近代发展含氮超级双相不锈钢，双相不锈钢中的含氮量增加。氮化物析出对于双相不锈钢性能有一定的影响，所以对氮化物的研究也显得十分必要。双相不锈钢经过高温水淬之后，由于 N 在铁素体中的溶解度降低，呈现过饱和状态，快速冷却导致 Cr_2N 在铁素体的晶界和晶内析出，固溶温度升高导致析出数量增加。Cr_2N 往往和 γ_2 伴生，氮化物周围贫 Cr 促进了二次奥氏体的形成，从而影响钢的点蚀性能。还有一种 CrN 是立方晶系的氮化物，这种氮化物析出很少，对于钢的韧性和耐腐蚀性能没有显著影响。如图 2-1 所示，1300 ℃淬火后晶界附近没有析出，这是由于淬火空位造成的。

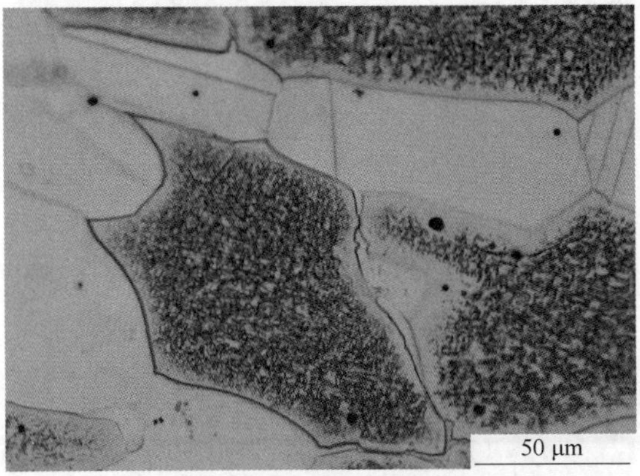

图 2-1 Cr_2N 的金相形貌

（SAF3207 钢 1300 ℃淬火）

如果在较高温度 700~900 ℃等温时效时，与从高温水淬一样，在 α/α 和γ/α 相界和铁素体晶内都有 Cr_2N 的析出。晶内析出的 Cr_2N 与基体 α 维持一定的 $\langle 0001\rangle_{Cr_2N} /\!/ \langle 011\rangle_{\alpha}$ 取向关系。Cr_2N 经能谱分析，其化学成分还有铁和钼，实际上属于 M_2N 型氮化物。晶界析出的 Cr_2N 更多的是等轴形貌，并且对迁移的 γ/α相界起到钉扎的作用，使得相界呈波浪形弯曲。Cr_2N 与二次奥氏体（γ_2）往往是伴生的，氮化物周围的贫铬促进了二次奥氏体的形成，能谱结果也显示 γ_2 贫铬，它的含铬量比一次奥氏体低约 3%[1]。

在升温过程中，随着 N 在奥氏体与铁素体内固溶度的变化，N 元素不断迁移，多次析出并回溶，对于 N 元素的迁移，目前作出了很多研究，具体详见本章 2.5 节氮迁移。

2.3 金属间相

影响双相不锈钢性能的因素，除了化学成分和相比例之外，金属间相对性能也有显著影响。双相不锈钢中的金属间相主要有 σ 相、χ 相、R 相、π 相，都是脆性相，影响钢的力学性能和耐腐蚀性能。

2.3.1 σ 相

σ 相是双相不锈钢中危害最大的析出相，也是研究最多的一种金属间化合物，它具有四方晶系结构，每个晶胞的原子数为 30 个。1907 年，Treitschke 等[2]发现了在 Fe-Cr 二元合金中存在一种脆性的相，1936 年，Jett 和 Foote[3]称这种金属间化合物为 σ 相。σ 相的形貌如图 2-2 所示。

图 2-2　双相不锈钢 0Cr32Ni7Mo4N 在 800 ℃时效后的金相照片

σ 相在铁素体不锈钢与奥氏体不锈钢热处理中均会析出。σ 相具有四方晶格结构，结构复杂，导致其在单相的不锈钢中形成过程非常缓慢。如在单相的 308 奥氏体不锈钢中，需要在 750 ℃加热长达 5000 h 才能析出 σ 相，对材料进行冷加工，虽然在一定程度上加快了 σ 相的形成，但在上述加热温度下加热时仍然需要至少 100 h。但对于双相不锈钢而言就完全不同了，由于铁素体中存在钼和镍，尤其是钼，扩大了 σ 相的形成温度范围缩短了形成时间，σ 相可以在高于 950 ℃时存在。σ 相是一种硬而脆的金属间化合物，它不仅使钢的韧性显著下降，而且也影响双相不锈钢的耐腐蚀性能。所以在热加工或者热处理时必须快速通过 σ 相形成区，防止 σ 相的形成[4-5]。

2.3.1.1 析出机理

该类型的分解机制研究较为充分[6-8]，分解的温度区间一般为 600~800 ℃，但根据具体牌号双相不锈钢合金含量的不同，有的分解温度可以达到 1000 ℃以上。在共析分解的初始阶段，沿着 γ/α 相界有 $M_{23}C_6$型化合物析出，但该析出只在某些相界的 γ 相界面上形核，并且与 γ 相保持特定的取向关系[1]：

$$(100)_{\gamma} /\!/ (100)_{M_{23}C_6}$$

$$[001]_{\gamma} /\!/ [001]_{M_{23}C_6}$$

$M_{23}C_6$的析出，导致 γ/α 相界附近的 α 相内 Cr 的损失，贫铬的铁素体区域促进原始的 α/γ 相界向 α 相内迁移，贫 Cr 的铁素体区域便转变成 γ_2，新的 γ_2/α 相界被 $M_{23}C_6$型化合物钉扎，相界发生褶皱。在褶皱的结点上，由于二次奥氏体的长大，多余的 Cr 被释放到邻近的铁素体相，为 σ 相的形核创造了有利条件。一旦 σ 相在铁素体的富 Cr 区域形核并析出，多余的 Cr 被吸收，而多余的 Ni 又被释放到邻近的区域，于是在 σ 相的周边形成富 Ni 贫 Cr 的二次奥氏体 γ_2。该过程反复进行，铁素体最终全部以共析分解的方式转变成 γ_2和 σ 相。通过共析分解，转变机制如图 2-3 所示[1]，850 ℃时效 σ 相析出形貌如图 2-4 所示。共析分解的转变次序如下：

$$\alpha \rightarrow M_{23}C_6 + \gamma_2$$

$$\alpha \rightarrow \gamma_2 + \sigma$$

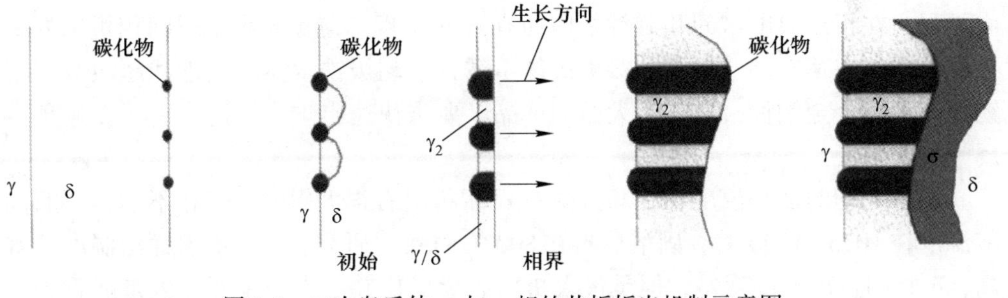

图 2-3 二次奥氏体 γ_2与 σ 相的共析析出机制示意图

2.3.1.2 影响因素

影响 σ 相析出的因素有很多种，广泛认可的合金元素对析出有决定性的作用，铁素体形成元素 Cr、Mo 和 W 加速金属间相的析出，扩大了析出的温度范围。而奥氏体形成元素 Ni 的作用是间接的，增加 Ni 的含量会提高 σ 相析出的速度，但是析出总量会下降。这是由于 Ni 含量增加，使奥氏体相比例升高，铁素体相比例降低，从而使铁素体内 Cr、Mo 元素浓度升高，析出动力变强；而 σ 相

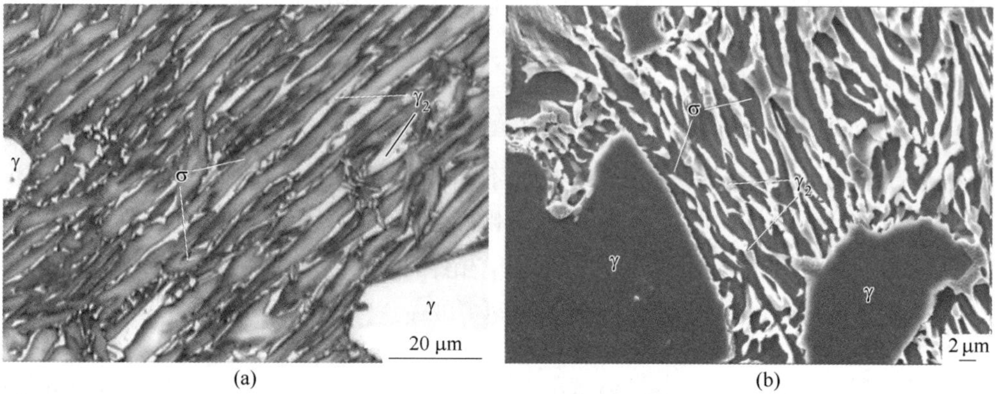

图 2-4 850 ℃时效 σ 相析出形貌
（a）OM 图；（b）SEM 图

由铁素体转变而来的，铁素体相比例减小，所以析出总量下降[9]。

N 元素能够减少了金属间析出的敏感性，这是 N 的有效作用之一，也是目前大力开发高氮钢需要考虑的重要因素。N 元素的作用机理是改善了双相不锈钢中合金元素在两相中的分配系数，随着 N 含量增加，Cr、Ni 和 Mo 等元素两相之间的比值趋近于 1，尤其 N 显著影响 Cr 的分配系数，使 Cr 和 Mo 从铁素体相向奥氏体相转移，从而降低了金属间相的析出速度[10]。

3207 实验钢是超级双相不锈钢，其合金元素 Cr 和 Mo 的含量相对于 2205 双相不锈钢高得多，因此，实验钢的 σ 析出区间相比普通双相不锈钢更快，析出动力更强，在析出温度区间几分钟之内便有 σ 相出现，避免有害金属间相析出的最佳方法就是快速冷却。对于超级奥氏体不锈钢、超级铁素体不锈钢和超级双相不锈钢三种高合金钢种，尤其是大截面产品，要求快速出炉，快速水冷，以避免金属间相的出现。

固溶处理的加热温度和冷却方式对 σ 相析出有很大影响，双相不锈钢一般固溶温度在 1075～1300 ℃，固溶后再在 800 ℃时效。研究表明，随着固溶温度的升高，σ 相的析出速度变慢，但是最大析出数量变化并不大。主要原因是随着固溶温度升高，奥氏体相数量减少和球化，使 α/γ 相界面减少，因此，σ 相形核位置减少；另外，随着加热温度升高，铁素体相数量增加，合金元素的分配系数更接近 1，使 Cr 和 Mo 等元素分配更均匀，降低了偏析程度，使金属间相析出敏感性变小。

固溶后冷却速度也会对析出有影响，采用两种冷却方式：一种是固溶处理 30 min 后在 800 ℃盐浴中等温时效，另一种是固溶处理 30 min 后水淬，然后再在 800 ℃的盐浴炉中等温时效。结果表明水淬促进了 σ 相的析出，尤其在 1300 ℃

以上高温固溶时，效果更为显著，其原因是水淬易引起晶格缺陷，增加了σ相的形核位置，高温固溶后相界面减少，通过水淬来获得更多的形核点，加快了σ相的析出。

变形会影响σ相的析出速率，为了研究热轧变形对σ相析出过程的影响，从热轧板上切取试样做时效实验，时效时间30 min后水淬冷却，对比铸态和热轧态下实验钢时效后的组织，如图2-5所示。实验钢热轧总变形量为70%，γ相经过热轧后出现形变孪晶，α相等温时效析出的σ相呈块状分布，相比铸态时效后排列整齐的长条状σ相，热轧时效的σ相大小不一，取向无规律，很多都是细小的σ相颗粒。热轧后的组织中存在着很多的晶体缺陷，α相中分布着大量的位错、位错墙和亚晶界，这些缺陷为析出物形核提供了有利位置。所以，除了在相界面形核，σ相还可以在α晶内缺陷处形核，σ相颗粒数量多，大小不一，没有铸态时效析出的σ相那么均匀和整齐。

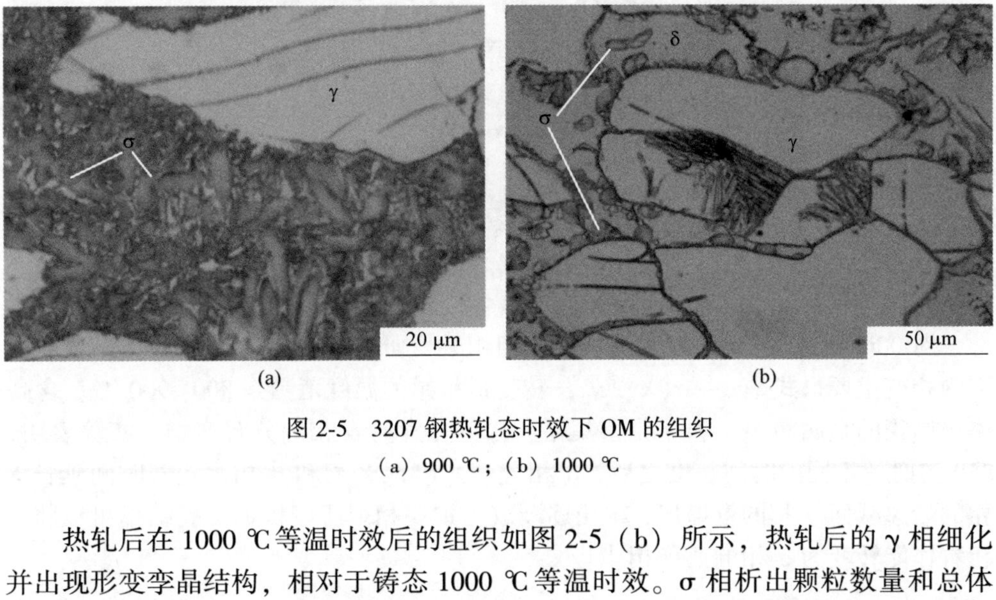

(a) (b)

图2-5 3207钢热轧态时效下OM的组织

(a) 900 ℃；(b) 1000 ℃

热轧后在1000 ℃等温时效后的组织如图2-5（b）所示，热轧后的γ相细化并出现形变孪晶结构，相对于铸态1000 ℃等温时效。σ相析出颗粒数量和总体积明显增加，除了在相界面的块状σ相析出，在α相晶粒内部也有许多σ相存在。热轧变形使σ相析出大大加速，在实际热轧生产过程中，σ相的析出会降低钢的热塑性，它能使热轧产品不能卷取成形，甚至出现裂纹。因此，双相不锈钢终轧温度必须控制在σ相析出的温度之上，对于3207钢，σ相在1000 ℃依然会析出，终轧温度需控制在1050 ℃以上。冷变形同样可以加速σ相的析出，尤其当冷变形量达到80%以上，再在800 ℃时效时，很短时间就开始析出，这与形变储存能未能全部消除有关，σ相甚至在铁素体基体恢复与再结晶之前析出。

2.3.2 χ相

χ相的析出温度一般在700~900 ℃范围内，首先沿着铁素体晶界以及铁素体-奥氏体相界析出，如图2-6所示。和σ相相比，χ相析出的数量要少很多，而且存在于较小的温度范围内。χ相对韧性和耐蚀性能有不良影响，但是因为通常与σ相共存，所以很难区分它们的影响，它占据的比例比较少，但是不容忽视，且χ相是一种亚稳相，随时效时间的延长，χ相会逐渐转变为σ相[11-12]。例如SAF2507双相不锈钢在低于σ相转变温度时会出现孔蚀，显然这和χ相，而非和σ相有关。由于σ相含有较高的Mo，所以和它同时产生的二次奥氏体相对贫铬和钼，会引起耐腐蚀性能下降[13]。

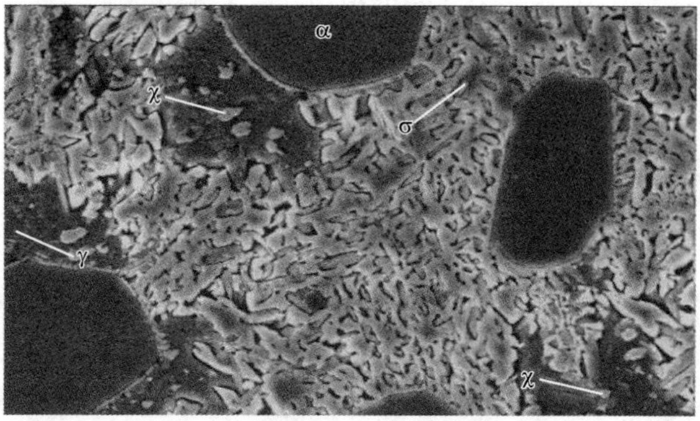

图2-6 χ相与σ相的析出形貌

对00Cr18Ni5Mo3Si2双相不锈钢的组织转变研究表明，在750~950 ℃温度范围内相变主要形式是$\alpha \rightarrow \sigma(\chi)+\gamma_2$，转变最敏感的温度范围是800~900 ℃。含高铬、高钼的金属间相χ和σ是富集铬、钼等元素的α相的分解产物。实验表明，850 ℃时效不同的时间长度之后，α相分解，出现χ相和σ相，随着时间延长χ相的量递减而σ相的量增加，σ相逐渐成为主要相。所以根据实验结果可以将χ相看作能转变为σ相的亚稳相[11]。

2.3.3 R相

最早在Uranus50（0Cr21Ni7Mo2Cu1）双相不锈钢中观察到R相，它是含有高钼的一种金属间相，化学式为Fe_2Mo。在研究00Cr18Ni5Mo3Si2双相不锈钢的相变的时候，发现了这种相[1]，它的析出温度范围在550~750 ℃，在550 ℃时效处理10 h之后的金属薄膜中可以观察到平均长度为50 nm，宽15 nm，厚度小于5 nm的小片状沉淀相，在铁素体{110}面析出，沿着〈100〉和〈110〉方向长大，50 h后长大成不规则的颗粒，650 ℃为析出峰，此时析出量增多，但是颗粒长度方向增长不明显，厚度方向长大而变成颗粒状，750 ℃析出量显著减少。

2.3.4 π相

在 22Cr-8Ni-3Mo 焊缝金属中，在 600 ℃时效处理时发现有 π 相，它与 R 相相同，在铁素体晶粒内析出，含有高铬和钼，约含有 28%Fe、35%Cr、3%Ni 和 34%Mo，化学式为 $Fe_7Mo_{13}N_4$，是一种氮化物[1]。

2.4 调 幅 分 解

2.4.1 475 ℃脆性概述

铬含量大于 15%的铁素体不锈钢、铁素体含量较高的奥氏体不锈钢以及双相不锈钢，在 400~500 ℃较长时间保温会发生明显脆化，钢的强度和硬度显著提高而韧性急剧降低，同时还会造成耐腐蚀性能下降。因为该现象在 475 ℃附近最易出现，所以称作 475 ℃脆性。双相不锈钢中含有 50%的奥氏体，因此脆化不像单相铁素体钢那么严重，但是高牌号钢的脆化危害还需高度重视。

在室温下对 2205 钢进行夏比冲击韧性测试，获得如图 2-7 所示的不同温度和时效时间处理后的冲击功和硬度变化[13]。可以看出，随着时效时间增加冲击韧性下降。在 450 ℃、475 ℃和 500 ℃，韧性在初始阶段即出现明显的降低，之后开始缓慢下降。不过，400 ℃时效时，在早期阶段韧性下降并不多。试样在 475 ℃连续保温 8 h（480 min）后，冲击功降至时效前（304 J）的一半以下（150 J）。冲击功 13.5 J 通常被认为脆性材料临界值。475 ℃时效 32 h 后，冲击

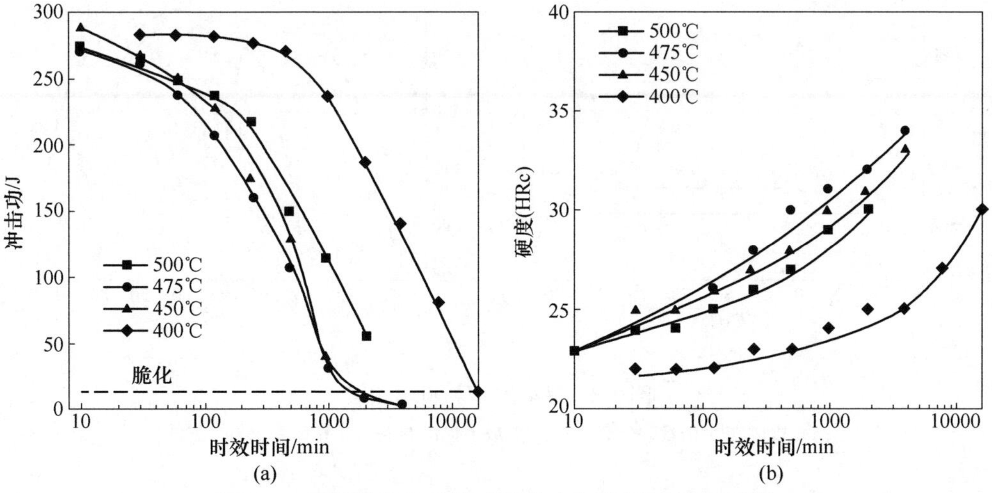

图 2-7 不同温度和时效时间的冲击功和硬度变化[13]

（a）冲击功变化；（b）硬度变化

功降低至此临界值，此时冲击断口也显示出了脆断特征。伴随着冲击功下降，2205 钢的洛氏硬度随着时效时间延长不断增加，475 ℃时效 8 h 后由初始状态的 22.6 增加至 34[13]。

2.4.2 475 ℃脆性机理——调幅分解

产生 475 ℃脆性的原因是 α′相的形成。α′相是一种富 Cr 相，含 Cr 量可高达 61%~82%，含铁量为 37%~17.5%，尺寸为 10~20 nm。该相具有体心立方结构并且无磁性，其晶格常数为 0.2877 nm，介于 Fe 与 Cr 的晶格常数之间。Fe 和 Cr 都是体心立方金属，当温度足够高、晶格尺寸较大时，它们可以无限置换型固溶体。但是，温度降低使晶格尺度和间隙减小，原子直径略大于 Fe 的 Cr 原子就可能难以维持无限置换固溶而产生溢出倾向。

早期认为 α′相是通过析出形成的，如图 2-8（a）所示 Fe-Cr 二元中温相图中 α+α′分界线，这条分界线以上 Fe 与 Cr 可以无限互溶，而这条分界线以下就会通过形核、长大的方式析出 α′相。由于 α′相析出较为缓慢，因此，在分界线以上加热所得到的单相 α，即使在空冷的条件下，也不会有 α′相的析出；只有在分界线以下长时间保温，α′相才会析出；当重新加热到分界线以上时，由于 α′相溶解，又会使钢的塑性、韧性得到恢复。当时人们把 δ→α′+α（也有的文献把它写成 α→α′+α″或 α→α″+α）设想成一条简单的直线，其位置开始时曾画在 550 ℃处，之后逐渐移到了 475 ℃。后来，随着电子显微镜、X 射线衍射分析技术的发展，人们发现 α′相还可通过“调幅（Spinodal）分解”的方式形成，并提出了如图 2-8（b）所示的亚稳界概念。

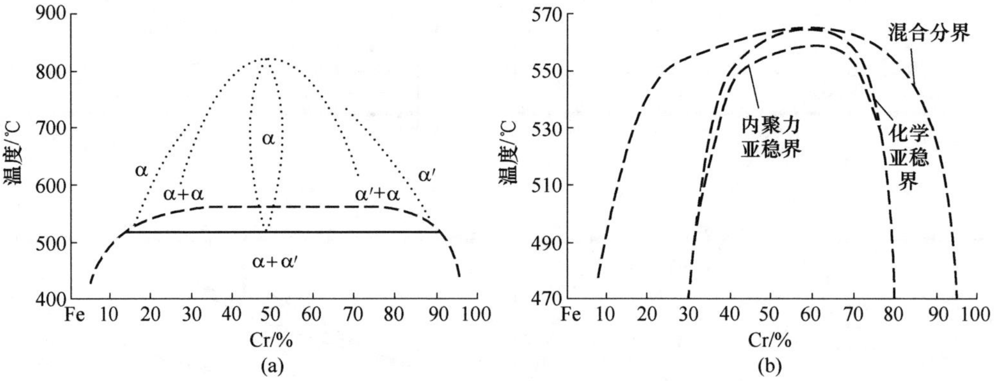

图 2-8 最早的 α′相析出相图

（a）曾画在 550 ℃的分界线；（b）最早提出的混合分界和亚稳界分界线

如图 2-9 所示为过饱和固溶体的析出分解和亚稳界分解相变图。当在某一温

度 T_1 时固溶组成的 Fe-Cr 亚稳态合金 x 再次加热到 T_c 以下某一温度 T_2 时，可以发现其自由能将是随组成比例波动，两个拐点上 $\frac{d^2G}{dx^2}=0$，不同 T_2 温度下这两个拐点位置轨迹就是最初的化学亚稳界（图 2-9）。组成为 x_0的 α 相在 T_2 温度时将落在这一化学亚稳界曲线以内，发生 α→α′+α″分解时，因为由相邻晶格中 Cr 成分极微小差别造成 Cr 的扩散是“爬坡”式（up-hill）的集聚，结果就会形成细小的富 Cr 的 α′相及邻近的贫 Cr 而富 Fe 的 α″相。而组成为 x_0'的 α 相在 T_2 温度时将落在混合分界和化学亚稳界之间，这时发生的 α→α′+α″分解，因为 $\frac{d^2G}{dx^2}>0$，只能由析出成长过程逐渐形成组分差异很大及随后的邻近区域内下坡式（down-hill）扩散，结果形成尺度较大的富 Cr 的 α′相及邻近的贫 Cr 而富 Fe 的 α″相。

以上可见，析出反应和亚稳界分解的本质区别在于热力学（即能量）状态决定的扩散过程动态特征的异同。化学亚稳界之内，α′相由 Cr 的微小差别通过扩散聚集逐渐达到足够含量，因此尺度十分细小；而在化学亚稳界之外、混合分界之内的成分，α′相一开始就要达到足够含量，随后的扩散生长只是使其尺度逐渐扩张。

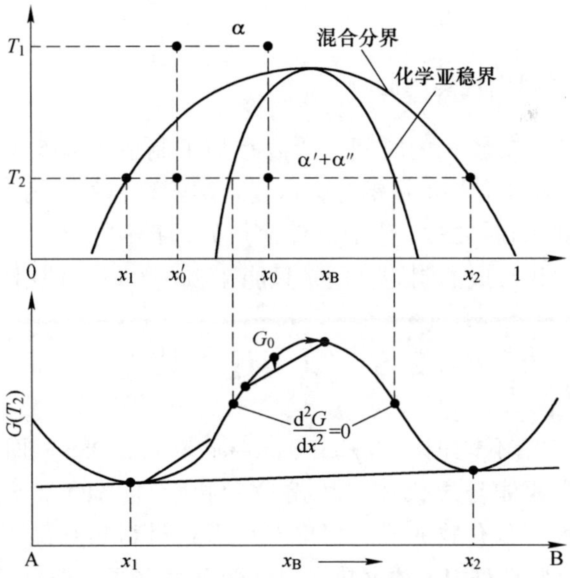

图 2-9 混合分界、化学亚稳界与自由能的曲线关系[27]

有文献研究了 α′相的形貌及其分解过程[13]。双相不锈钢在 300~600 ℃长时效时间并快速冷却之后，从铁素体相 δ 基体中会析出富铬的 α′相和富铁的 α 相，

其分解反应为 δ→α+α′。α 相和 α′相像海绵体一样呈网状结构不规则连接，具有典型的各向同性调制（spinodal）组织。如图 2-10（a）所示，白亮的为富铬 α′相、暗色的为富铁 α 相，其尺寸大小随时效时间的延长而变大，但形态不变。铁素体在 α′相分解的同时还伴随有复杂的位错结构变化，不仅发生了位错的重新分布，还发现有纠结交织模式的位错结构，如图 2-10（b）所示[13]。

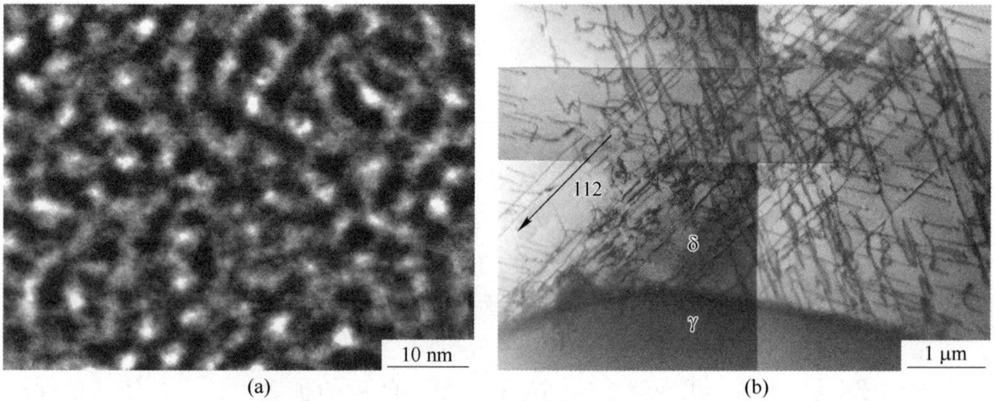

图 2-10　2205 双相不锈钢在 475 ℃时效 64 h 后铁素体中的 α′相分解和位错纠结[13]
（a）α′相分解；（b）位错纠结

2.4.3　调幅分解对材料性能的影响

由于析出 α′相需要较长的时间，所以在加工制造时 475 ℃脆性极少成为问题。但是有一个例外即双相不锈钢与碳钢复合结构材料的应力消除处理，必须避免在 α′相形成温度 300~525 ℃范围的任何热处理操作。另外，双相不锈钢使用温度的上限受到 α′相形成的制约，通常只能在 280 ℃以下使用。

2.5　氮　迁　移

含 N 经济型双相不锈钢（Duplex Stainless Steel，DSS）面临两个重要的问题：首先，N 在铁素体与奥氏体中固溶度及扩散速率的差异决定了两相的硬度[14-15]；其次，N 以氮化物的形式析出严重影响材料热塑性[16]。由此可见，N 在两相中的迁移行为对双相不锈钢热变形性能至关重要，需要进行深入的研究。

2.5.1　加热过程中氮原子的迁移行为

N 在 α 相中的固溶度极低，因此基本固溶在 γ 相中。当温度升高至 1100 ℃以上时，大量 N 原子从 γ 相迁移到 α 相中。N 迁移后，提高了软相 α 相的强硬

度而降低了 γ 相的硬度，这有利于两相的变形均匀性。由于 Mn 可提高 N 在 γ 相中的固溶度，而 Ni 则减小其固溶度，因此节镍型 DSS 2101 中 N 迁移数量少，而富含 Ni 的 DSS 2205 中 N 的迁移量较大。这使得 Mn、N 代 Ni 的 2101 不锈钢中的 γ 相在一定程度上更加难以变形，因此表现出热塑性更差。

2.5.1.1 氮迁移现象

随着保温温度的增加，铁素体相内部开始逐渐形成大量弥散的 Cr_2N 析出物。1100 ℃淬火后，钢中铁素体相内部未发现 Cr_2N 析出物，温度升高到 1150 ℃后，铁素体内部产生颗粒状 Cr_2N 析出物且在亚晶界处也聚集了一些 Cr_2N 析出物。温度升高到 1200 ℃时，铁素相的内部及亚晶界处的 Cr_2N 析出物进一步增加，如图 2-11所示。

2.5.1.2 氮迁移机制

实验结果表明，升温促进 N 从奥氏体相向铁素体相迁移。研究证明，温度变化使铁素体相和奥氏体相中 N 的固溶度发生变化，升温促使 N 在奥氏体相中的溶解度下降，而在铁素体相中的溶解度上升[17]。因此，升温过程中 N 从奥氏体相逐渐迁移到铁素体相中。

对比两种试验钢在升温过程中 N 迁移情况可知，2101 钢内部 N 的迁移数量比 2205 钢少。由于 N 在奥氏体相的固溶度远远大于其在铁素体相中的固溶度，所以本小节主要通过对比了 Mn、Ni 对 N 在奥氏体相中固溶度的影响来研究两种试验钢中 N 迁移数量产生差异的原因。

N 在固态 Fe-Cr-Ni-Mn-Mo 合金中的固溶度的影响已经有了大量的研究[18-19]。研究表明合金元素主要是通过和间隙元素的相互作用来改变 N 的溶解度[20-21]。Mn 和 N 之间相互吸引，所以 Mn 增大了 N 在奥氏体相中的固溶度[22]，导致富 Mn 的 2101 钢中 N 在奥氏体相中的固溶度较大，所以升温过程中 N 迁移到铁素体中的量较少。相反，Ni 和 N 之间相互排斥，所以 Ni 减小了 N 在奥氏体中的固溶度[23]，导致富 Ni 的 2205 钢中 N 在奥氏体相中的固溶度较小，所以升温过程中 N 迁移到铁素体相中的量较多。

图 2-12 为 N 与 Mn、Ni 相互作用及分布的示意图，2101 钢内 Mn 原子和 N 原子相互吸引，使八面体间隙处的 N 原子倾向于分布在 Mn 原子附近，而 Mn 原子大量分布在奥氏体相中，因此 N 倾向于分布在奥氏体中。2205 钢内的 Ni 原子和 N 原子相互排斥，使八面体间隙处的 N 原子远离 Ni 原子，而 Ni 原子大量分布在奥氏体相中，导致 N 大量迁移到铁素体中。

2.5.2 冷却过程中氮原子的回迁行为

当温度缓慢下降时，N 又会回迁至 γ 相。但在激冷条件下，N 来不及扩散，在 α 相中原位弥散析出 Cr_2N，这将影响双相不锈钢的服役性能。在快速冷却条

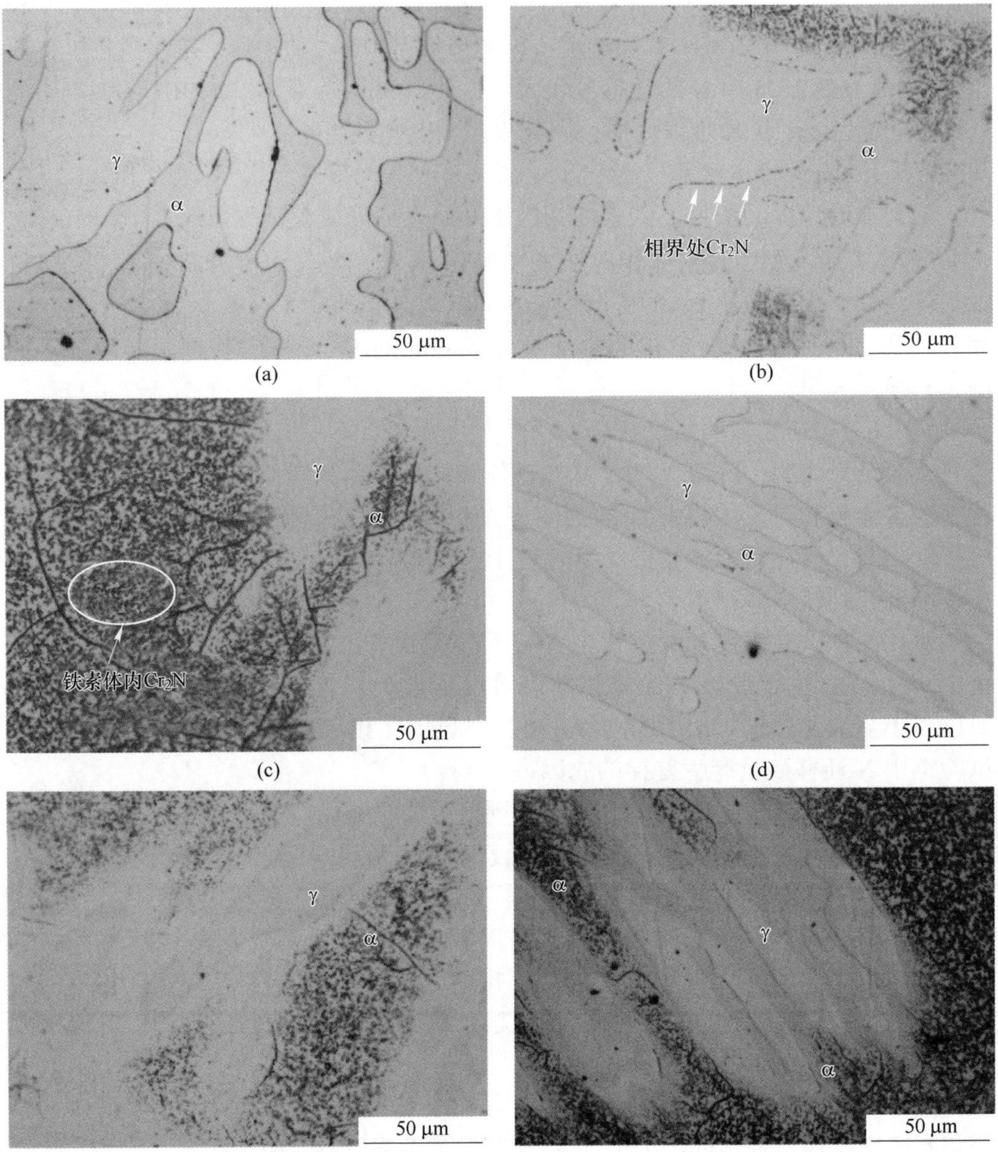

(a)　(b)　(c)　(d)　(e)　(f)

图 2-11　2101 钢(a)(b)(c)和 2205 钢(d)(e)(f)经过不同温度保温后铁素体内部的析出物形貌图

(a)(d) 1100 ℃；(b)(e) 1150 ℃；(c)(f) 1200 ℃

件下，由于 N 在 γ 相中的扩散速率比 δ 相低 100 倍，因此回迁受阻，在相界偏聚并以 Cr_2N 形式析出，恶化 DSS 的热塑性。更进一步，由于 Mn 降低 N 在 γ 相中的扩散速率，而 Ni 则相反，因此 2101 钢的 N 回迁阻力比 2205 钢更大，更易在

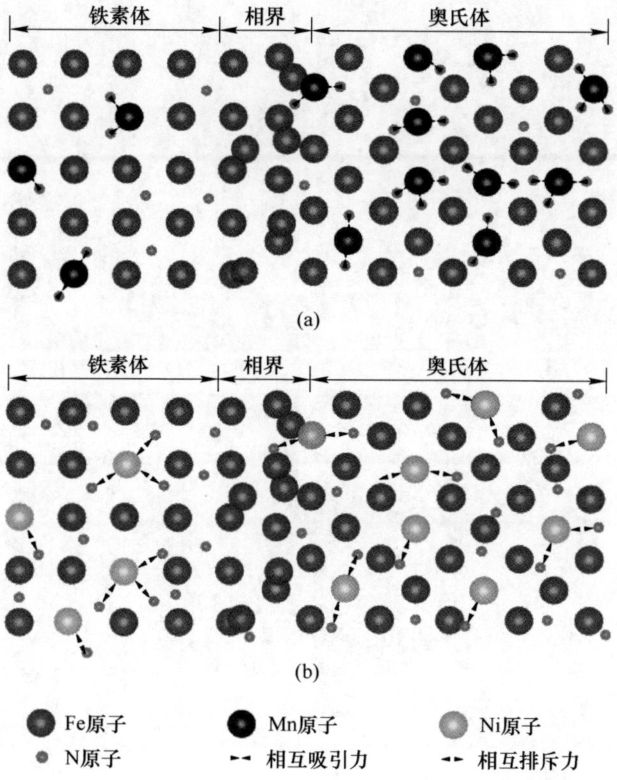

图 2-12 钢中合金元素对 N 在 α/γ 相中分布的影响示意图

（a）2101 钢；（b）2205 钢

相界析出 Cr_2N。

2.5.2.1 氮回迁现象

在 1200 ℃缓冷过程中，铁素体相内部弥散的 Cr_2N 颗粒逐渐减少，当温度降到 1000 ℃时析出物完全消失，同时亚晶界处聚集的 Cr_2N 也完全消失。通过铁素体相内部及相界处析出物的演变规律可知，冷却过程中铁素体相内部的 N 含量逐渐减少，N 从铁素体相回迁到奥氏体相中，长时间保温使相界处的析出物显著减少（图 2-13）。

2.5.2.2 氮回迁机制

图 2-14 为冷却过程中 N 的回迁及其在两相中的分布情况示意图。由于铁素体相为体心立方结构，晶格致密度低，而奥氏体相为面心立方结构，晶体的致密度高。晶体致密度低时，原子扩散时的路径窄，同时原子结合能大，这使 N 扩散的激活能大，扩散速率减小，因此 N 在铁素体中的扩散速率远远大于其在奥氏体相中的扩散速率，大约为其在奥氏体提中扩散速率的 100 倍[24]。因此在冷却过

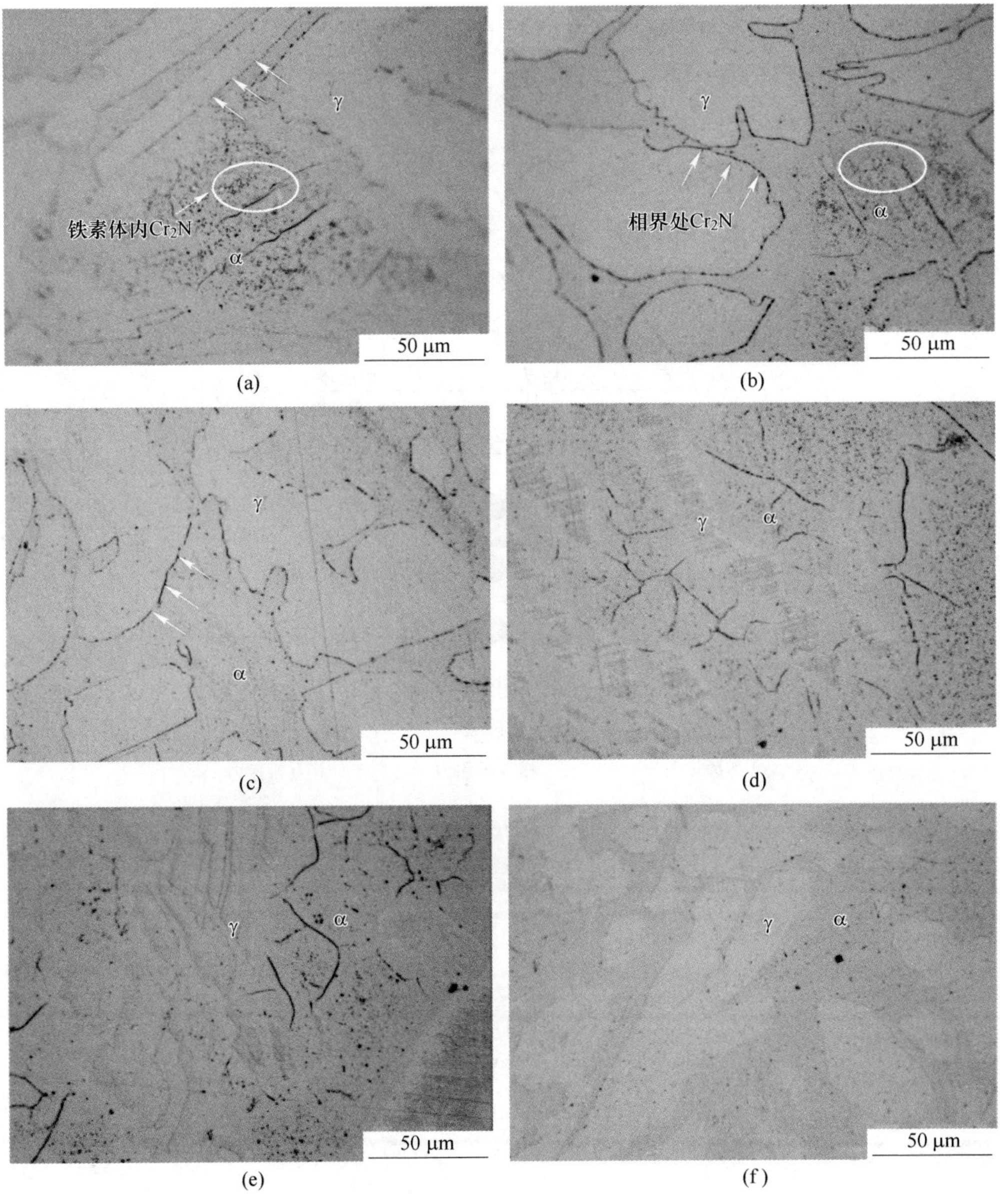

图 2-13　2101 钢(a)(b)(c) 和 2205 钢(d)(e)(f)冷却到不同温度的 OM 图
(a)(d) 1100 ℃;(b)(e) 1050 ℃;(c)(f) 1000 ℃

程中，N 在铁素体相中能够立刻变均匀，浓度曲线为直线，N 迁移进入奥氏体相的过程受阻，在相界处产生富集，奥氏体相中存在一定的浓度梯度。其中实线代表短时间迁移后 N 在两相中的分布，虚线代表长时间扩散均匀化后 N 的分布。

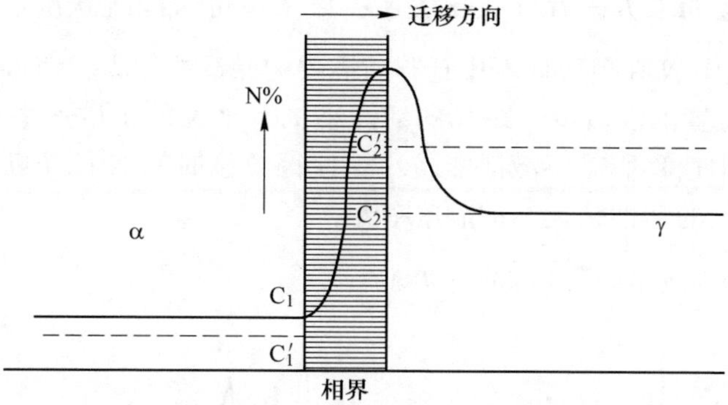

图 2-14 冷却过程中 N 在 α/γ 两相中的分布示意图

不同的合金元素会影响 N 在奥氏体相中的扩散速率。已经有一些试验研究了合金元素对 N 扩散速率的影响[25]。本书把 2101 钢和 2205 钢分别简化成（Fe,Mn)N、(Fe,Ni)N。N 的扩散通量为：

$$J_N = -y_N y_M M_{NM} \nabla (G_N - G_M) \quad (2\text{-}1)$$

式中，M 为 Mn、Ni 元素，N 为 N 元素；M_{NM}为迁移数量，是成分的函数；G_N、G_M 为偏摩尔自由能；y_M、y_N为质量分数。

N 自扩散的吉布斯自由能和活度系数f_N的关系为：

$$G_N - G_N^{\ominus} = RT\ln(f_N y_M) \quad (2\text{-}2)$$

通过式（2-2）引入活度系数f_N，结合式（2-1）和菲克第一定律推导出：

$$D_N = (1 - y_M)\left(1 + y_M \frac{\partial \ln f_N}{\partial y_M}\right) V_m RTM_{NM} \quad (2\text{-}3)$$

式中，V_m为摩尔体积。

由式（2-3）可知，合金元素主要通过影响活度系数 f_N 来改变 N 的扩散速率。Mn 降低 N 的活度，增加 N 的扩散激活能，因此减小了 N 的扩散速率。而 Ni 增加 N 的活度，减小 N 的扩散激活能，增加了 N 的扩散速率。由此可知在 N 在 2101 钢中奥氏体相的扩散速率远远小于其在 2205 钢的奥氏体相中的扩散速率。大量实验结果也证明了 Mn 元素减小 N 的扩散速率，而 Ni 元素增大 N 的扩散速率。

图 2-15 为 Mn、Ni 对 N 迁移的吉布斯自由能的影响示意图。2101 钢内 Mn 原子和 N 原子相互吸引，使八面体间隙中的 N 原子向周围运动时克服的能量较大，因此在富含 Mn 的 2101 钢中，N 在奥氏体相中迁移所需要的激活能较大，如图 2-15中加粗线所示。2205 钢内的 Ni 原子和 N 原子相互排斥，使八面体间隙中的 N 原子向周围运动时克服的能量较小，因此在富含 Ni 的 2205 钢中，N 在奥氏体中迁移所需要激活能较小，如图 2-15 中虚线所示。原子的迁移速率和其单位

时间内跳跃次数的平方根存在正比关系，原子单位时间跳跃次数越多，迁移越快[26]。2101 钢中 N 在奥氏体相中迁移所需要的激活能较大，使得单位时间 N 原子跃迁到相邻位置的次数少，即 N 的活性小，因此 N 的扩散速率小。而 2205 钢中 N 在奥氏体中迁移所需要激活能较小，使得单位时间 N 原子跃迁到相邻位置的次数多，即 N 的活性较大，扩散速率大。

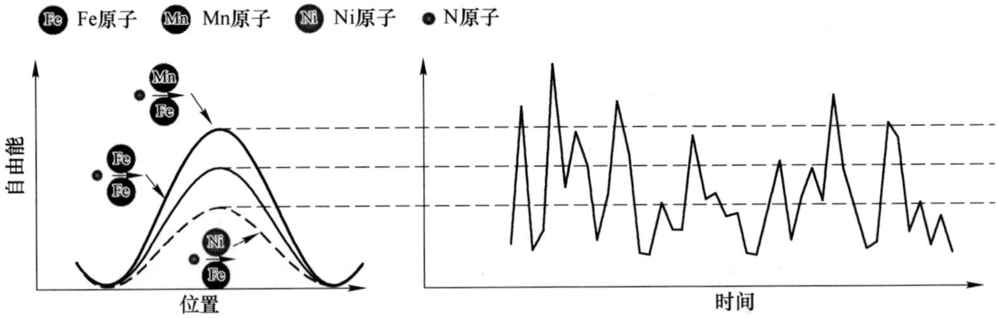

图 2-15　合金元素对 N 迁移吉布斯自由能的影响示意图

在实际热轧过程中板材温度会发生下降，如果轧制过程中 Cr_2N 沿着相界析出，材料的热塑性会受到影响。

热模拟实验结果证明了该相界析出物是由轧制过程中的冷却造成的，而非热变形。如果变形过程中没有温降，N 能够顺利地回迁到奥氏体相中。而实际热变形过程中，板材温度下降会导致 N 的回迁受阻，在温度降低到 Cr_2N 的析出物温度范围内时，大量的 Cr_2N 沿着相界生成。尤其是板材边部的冷却速度快，更容易析出大量 Cr_2N。

短时间冷却会导致部分双相钢（如 2101）内部大量的析出物沿着相界生成。析出物容易和基体分离，破坏了基体的连续性，导致显微裂纹产生，影响材料的进一步变形。因此，适当地降低变形速率，促进 N 顺利回迁到奥氏体相中，改善热塑性。

2.5.3　热变形过程中氮的迁移配分行为

高温热变形后 α 相内仍原位析出大量 Cr_2N，未明显改善热变形前的析出情况；同时 α 相发生连续再结晶与（或）亚晶合并的动态软化行为，不能充分消除应变硬化产生的位错，导致 α 相晶粒内残留大量缠结位错线，阻碍了 N 元素回迁至 γ 相中，从而在快冷条件下大量 Cr_2N 在位错线上再次原位析出。

2.5.3.1　氮迁移现象

图 2-16 为恒温热变形后 2101 钢各道次变形后的微观组织图。由图 2-16 可知，在第一道次变形（真应变为 0.2）后，铁素体相内弥散的黑色 Cr_2N 颗粒急

剧减少，奥氏体相全部转化成块状组织，并均匀分布在铁素体基体上，无明显的取向性。随变形继续增大，铁素体内部 Cr_2N 继续减少，奥氏体相开始逐渐沿着变形方向延长。

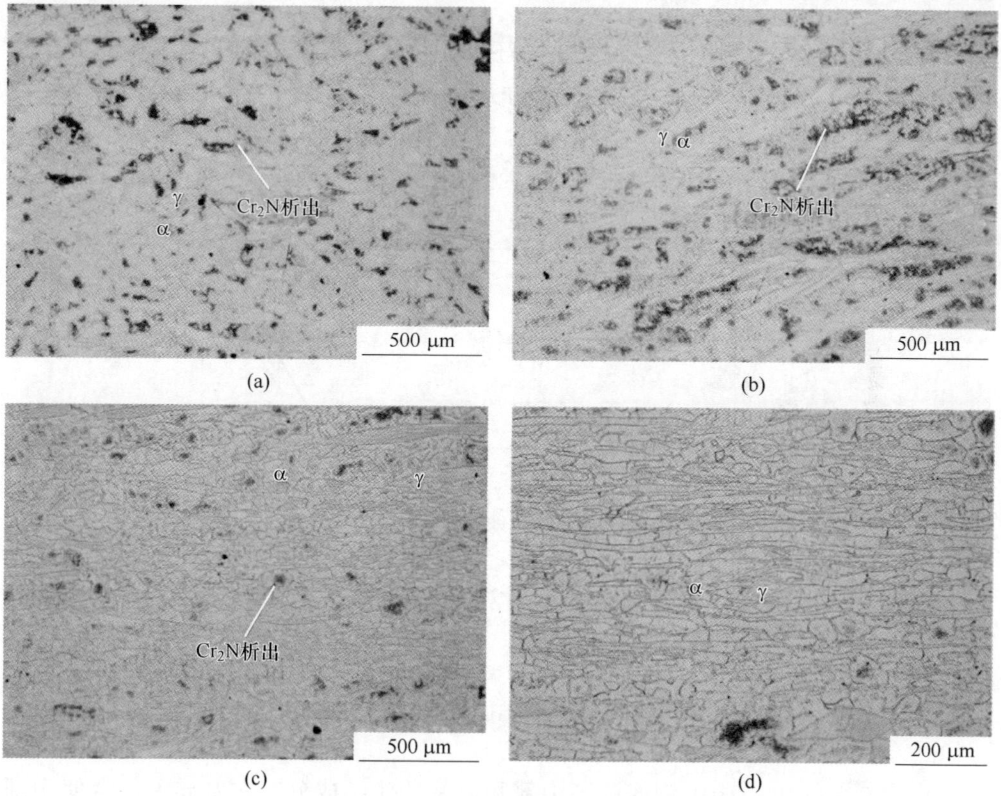

图 2-16 2101 钢各道次变形 OM 图

（a）一道次；（b）两道次；（c）三道次；（d）四道次

二次离子质谱实验证明了在热变形期间 N 从铁素体至奥氏体的回迁。而且通过对比两相的比例可知，热变形后，铁素体体积分数明显下降，说明在热变形过程中有大量的铁素体转变成为奥氏体。

2.5.3.2 氮迁移机制

形变促使铁素体和奥氏体相发生畸变，从而影响两相对 N 的溶解度，当两相畸变程度不同时，N 在两相中就会发生迁移。

在变形初始阶段，铁素体在变形中起主要作用，应变集中在铁素体，两相变形程度不同使 α/γ 相界处产生很大畸变，导致 N 原子向相界处偏聚，而大量的 N 会促使 α→γ 相变发生，最终铁素体相内部的 N 回迁到新生成的奥氏体相中。

热形变使 N 从铁素体相回迁到奥氏体相中。由于 N 溶解在基体中会引起晶格畸变，从而影响两相的硬度差，因此热变形过程中 N 的迁移会引起两相硬度的变化，而两相硬度差会使双相不锈钢的热塑性变差。

2.5.4 氮迁移对两相硬度的影响

将试样进行不同温度固溶，观察铸坯不同位置铁素体相含量随温度的变化规律，如图 2-17 所示。随着固溶温度的升高，铁素体相的含量逐渐减小，在 1050 ℃达到最小值，边部的铁素体相含量较中部大，但随温度升高减小的幅度更大。当固溶温度高于 1050 ℃时，铁素体相的含量随固溶温度升高而增加，且边部铁素体相含量增加较大。

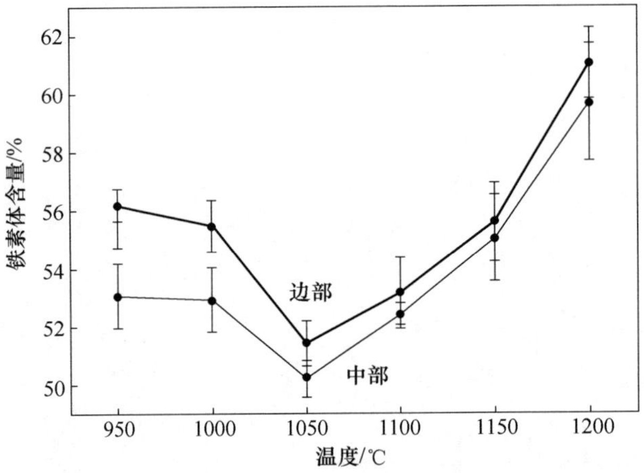

图 2-17　铸坯中部和边部经过不同温度固溶后铁素体相的比例图

由表 2-2 可知，2101 钢连铸坯中部和边部的化学成分存在差异，这会使中部和边部的铬当量（Cr_{eq}）和镍当量（Ni_{eq}）的比值不同。双相不锈钢中的镍当量和铬当量是控制两相比例的主要因素，中部和边部 Cr_{eq}/Ni_{eq}不同会影响两相的比例。Cr_{eq}和 Ni_{eq}计算公式如式（2-4）、式（2-5）所示[27]。

$$w(Cr_{eq}) = w(Cr) + w(Mo) + 1.5 \times w(Si) \quad (2\text{-}4)$$

$$w(Ni_{eq}) = w(Ni) + 30 \times [w(C) + w(N)] + 0.5 \times w(Mn) \quad (2\text{-}5)$$

将成分代入式（2-4）和式（2-5）分别得到中部和边部试样的 Cr 当量和 Ni 当量以及 Cr/Ni 当量比值，结果如表 2-3 所示。边部 Cr_{eq}/Ni_{eq}较中部高，所以边部更倾向于生成铁素体相，即相同温度固溶后，边部的铁素体含量高于中部。

表 2-2　2101 钢连铸坯中部和边部的化学成分　（质量分数,%）

位置	C	Cr	Ni	Mn	Mo	N	P	S	O	Si
中部	0.019	21.5	1.48	5.75	0.19	0.2231	0.020	0.0017	0.0020	0.5
边部	0.020	21.5	1.56	6.10	0.20	0.2112	0.020	0.0019	0.0024	0.5

表 2-3 2101 钢中部和边部的铬当量和镍当量 （质量分数,%）

位置	Cr_{eq}	Ni_{eq}	Cr_{eq}/Ni_{eq}
中部	22.44	11.62	1.931
边部	22.45	11.55	1.944

对比图 2-17 和图 2-18 可知，固溶温度升高时，铁素体相的比例变化趋势和相图计算结果不同。固溶过程中铁素体相的比例先减小后增加，在 1050 ℃达到最低值，而相图计算结果显示铁素体相的比例逐渐增加。这是由于固溶过程中，铸态试样相界处的 Cr_2N 析出物逐渐溶解，使得大量的 N 原子集中在相界处。N 是强奥氏体形成元素，促进了相界附近的铁素体相发生 α→γ 相变，转变成奥氏体相，因此铁素体相的比例减小。当温度达到 1050 ℃时，2101 钢中 Cr_2N 全部溶解。当温度继续升高，γ→α 相变驱动力增大，促使奥氏体转变为铁素体相，因此铁素体相的比例开始增加。中部的相界析出物较少，高温固溶过程中 Cr_2N 溶解产生的 N 原子少，α→γ 相变程度也随之较小，所以铁素体相的比例变化幅度较小。

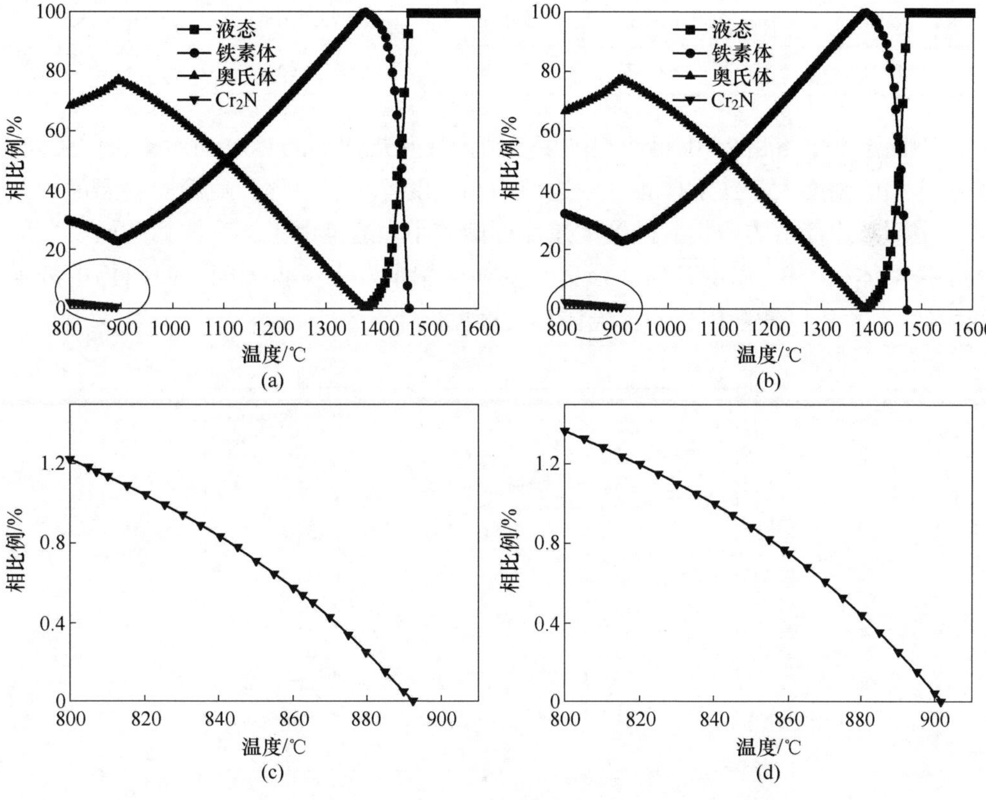

图 2-18 通过 Thermo-Calc 计算得到铸坯中部和边部的相图
（a）（c）中部；（b）（d）边部

固溶会影响双相不锈钢中铁素体相和奥氏体相的硬度。表2-4为不同温度固溶后铸坯中部和边部的α/γ两相硬度。由表可知，固溶温度升高，铁素体相的硬度逐渐增加，温度升高到1150 ℃后，高温固溶淬火后部分铁素体相中弥散析出硬质的Cr_2N，所以铁素体测量值波动范围较大，平均值也相应较大；而奥氏体相的硬度变化较小。

表2-4 2101钢连铸坯中部和边部不同温度固溶后α/γ相硬度

温度/℃	位置			
	中部		边部	
	α相（HV）	γ相（HV）	α相（HV）	γ相（HV）
950	192.7±7.0	231.5±9.2	190.5±8.7	233.7±6.5
1000	209.4±5.2	247.0±9.0	192.6±8.9	234.5±5.1
1050	214.7±8.4	252.0±8.8	198.2±9.6	237.8±9.3
1100	214.5±5.2	243.7±4.5	220.5±11.4	254.7±6.3
1150	224.0±3.6	240.0±8.5	226.3±15.6	246.4±8.6
1200	244.8±12.7	259.8±10.0	229.9±16.4	248.9±4.6

不同温度固溶后2101钢两相硬度差值的变化规律如图2-19所示。由图可知，奥氏体相的硬度大于铁素体相，且边部两相硬度差高于中部。随着固溶温度的升高，中部和边部中的两相显微硬度差值逐渐减小。这是由于奥氏体相的硬度一般大于铁素体相[28]，温度升高，合金元素在两相中发生重新分配，使两相中分配变均匀[29]，所以铁素体相和奥氏体相硬度差减小。

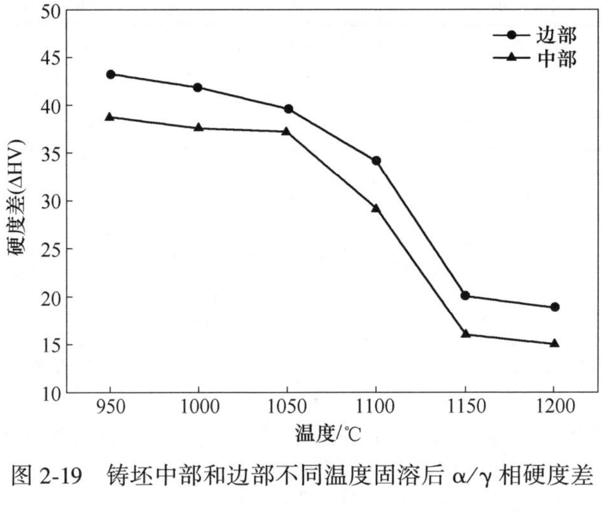

图2-19 铸坯中部和边部不同温度固溶后α/γ相硬度差

2.5.5 氮迁移对热塑性的影响

间隙原子 N 溶解到基体中会使基体发生晶格畸变，所以 N 在两相中含量不同会影响两相的硬度。双相不锈钢中两相硬度差值会影响变形在两相中的分配，从而改变两相在变形时的状态与变形机制，本书将在第 4 章热变形的内容里具体描述 N 迁移对热塑性的影响。

参 考 文 献

[1] 吴玖，姜世振，韩俊媛，等．双相不锈钢［M］．北京：冶金工业出版社，1999.

[2] Treitschke W，Tammann G. LIII. Über die legierungen des eisens mit chrom［J］. Zeitschrift für anorganische und allgemeine Chemie，1907，55（1）：402-411.

[3] Jett E R，Foote F. The Fe-Cr alloy system［J］. Metals and Alloys，1936，7（8）：207-210.

[4] Berecz T，Szabó P J. Misorientation between austenite and σ-phase in duplex stainless steel［J］. Periodica Polytechnica Mechanical Engineering，2005，49（2）：123-130.

[5] Martins M，Casteletti L C. Heat treatment temperature influence on ASTM A890 GR 6A super duplex stainless steel microstructure［J］. Materials Characterization，2005，55（3）：225-233.

[6] Li H B，Jiang Z H，Zhang Z R，et al. Mechanical properties of nickel free high nitrogen austenitic stainless steels［J］. Journal of Iron and Steel Research International，2007，14（5）：330-334.

[7] Ryoo D Y，Kang N，Kang C Y. Effect of Ni content on the tensile properties and strain-induced martensite transformation for 304 stainless steel［J］. Materials Science and Engineering：A，2011，528（6）：2277-2281.

[8] Rokuro N，Ling M，Yasuaki M. The effect of sensitizing temperature on stress corrosion cracking of type 316 austenitic stainless steel in hydrochloric acid solution［J］. Corrosion Science，2002，44（6）：1343-1360.

[9] Ortiz N，Curiel F F，López V H，et al. Evaluation of the intergranular corrosion susceptibility of UNS S31803 duplex stainless steel with thermoelectric power measurements［J］. Corrosion Science，2013，69：236-244.

[10] 王松涛，杨柯，单以银，等．高氮奥氏体不锈钢与 316L 不锈钢的冷变形行为研究［J］. 金属学报，2007（2）：171-176.

[11] 张寿禄，赵泳仙，宋丽强．超级双相不锈钢 00Cr25Ni7Mo4N 中 χ 相时效析出的研究［J］. 钢铁，2012，47（2）：72-75.

[12] 缪乐德，张毅，邬君飞．不同热处理状态下 2205 双相不锈钢中析出相变化的讨论［J］. 冶金分析，2011，31（4）：1-8.

[13] Weng K L，Chen H R，Yang J R. The low-temperature aging embrittlement in a 2205 duplex stainless steel［J］. Materials Science and Engineering：A，2004，379（1/2）：119-132.

[14] 冯志慧，李静媛，王一德．经济型双相不锈钢 2101 中氮化物在基体中的平衡固溶度计算［J］. 工程科学学报，2016，38（12）：1755-1761.

[15] 徐海健，胡万卿，康超，等. 高温热处理对节约型 2101 双相不锈钢组织性能的影响[J]. 材料热处理学报，2021，42 (2)：74-79.

[16] Feng Z H, Li J Y, Wang Y D. The microstructure evolution of lean duplex stainless steel 2101 [J]. Steel Research International, 2017, 88 (12): 1700177.

[17] Harue Wada, Robert D. Pehlke. Nitrogen solubility and nitride formation in austenitic Fe-Ti alloys [J]. Metallurgical Transactions B, 1985, 16 (4): 815-822.

[18] Ågren J. Computer simulations of the austenite/ferrite diffusional transformations in low alloyed steels [J]. Acta Metallurgica, 1982, 30 (4): 841-851.

[19] Ågren J. Numerical treatment of diffusional reactions in multicomponent alloys [J]. Journal of Physics and Chemistry of Solids, 1982, 43 (4): 385-391.

[20] Mats H, Magnus J. A thermodynamic analysis of the iron-nitrogen system [J]. Metallurgical Transactions A, 1975, 6 (3): 553-559.

[21] Andrea K, Dietrich B, Hans J U, et al. Investigations of nitrogen diffusion in austenitic CrNi steels [J]. Mikrochimica Acta, 1992, 107 (3/4/5/6): 295-302.

[22] Jürgen G H, Marie P E. Diffusivity of nitrogen in iron-nickel alloys [J]. Scripta Metallurgica, 1978, 12 (12): 1111-1114.

[23] Wert C , Zener C. Interstitial atomic diffusion coefficients [J]. Physical Review, 1949, 76 (8): 1169.

[24] Badji R , Bouabdallah M, Bacroix B, et al. Effect of solution treatment temperature on the precipitation kinetic of σ-phase in 2205 duplex stainless steel welds [J]. Materials Science and Engineering: A, 2008, 496 (1): 447-454.

[25] Han Y S, Hong S H. Microstructural changes during superplastic deformation of Fe-24Cr-7Ni-3Mo-0. 14N duplex stainless steel [J]. Materials Science and Engineering: A, 1999, 266 (1): 276-284.

[26] 冯志慧. 经济型双相不锈钢 2101 热塑性研究 [D]. 北京：北京科技大学，2018.

[27] Delong W T. Ferrite in austenitic stainless steel weld metal [J]. Welding Research Supplement, 1974, 53 (7): 273-286.

[28] Nninen H, Romu J, Ilola R, et al. Effects of processing and manufacturing of high nitrogen-containing stainless steels on their mechanical, corrosion and wear properties [J]. Journal of Materials Processing Technology, 2001, 117 (3): 424-430.

[29] Dinsdale A T. SGTE data for pure elements [J]. Calphad, 1991, 15 (4): 317-425.

[30] 刘晓，王龙妹，陈雷，等. 双相不锈钢 475 ℃脆性及其形成特点对性能的影响 [J]. 钢铁研究学报，2010，22 (5)：46-50.

3 双相不锈钢的性能

3.1 双相不锈钢的力学性能

3.1.1 力学性能特点

3.1.1.1 高强度高韧性

双相不锈钢的微观组织由面心立方奥氏体和体心立方铁素体两相组成，其力学性能兼具铁素体不锈钢的高强度和奥氏体不锈钢的良好塑韧性的特点，具有极高的强韧匹配性能。

双相不锈钢的强化机制有多种途径，包括细晶强化、固溶强化、冷变形强化等。由于析出第二相粒子会对不锈钢的耐蚀性造成不利影响，因此双相不锈钢不会通过析出弥散第二相颗粒而提高强度。双相不锈钢的良好韧性则主要来自奥氏体相的贡献，主要表现在：（1）抑制铁素体相中已产生裂纹的继续扩展；（2）碳、氮等间隙元素在奥氏体相中的溶解度高，与单相铁素体不锈钢相比，高温冷却时不易析出碳氮化物，从而能避免晶界脆化；（3）有效地阻止高温加热时铁素体晶粒的长大。

Jiang[1]报道了一种新型经济型双相不锈钢 22Cr-8.0Mn-xNi-1.0Mo-0.7Cu-0.7W-0.3N（$x=0.5\sim2.0$）的力学性能，结果如表 3-1 所示，其抗拉强度、屈服强度、伸长率分别可达 750 MPa、500 MPa、40%。该类合金的综合力学性能高于传统 AISI 304，其原因一方面是均衡的两相比例有利于改善双相不锈钢的强度；另一方面 N 以间隙原子的形式溶解在奥氏体相中，起到强化奥氏体的作用。

表 3-1 一种 22Cr 型双相不锈钢与 AISI 304 奥氏体不锈钢的力学性能对比

型 号	γ/%	*YS*/MPa	*UTS*/MPa	伸长率/%
22Cr-0.5Ni	48.8	505	770	42.28
22Cr-1.3Ni	49.7	500	745	36.87
22Cr-2.0Ni	54.4	490	760	36.71
AISI 304	100	205	515.1	40.00

3.1.1.2 低温韧脆转变

一般来说，铁素体的冲击韧性在一定的低温下会突然下降，该现象称为低温韧脆转变，该温度称为韧脆转变温度（DBTT）。铁素体不锈钢的冲击韧性通过吸收能量和 DBTT 两个指标进行评估。奥氏体的冲击韧性随温度变化不明显，即使在非常低的温度下，奥氏体不锈钢也具有优异的冲击韧性。双相不锈钢的冲击韧性介于二者之间。奥氏体相的比例对双相不锈钢的韧性有正贡献。随着奥氏体相比例的增加，韧性提高，反之亦然。另外，第二相的析出在很大程度上降低韧性，尤其是 σ 相。铁素体不锈钢的各种脆化倾向，如 475 ℃脆性、σ 相脆性以及高温晶粒长大脆性等也都会在双相不锈钢中有所反映，但因为奥氏体相的存在，双相不锈钢的脆化倾向较铁素体不锈钢小。

通常铁素体不锈钢的韧脆转变温度可用式（3-1）表示[2]：

$$T_c = A + B\ln d^{-\frac{1}{2}} \tag{3-1}$$

式中，d 为晶粒尺寸；A、B 为常数。

此公式同样适用于双相不锈钢，随晶粒尺寸的增大，韧脆转变温度降低。由于双相不锈钢的晶粒尺寸较小，一般它的转变温度明显低于铁素体不锈钢，当然，奥氏体相的存在对改善韧性也有贡献。随固溶强化的增大，脆性转变温度升高，这也可以说明双相不锈钢中当合金元素增加时，其转变温度升高的原因。

3.1.2 力学性能的影响因素

3.1.2.1 合金元素的影响

化学成分对相的比例有显著影响，对各析出相的析出温度范围影响也很大。一般把钢中所有元素分成两类：促进形成奥氏体的元素（称为奥氏体形成元素，如 Ni、Co、N、Mn 等）和促进形成铁素体的元素（称为铁素体形成元素，如 Cr、Mo、Si、Al、Ti、W、Nb 等）。

A 镍的作用及影响

镍是强烈形成奥氏体和扩大奥氏体区的元素，在双相不锈钢中镍是主要控制相平衡的元素，有一个合适含量的要求。过高的镍会导致钢种奥氏体数目超过一半，会使铁素体相中更多富集铬，钼等促进 σ 脆性相转变的元素，降低钢的韧性；相反，如果镍含量过低又会导致钢种铁素体含量过剩，同样使钢的韧性塑性下降。当钢中含镍量约 5%时，钢的屈服强度最高，含镍量为 10%时，抗拉强度最高[3]。

B 铬的作用及影响

铬是不锈钢中最重要、起决定性作用的基本元素。铁原子和铬原子的半径非常接近，分别为 0.254 nm 和 0.256 nm。铁、铬的电负性则分别为 1.8 和 1.6，相差也不多，两者可以形成连续固溶体[4]。

铬在双相不锈钢中的作用除了强烈形成、稳定铁素体相区和缩小奥氏体相区外，有显著降低钢的马氏体转变温度的作用，由于固溶处理的强化作用，随着铬含量的增加，钢的屈服强度也会明显增加。同时随着铬含量的增加，还能加速 α 和 σ 相等金属间相的析出，使钢的脆性倾向增大，脆性转变温度明显升高。双相不锈钢中铬的含量一般在 18%~25%，但是也有超级双相不锈钢，铬含量能在 30% 以上。

C 钼的作用及影响

钼是强烈形成铁素体相并缩小奥氏体相区的元素，能促进 σ 相、χ 相、α′相等金属间相的析出，并使 TTT 曲线的析出范围加宽，析出温度上移，能加大钢的缺口敏感性。对于含 3.5%~4%Mo 的超级双相不锈钢尤其要注意脆性相的析出导致韧性下降的问题。

D 氮的作用及影响

氮和镍一样，是强烈形成奥氏体并扩大奥氏体相区的元素，其作用远大于镍。如含 30%Cr 的高铬铁素体钢中以 Cr∶N=75∶1 的比例加入氮，可获得纯奥氏体组织[5]，更重要的是它能阻止奥氏体向铁素体转变[6]。高温下氮稳定奥氏体的作用比镍大，使钢中双相组织更加稳定。在正常温度固溶处理（1020~1100 ℃保温、水冷）后的组织中，有 50%~60%的奥氏体，甚至经 1300 ℃固溶处理后，奥氏体仍有 30%，这是该钢种最重要的特点之一。同时氮的加入能细化晶粒，提高强度。

在双相不锈钢中，氮还具有防止其焊后出现单相铁素体的重要作用，而且氮可以显著推迟高温下单相铁素体组织的出现和有害金属间相的析出，使得含氮的双相不锈钢获得了迅速的发展和广泛应用。氮的作用不仅体现在提高钢的耐点蚀能力及强烈稳定奥氏体方面，而且氮作为固溶强化元素更提高了奥氏体的强度。另外，氮对奥氏体不锈钢的抗蠕变性能和疲劳性能也有益处。但是，随着氮含量的增加，铸态双相不锈钢的缺陷也越来越多，出现大的缩孔及疏松。

氮也是强烈形成和稳定奥氏体，扩大奥氏体相区的元素，其能力远远超过镍元素。与不含氮的双相不锈钢比较，加入 0.1%以上的氮可以改善钢的力学性能。例如，不含氮的 25Cr-5Ni-2.4Mo-3Cu 钢的厚截面（76 mm）铸件很脆，伸长率接近于 0，但是加入适量的氮以后，伸长率能达到 20%以上。氮元素还能显著提高钢的抗拉强度[7]。氮含量对 1050 ℃固溶处理的 Fe-25Cr-7Ni-1.5Mo-3W-*x*N DSS 铸件的抗拉强度、屈服强度和伸长率的影响如图 3-1 所示。随着 N 含量的增加，抗拉强度和伸长率增加，但屈服强度略有下降[8]。

3.1.2.2 晶粒度的影响

双相不锈钢的晶粒度对其屈服强度和韧性起着重要作用。细小的晶粒具有较高的屈服强度和韧性。根据 Hall-Petch 的关系式可描述为[9]：

$$\sigma_{0.2} = \sigma_0 + K/\sqrt{D} \tag{3-2}$$

式中，σ_0、K 为常数；D 为晶粒直径。

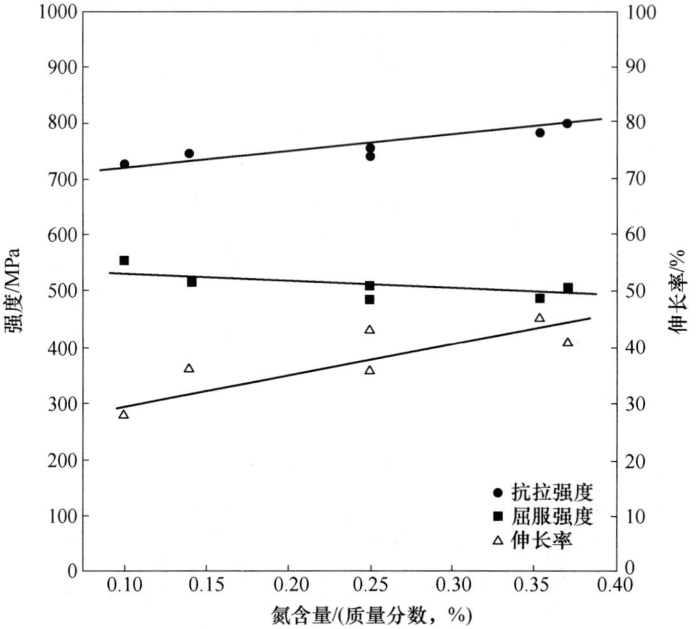

图 3-1 氮含量对 Fe-25Cr-7Ni-1.5Mo-3W-xN 双相不锈钢铸件在 1050 ℃固溶处理 2 h 水淬后的抗拉强度、屈服强度和伸长率的影响[8]

两相组织阻碍了双相不锈钢的晶粒长大，以同样加工方式，同尺寸钢材的双相不锈钢晶粒只相当奥氏体不锈钢晶粒的一半，细晶粒的钢由于晶界增多，在晶界能够锁定位错从而使钢强化，细晶粒强化机制对双相不锈钢十分有利，在强度增加的同时，韧性也增加。而晶粒度的增加也会引起脆性转变温度的升高，例如 IN-744 钢，当晶粒尺寸由 2 μm 增加到 25 μm 时，脆性转变温度大约由 −130 ℃上升至−45 ℃[10]，所以晶粒度的增加会降低钢材的低温冲击韧性。

图 3-2 为强度和晶粒尺寸之间的关系，屈服强度 $\sigma_{0.2}$、拉伸强度 σ_b 和断裂强度 σ_f 随晶粒长大而下降，之间的关系符合 Hall-Petch 关系，在双相不锈钢中，α 相和 γ 相存在等变形关系，因为强度复合律是有效的，强度遵循复合律的多相材料也遵循 Hall-Petch 关系式。

3.1.2.3 晶粒取向的影响

基于前期研究发现，双相不锈钢作为一种铁素体和奥氏体相等比例的双相合金，铁素体相及奥氏体相不同的热膨胀系数，使得加工过程中奥氏体相产生拉应力，铁素体相产生压应力，轧制过程中应变路径的变化可以对板材的微观结构和织构产生影响，对力学性能影响也比较大。

图 3-3 是两种工艺轧制后，实验板材冷轧态与退火态不同方向的应力应变曲线。

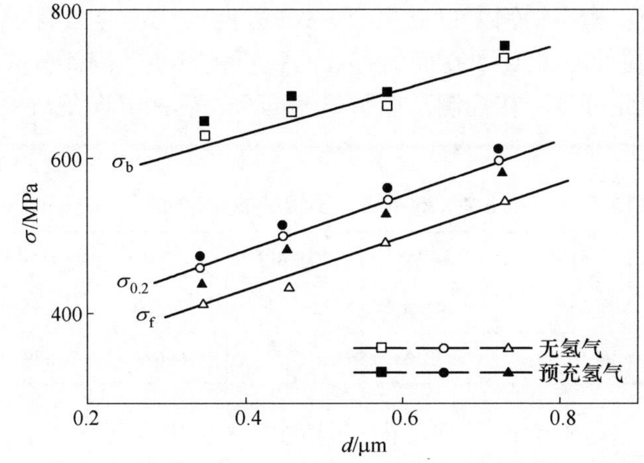

图 3-2　双相不锈钢晶粒尺寸与强度之间的关系[11]

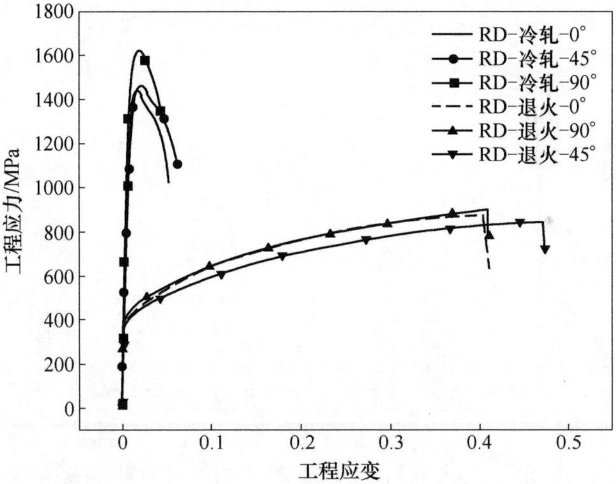

图 3-3　2507 双相不锈钢常规冷轧轧制工艺及退火态下的应力应变曲线

由图 3-3 中可以看出，冷轧后，实验板材有着很高的强度，而伸长率较小；经过退火后，板材强度下降，伸长率大大提高。不同方向的力学性能有着一定的差异，常规轧制工艺退火后，45°方向表现出最优异的伸长率；与常规轧制不同，横向轧制后，0° 和 90° 方向的伸长率相差不大。

表 3-2 中列出了不同常规轧制和横向轧制下，冷轧态与退火态不同方向上的屈服强度与抗拉强度。对比可以发现，常规轧制与横向轧制后的力学性能相差不大，抗拉强度和屈服强度均很接近。不同方向上力学性能的变化规律一致，45°

方向上的强度最低，90°方向上的强度最大，45°方向上的强度介于两者之间。这一规律在其他的双相不锈钢中也有报道，90°方向的流变应力高于0°方向，这是由于沿90°方向拉伸时，RD-ND面的有效晶粒直径较小，因此造成了高于0°方向的力学强度。由此可见，在控制总压下量相同时，轧制方向的改变对实验板材强度的改变作用不明显。

表3-2　2507双相不锈钢的拉伸性能

拉伸方向	RD-0°	RD-45°	RD-90°	TD-0°	TD-45°	TD-90°
屈服强度/MPa	252.2	241.3	265.3	245.9	241.9	262.9
抗拉强度/MPa	602.3	572.8	627.1	606.7	579.0	618.4

织构的存在是材料性能呈现各向异性的根本原因。图3-4可以清晰观察到，2507双相不锈钢板材在不同方向的力学性能差异明显，各向异性显著。

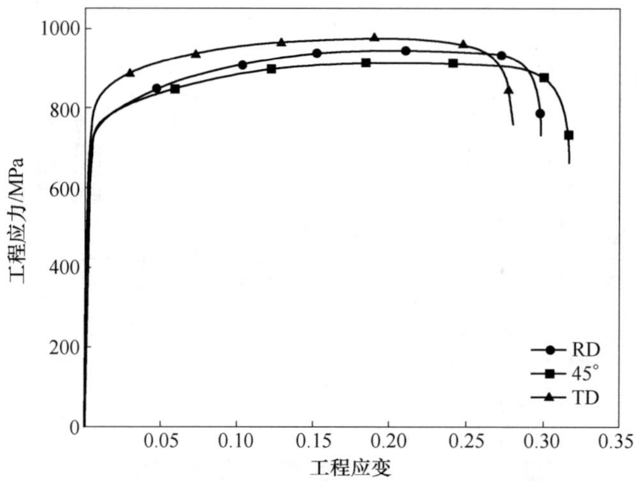

图3-4　2507双相不锈钢板材不同方向的力学性能

由表3-3中力学数据可以看出，与轧制方向呈45°方向上有着最小的屈服强度725 MPa及抗拉强度939 MPa，但其断后伸长率最大，为32%；与轧制方向呈90°方向上的屈服强度和抗拉强度最大，分别为802 MPa、999 MPa，其抗拉强度比45°方向上的抗拉强度高出约6.3%，但其断后伸长率为三个方向中的最小值，仅为29%；轧制方向的力学性能位于两者之间，其屈服强度、抗拉强度和断后伸长率分别为736 MPa、971 MPa和31%。此外发现，不同方向上的弹性模量也有着与强度相同的分布规律，90°方向上的弹性模量最大，45°方向上的弹性模量最小。

表 3-3 2507 双相不锈钢的拉伸性能

拉伸方向	屈服强度/MPa	抗拉强度/MPa	弹性模量/GPa	断后伸长率/%
0°	736	971	211	31
45°	725	940	199	32
90°	802	999	233	29

3.1.2.4 相比例的影响

双相不锈钢的相比例对它的力学性能有较大影响，通过控制合金元素含量和固溶处理温度可以得到不同的相比例，从而获得所需的力学性能。

2205 钢从 1000~1100 ℃水冷固溶处理后铁素体量约为 40%~50%，随着固溶温度升高铁素体量逐渐增加，如图 3-5 所示，固溶温度对力学性能也有影响，在 1000~1100 ℃固溶处理，钢的强度和塑性较好；当固溶温度达到 1150 ℃，则强度增高，塑性下降，冲击韧度也下降，如图 3-6 所示[12]。

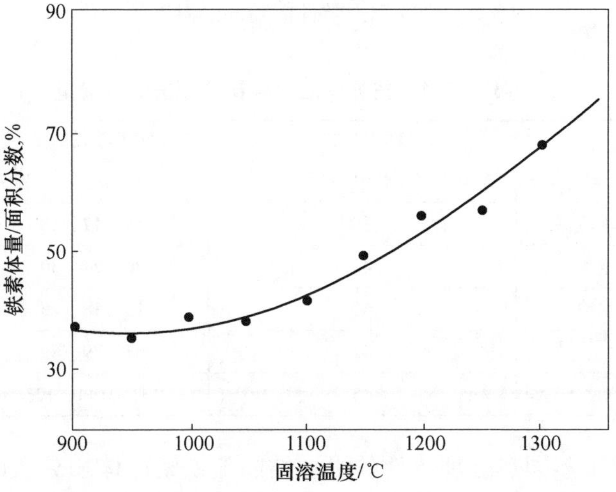

图 3-5 2205 钢中铁素体量随固溶温度的变化

经不同工艺处理后 2205 钢的 −46 ℃冲击吸收能量列于表 3-4。分别于 1050 ℃、1100 ℃和 1150 ℃保温 1 h 固溶处理后的试验钢，−46 ℃的冲击吸收能量均较低，只有 20 J 左右。但随着固溶温度的升高，钢中铁素体含量有一定的增加。改锻后，试验钢−46 ℃冲击吸收能量有所提高，达 70 J 以上，经过 1050 ℃保温 1 h 固溶处理后，−46 ℃的冲击吸收能量大幅度提高，达 150 J 左右[12]。

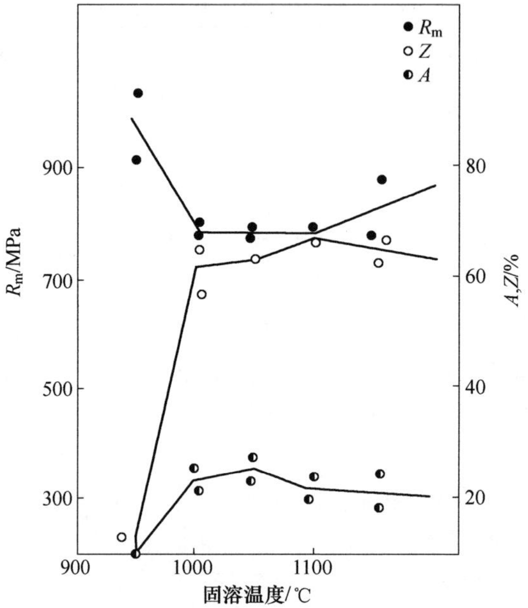

图 3-6　2205 钢力学性能随固溶温度的变化

表 3-4　不同工艺处理后试验钢的冲击吸收能量

工　艺	铁素体量/面积分数,%	冲击吸收能量 K_{V2}/J	K_{V2}平均值/J
1050 ℃ 1 h，水冷	39	16、17、18	17
1100 ℃ 1 h，水冷	42	20、21、30	24
1150 ℃ 1 h，水冷	50	15、18、25	19
改锻态	42	62、79、89	17
改锻后 1050 ℃ 1 h，水冷	45	131、144、173	149

图 3-7 显示了不同热处理铸件的机械性能随铁素体体积分数的变化。铁素体体积分数的增加（或奥氏体相的减少）降低了 DSS 铸件的抗拉强度（*TS*）和伸长率（*Elong*），并几乎线性地增加了屈服强度（*YS*）。机械性能与铁素体体积分数之间的线性关系由式（3-3）表示：

$$
\begin{aligned}
[TS/\text{MPa}] &= 816 - 1.2 \times [V_{Fe}/\%] \\
[YS/\text{MPa}] &= 414 + 2.0 \times [V_{Fe}/\%] \\
[Elong/\%] &= 52.6 - 0.3 \times [V_{Fe}/\%]
\end{aligned}
\tag{3-3}
$$

表 3-5 显示了两种具有相同铁素体体积分数但不同氮含量和固溶处理温度的 DSS 铸件的强度。与含 0.14 wt%氮的合金相比，含 0.25 wt%氮的合金的屈服强

度高 22 MPa，而伸长率低 4%。这些结果意味着氮含量强化了奥氏体相，提高了屈服强度，降低了 DSS 铸件中奥氏体相的伸长率。

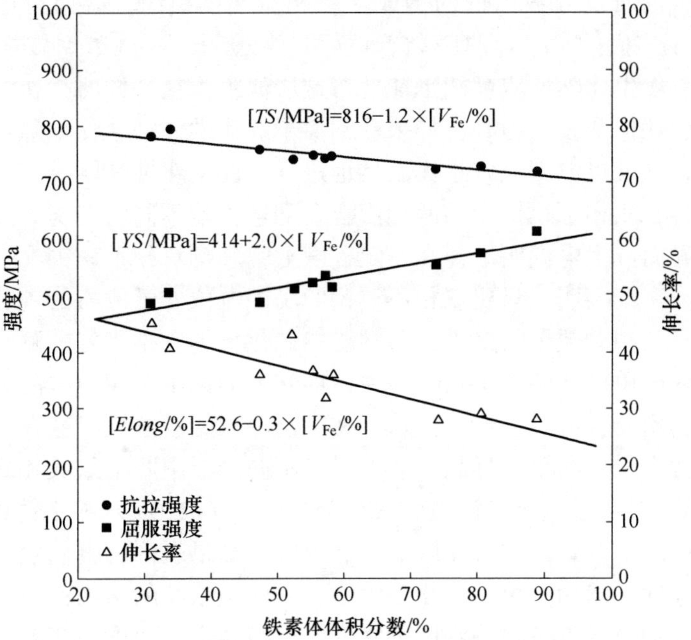

图 3-7 Fe-25Cr-7Ni-1.5Mo-3W-xN 双相不锈钢铸件的抗拉强度、屈服强度和伸长率与铁素体体积分数的关系[9]

表 3-5 相似铁素体体积分数约为 58% 的双相不锈钢铸件的机械性能

合　金	铁素体体积分数/%	抗拉强度/MPa	屈服强度/MPa	伸长率/%
N1（0.14 wt%N，1050 ℃ 2 h，w/q）	58.2±2.9	744	514	36
Mn05（0.25 wt%N，1150 ℃ 2 h，w/q）	57.3±1.9	740	536	32

3.2 双相不锈钢的耐腐蚀性能

双相不锈钢不仅有很好的力学性能，而且有很好的耐腐蚀性能，其耐点蚀、耐应力腐蚀、耐腐蚀疲劳等性能更引人注目。在很多腐蚀环境中，双相不锈钢如含有与奥氏体不锈钢同样的铬、钼时，就会具有与奥氏体不锈钢相当或更优越的耐腐蚀性能，尤其在 20 世纪 80 年代发展了含 25Cr 型的超级双相不锈钢之后，它的耐腐蚀性能可与含高钼的奥氏体不锈钢相仿，在某些情况下甚至与镍基合金相仿。

不锈钢中含有大量的铬，或大量的镍和铬，有的还含有铜、钼等元素，其中铬是提高耐蚀性能的基本元素。当铬的质量分数大于 11.7% 时，在氧化性介质（如大气、硝酸等）中，钢的表面能形成一层 Cr_2O_3 薄膜，铬能提高钢的电极电位，且能使碳的质量分数很低的钢成为单相铁素体组织，因而可以有效防止腐蚀[1]。不锈钢表面的 Cr_2O_3 薄膜黏着性好且半透明，一旦遭到破坏，钢中的 Cr 与大气中的氧发生化学反应就能迅速地将这层薄膜修复。同时，机械损伤也能很快再生成一层保护薄膜。但是，如果受到离子的化学侵蚀，比如氯离子，可能难以抵抗侵蚀，这就可能因氧气毫无阻挡地进入，而使腐蚀加剧。

早期认为，双相不锈钢中的两相因合金元素含量不同，在腐蚀介质作用下会因电位的差异而产生电偶腐蚀，在一定程度上曾影响双相不锈钢在一些条件下的应用。研究和实践表明，只要双相不锈钢的腐蚀电位处于两相的钝化区，不论两相成分的差异和相对数量的多少，两相均能钝化，具有相当好的耐腐蚀性能，大量的实际工程应用已证明了这点。现在许多学者尝试用单相溶解的方式去揭示其中的机理，利用混合电位理论，让双相在不同电位的侵蚀性溶液在发生选择性溶解，以制备两个单独的单相样品，并探讨了不同溶液中两个组成相之间的电偶腐蚀行为。程等[13]通过电化学测量和成分分析研究了 2205 双相不锈钢中组成相对 3.5% NaCl 溶液中两相形成钝化膜的电偶效应。结果表明，电偶效应有利于两相钝化膜的稳定性。然而，由于钝化膜中铬、镍和钼浓度的增加，氧空位的形成速率和转移速度的降低以及缺陷密度的降低，α 相钝化层的内膜受益最大。电偶效应从根本上降低了 α 相内膜中氧空位的形成速率和转移速度。

3.2.1　合金元素对耐蚀性能的影响

3.2.1.1　铬元素的影响

铬的加入使铁基固溶体的电极电位得到提高，还能吸收铁电子使铁钝化，在氧化介质作用下形成富铬的氧化膜，从而提高耐蚀性能。铬是不锈钢中的主要合金元素，它降低钢的钝化电流，使双相不锈钢易钝化，保持钝化膜的稳定，并能提高钝化膜破坏后的修复能力，从而使钢的再钝化能力增强。当双相钢中铬的含量在 25% 以上时，点蚀电位明显增高，点蚀的速度明显下降了。但是铬含量达到 30% 时的双相钢耐蚀效果并不好，从 Fe-Cr 二元相图可知，铬元素扩大 $\alpha/\alpha+\sigma$ 相区，提高铬会加速 $\alpha \rightarrow \gamma_2+\sigma$ 的分解转变，也增大了钢的脆化倾向，因此双相钢中铬一般控制在 25% 以下。注意，在双相钢中提高铬虽然可以提高耐腐蚀性，但是在强氧化性酸和某些还原介质里，只靠铬的钝化不足以维持其所需要的耐腐蚀性，有必要再添加一些抑制阳极溶解的元素，比如镍、钼、硅等与之配合，尤其是钼。但是在相同铬当量的情况下，以钼置换铬，就把铬的含量降得过低。比如在 2205 钢种，若把铬含量降低至 13%，钼提高至 9%，那么钢在 6% 的 $FeCl_3$ 中的临界点蚀温度却从 35 ℃ 降低至小于 30 ℃[14]，因此为保持一定的耐点蚀性，不能使铬含量降得太低。

3.2.1.2 镍元素的影响

在铬、钼等其他元素不变的条件下，为使钢得到最佳的耐点蚀性能，需要谨慎选择镍的含量，使得 α 相和 γ 相各占 50% 左右。可以认为镍的主要作用是控制组织，而不是耐腐蚀性的问题。如果镍的含量高于最佳含量，即 γ 相大于一半，则 α 相中显著富铬，容易在 700~950 ℃范围转变成脆性的 σ 相，也使得钢的塑形和韧性下降；相反，如果镍量低于最佳含量，α 相的含量高，也会得到低韧性。镍还能提高双相不锈钢的耐硫酸、磷酸的性能。

3.2.1.3 钼元素的影响

钼是显著提高双相不锈钢耐点蚀性能的重要元素，钼也是富集在靠近基体钝化膜中，提高了钝化膜的稳定性[15]。文献［16］中也表明含钼不锈钢活性区的阳极电流比不含钼的钢更低，钝化膜中的 MoO_2 对钢在低 pH 值的高浓度氯化物中也有良好的保护性。一些学者[17]认为，钝化膜中是贫钼的，钼改善耐蚀性是起间接作用的，在含氯离子的溶液中，通过加入 MoO_4^{2-} 抑制了点蚀的发生，表明了不锈钢中的钼是以 MoO_4^{2-} 的形式溶解在溶液中。在氯离子存在的条件下，钝化膜破裂后生成活性金属面，由于 MoO_4^{2-} 的吸附作用，抑制了金属的再溶解，相应地提高了钢的耐点蚀性能。钼能显著延长缝隙腐蚀的引发时间，降低钢的缝隙腐蚀引发敏感性[18]。

3.2.1.4 氮元素的影响

氮和镍一样，同样是强烈形成奥氏体并扩大奥氏体区的元素，且其能力远远大于镍，氮含量是镍的 30 倍。研究表明氮能显著提高双相不锈钢的耐点蚀性能和耐缝隙腐蚀性能。迄今为止许多学者都在致力于氮的作用机制及其对两相比例和相中合金元素分配的影响研究[19-20]。

在机制方面基本观点有以下三方面：一是钢中的氮溶解后消耗小孔或缝隙溶液中的 H^+，形成 NH_4^+，阻止小孔内 pH 值的下降，促使小孔扩展前钝化；氮和钼产生游离的 NH_4^+ 和 MoO_4^{2-}，吸附在钝化膜表面，有助于 MoO_4^{2-} 的稳定，二者在钢表面起协同作用与靠近氧化物和金属界面富集的镍共同使双相不锈钢的钝化膜表面保持一致，从而提高了钢的耐蚀性[21]。二是氮在钝态表面的富集，Bandy 等采用 XPS 研究含 6% Mo 和高氮的 Cr-Ni-Mo 钢的表面膜，未发现 NH_4^+ 或铬、钼的氮化物，表面膜最外层为 Cr-Ni-Fe 氧化物，贫钼和氮，氮主要富集在金属和氧化物的界面上，约 1 nm 厚左右，这是含氮钢的耐点蚀性能改善的原因[22]。进一步的研究表明，含高氮的不锈钢钝化也是由于这种双重势垒的组成，即在外层是氧化物膜，但界面为富铬、镍或铬、钼、镍的氧化物[23]。三是氮在活性表面的富集，Newman 等提出氮溶解成 NH_4^+，在足够正的电位下，它的速率远远较金属阳极溶解的速率小得多，氮原子于是富集在活性表面，阻挡金属的进一步溶解[24]。此外，Pawel 等研究在含氮铸态不锈钢时，在 0.5 mol/L NaCl + 1 mol/L H_2SO_4 27 ℃中作出的阳极极化曲线上，发现有两个活化峰，与低电位相对应的峰值电流随钢中氮含量增加而增大，这与铁的活性溶解极化曲线近似，因此认为氮有助于铁的溶解，而致使表面钝化膜中铬含量增加，从而耐点蚀能力得到改善[25]。

氮对双相不锈钢耐点蚀性能的影响与其影响合金元素在两相间的分配息息相关，氮能显著影响铬、钼在两相间的分配系数，使铬、钼元素从铁素体相向奥氏体相转移；而当钢中含氮量越高，两相中合金元素含量之差越小，氮在奥氏体中的溶解度远远大于在铁素体中，正是由于这两个原因使得奥氏体相的点蚀电位提高，所以使得钢的整体点蚀电位得到提高。可以说，氮改善钢的抗点蚀性能主要是由于改善了奥氏体的耐点蚀能力。Menzel 等在实验中观察到不含氮的铸钢中奥氏体相优先产生点蚀而含氮的锻材中铁素体相却优先产生点蚀，这一现象也说明氮元素首先提高奥氏体相的点蚀抗力，因此在含氯化物的溶液中铁素体相优先产生点蚀[26]。

氮对双相不锈钢的耐缝隙腐蚀的良好作用与对点蚀的影响是一致的，其作用机理也如前面所述。钢中提高氮元素含量可降低铬在两相中的分配差异，也就是提高了奥氏体相的缝隙腐蚀抗力，铁素体相要求有较高的钼以提高抗缝隙腐蚀的能力，而且氮能促使钼向铁素体偏移，这是提高铁素体相本身缝隙腐蚀抗力的非常必要的条件，而氮在奥氏体相中的溶解度很大，同时也就提高了奥氏体相的缝隙腐蚀抗力，这就是氮的双重作用。

3.2.1.5　钨元素的影响

在双相不锈钢的开发中，有时为提高材料的耐缝隙腐蚀性能，会添加一定量的合金元素钨，因为靠近材料表面的少量的钨被氧化后主要以 WO_4^{2-} 的形式存在，该离子可吸附在金属表面，从而抑制了金属活性表面溶解过程[27]。

钢中的碳与铬结合，在热处理过程中或在焊接过程中在晶界析出，形成的碳化物使晶界出现贫铬，并在晶界形成抗腐蚀薄膜同时发生局部的晶界腐蚀，降低了材料的耐应力腐蚀性。钨是一种碳化物形成元素，在双相不锈钢中可以起到固定碳原子的作用，减少碳与铬的形成化合物含量，从而有利于材料耐晶间腐蚀性能的提高。

当双相不锈钢中含有较高的铬、钼和钨元素，金属间相的析出能力要比其他相应元素含量低的不锈钢更强，相的再溶解温度，也因为合金元素钨的存在而比其他双相不锈钢高。对于 Zeron100 在 1100 ℃短时间加热即可，同时要避免因为固溶温度过高带来的铁素体含量大幅度增加，从而降低氮化物的析出以改善材料的耐腐蚀性能[28]。

合金元素钨是一种中强碳化物形成元素，在一定含碳量的不锈钢中，当其质量分数较少时，多半溶于渗碳体中，形成合金渗碳体，当其质量分数较高时，则可能形成新的特殊碳化物。增加钨元素，不但能提高金属间相的析出速度，也能扩大了金属间相的析出温度范围[28]。

3.2.1.6 铜元素的影响

为了提高材料的耐缝隙腐蚀性能，除了添加一定量的钨之外，有时还会添加一定量的铜，因为铜原子可以在缝隙表面再析出，同样可以抑制了裸露金属活性表面的继续溶解[27]。铜元素可以提高奥氏体相的稳定性，把铜添加入到双相不锈钢中，主要目的是提高材料在硫酸及含硫酸的腐蚀性溶液中的抗腐蚀能力，当铜和钼一起加入时，效果明显增强，这可能是因为铜在硫酸中有较高的稳定性。

铜也是一种奥氏体形成元素，但作用强度非常弱[29]。在双相不锈钢中，铜元素不会形成化合物，全部以固溶的形式近似均匀地存在于基体中，对显微组织没有特别明显的影响。在双相不锈钢中，只要铜的含量不超过它在铁素体或者奥氏体中的固溶度，就基本上不会影响金属间相的析出过程。双相不锈钢在400 ℃以上加热，钨和铜的存在能够降低钢的耐腐蚀性能，但作用并不显著，又因为还能够加速钢的硬化过程，同时材料还能具有一定的韧性，所以这类钢也可以用作耐磨损的腐蚀材料。

3.2.1.7 碳元素的影响

碳是双相不锈钢中的主要元素之一，其含量和分布对双相不锈钢的显微组织和力学性能、耐腐蚀性能有着显著的影响。碳对不锈钢的耐腐蚀性能是不利的，但可以提高材料的强度和硬度。不同类型的不锈钢，其碳含量的差异很大，如马氏体不锈钢中的碳含量为0.1%~1.0%以便淬火后得到马氏体组织；铁素体不锈钢中的碳含量不足0.2%，组织为单相的铁素体；对不含Ti或Nb的奥氏体不锈钢，其碳含量往往要降低到0.06%以下，以便防止$Cr_{23}C_6$的形成，防止晶间腐蚀的发生。目前，已经开发出超低碳的双相不锈钢，碳含量通常为0.01%~0.02%，几乎不会有任何碳化物的形成，但由于碳原子的分布可能不均匀，局部仍有一定量的碳化物析出。

表3-6简要介绍了各合金元素对不锈钢耐腐蚀性能的影响。

表3-6 各合金元素对不锈钢耐蚀性的影响

腐蚀类型	C	Si	P	S	Ni	Mo	Cu	Cr	N	Nb	Ti
耐均匀腐蚀	E	C	D	D	B	B	B	A	—	—	—
耐晶间腐蚀	E	C	D	—	D	—	—	B	—	A	A
耐点蚀和耐缝隙腐蚀	E	—	—	E		A	—	A	A	C	C
耐应力腐蚀	C	B	E	—	A	C	A	A	C	C	C

注：A—很有利；B—有利；C—有利有害随条件而定；D—有害；E—肯定有害。

图 3-8 显示了双相不锈钢不同牌号耐蚀性对比，双相不锈钢的综合性能比奥氏体不锈钢好。

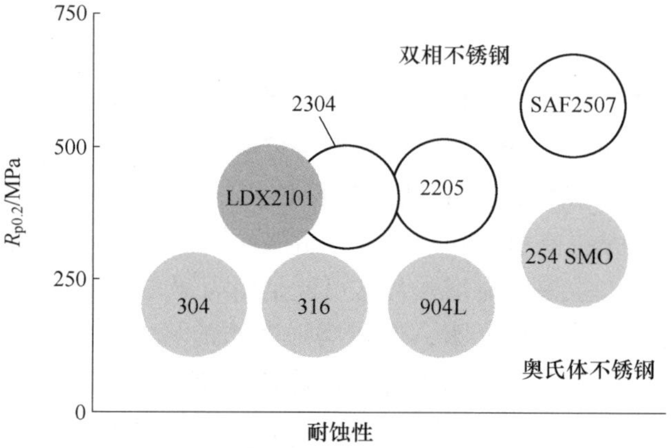

图 3-8　奥氏体不锈钢及双相不锈钢不同牌号耐蚀性对比[30]

3.2.2　耐均匀腐蚀

均匀腐蚀也称全面腐蚀，是指金属表面各处的减薄速率相同，但有时也表现为非均匀的腐蚀，后者的破坏性较前者严重。全面腐蚀尽管导致金属材料的大量流失，但是由于易于检测和察觉，通常不会造成金属材料设备的突发性失效事故。特别是对于均匀性全面腐蚀，根据较简单的试验所获数据，就可以准确地估算设备的寿命。从而在工程设计时通过预先考虑留出腐蚀裕量的措施，达到防止设备发生过早腐蚀破坏的目的。控制全面腐蚀的技术措施也较为简单，可采取选择合适的材料或涂镀层，缓蚀剂和电化学保护等方法。

Zeron100 钢中含有能够提高其在还原性酸中耐蚀性的合金元素铜和钨，该钢种在 HCl、H_2SO_4、H_3PO_4 等酸溶液中的耐腐蚀性能优于 SAF2507，在 HCl 中的耐腐蚀性能甚至优于 254 SMO 超级奥氏体不锈钢，如图 3-9 所示。

利用双相不锈钢双相在不同电位的侵蚀性溶液侵蚀速度不同的方法制备新型单相样品，该方法可以确保单相样品的组成与 DSS 中两相的组成几乎相同。图 3-10（b）~（f）显示了单相样品的制备过程。选择性溶解后，将样品用环氧树脂涂抹并置于真空室中以完全排出腔中的空气。24 h 后，用 2000# SiC 纸研磨，小心地除去环氧树脂，使单独的相暴露在表面上。图 3-11 为制备单相的 SEM 图。

应用 ZRA 测试的目的是模拟和监测 2205 DSS 组成相在中性 3.5%NaCl 溶液中的真实电偶腐蚀过程。图 3-12 给出了使用 ZRA 测试测量电流密度的示意图。γ

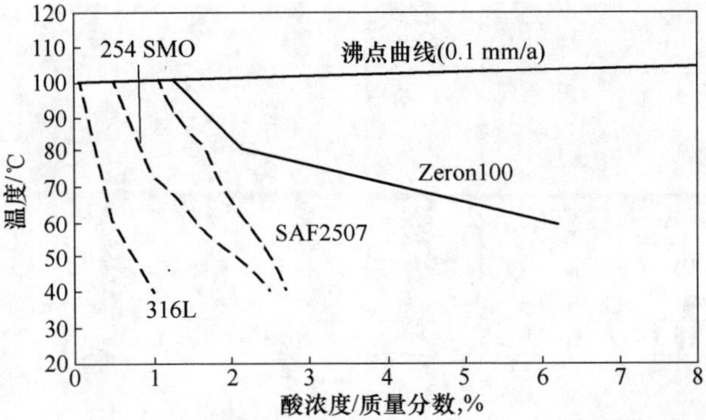

图 3-9 Zeron100 钢及其他不锈钢在 HCl 中的等腐蚀曲线图

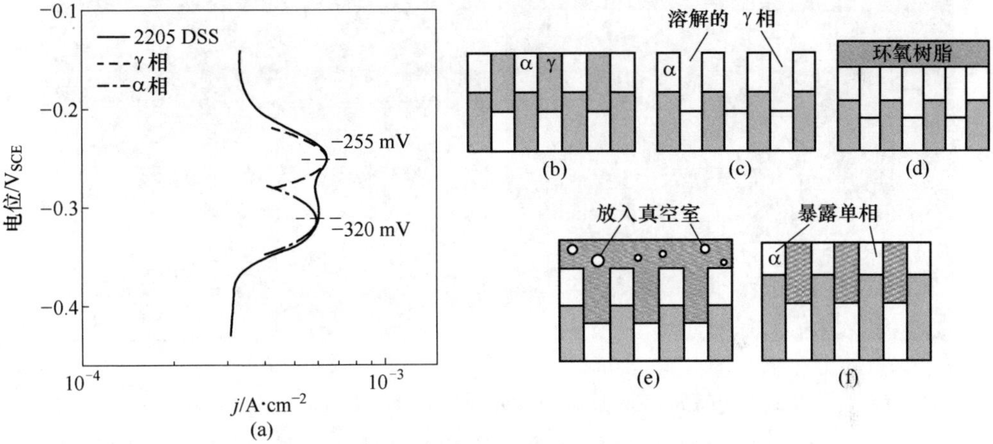

图 3-10 示意图显示单相样品的制备[31]

(a) α 相和 γ 相的特征峰电位；(b)~(f) 制备的具体步骤[13]

相样品作为工作电极，对电极是 α 相样品。图 3-12（b）显示了从 6000 s 到 14000 s 的区间内电流密度和电位变化的详细信息。这些现象可归因于 γ 相和 α 相钝化膜的生长。如图 3-12（a）所示，电流密度图可分为两个区域。在区域Ⅰ（从开始到 4000 s），电流密度相对较高并迅速降低；然后，在区域Ⅱ（从 4000 s 到结束），电流密度继续以相对较低的速率下降。同时，电连接的两个单相样品的电位根据电流密度而变化区域Ⅰ反映了两相内部钝化膜的形成，导致电流密度迅速降低，电位升高。区域Ⅱ代表外层的生长，导致电势缓慢增长。由于 ZRA 测试作为两相耦合过程的指标，因此 2205 DSS 中两相的耦合强度持续几个小时，并随着钝化膜的生长而降低。在图 3-13 中，电流密度仍然接近为零，表明耦合 12 h 后，两相的钝化膜变得稳定，耦合效应消失。

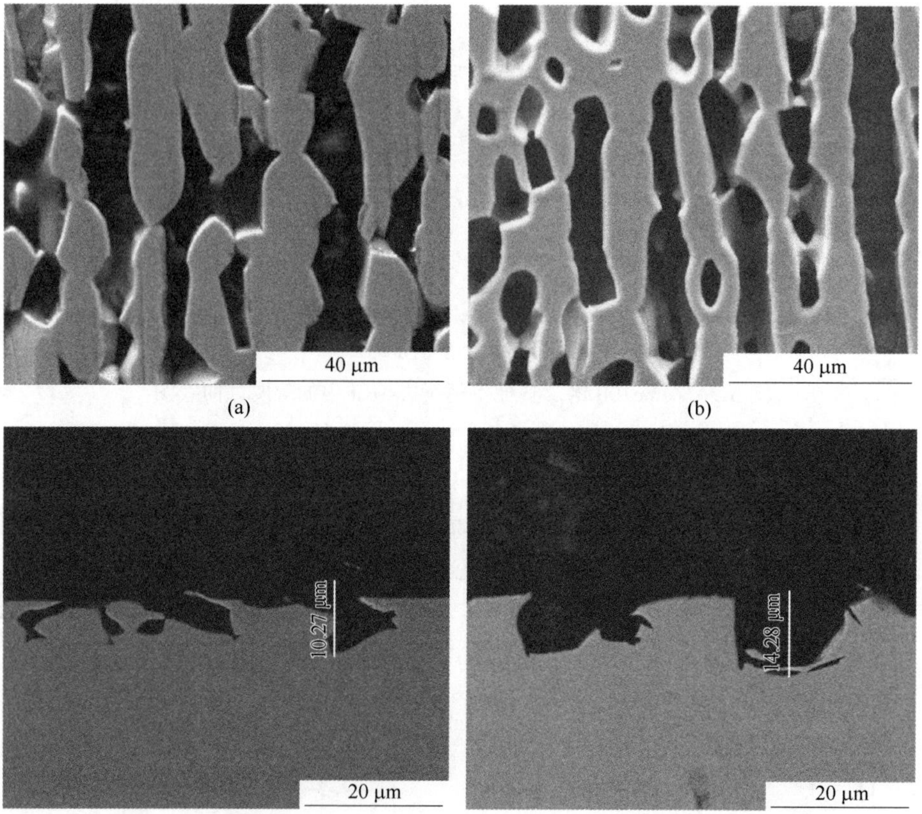

(a)　(b)　(c)　(d)

图 3-11　γ 相和 α 相样品的 SEM 显微照片分别在混合的 2 mol/L H_2SO_4+0. 5 mol/L HCl 溶液中蚀刻 10 h 后，分别在 γ 相和 α 相样品的前表面和 γ 相和 α 相样品的相交表面

（a）γ 相前表面；（b）α 相前表面；（c）γ 相相交表面；（d）α 相相交表面

图 3-14（a）和（b）显示了在中性 3. 5% NaCl 溶液中测试的 4 个样品的奈奎斯特和波特图。在图 3-14（a）中可以明显看出，γ 相钝化膜的稳定性优于 α 相膜，因为 γ 相的电容弧比 α 相的电容电弧更大。基于钝化膜内部的电阻 > 钝化外层的电阻 > 电荷转移电阻的普遍认识，将波特图分为 3 个区域对应于 3 个主要钝化过程和 3 个时间常数：高频区域（区域Ⅲ）代表发生在薄膜-电解质界面的电荷转移反应，中频区域（区域Ⅱ）反映外膜层的特性，低频区域（区域Ⅰ）说明了内膜层的钝化行为；结合图 3-12（a）和（b）清楚地表明，2205 DSS 的组成相在中性 3. 5%NaCl 溶液中的电流效应最有利于 α 相内层钝化膜。

图 3-15（a）和（b）分别是与 EIS 测量相同的测试溶液中耦合和非耦合 γ 相和 α 相样品的莫特-肖特基曲线。耦合的 γ 相和 α 相样品的 Nd 和 Na 值低于未耦合的样品，说明电偶效应有利于 γ 相和 α 相的所有钝化膜。

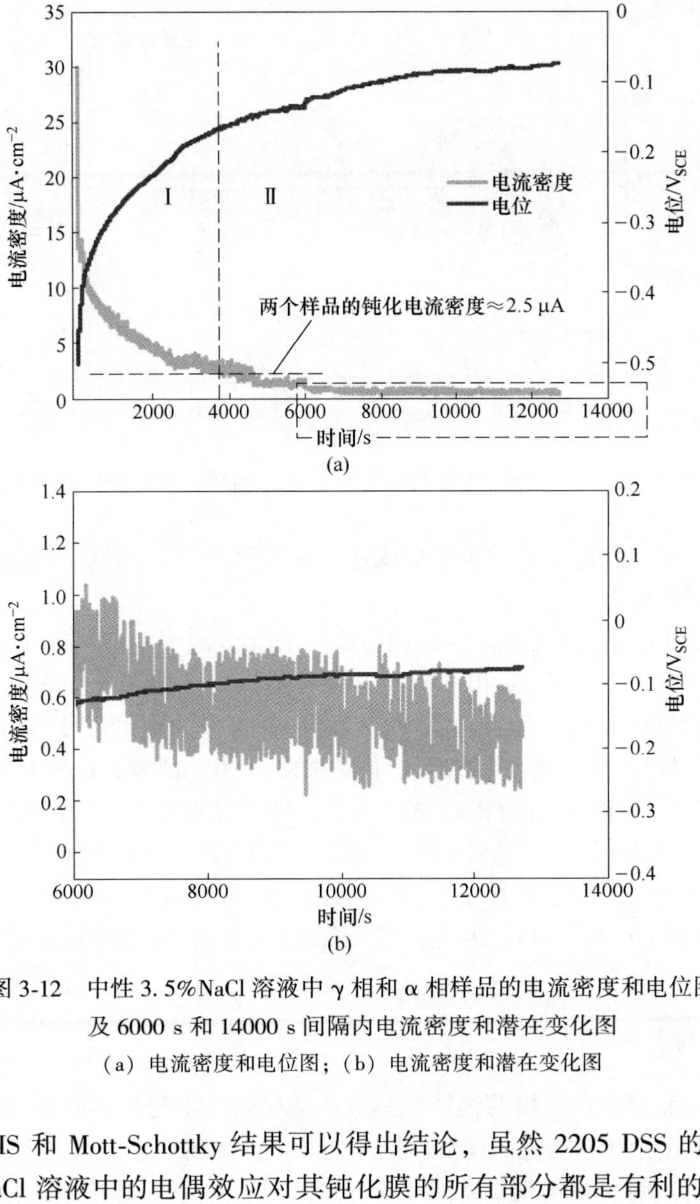

图 3-12 中性 3.5%NaCl 溶液中 γ 相和 α 相样品的电流密度和电位图
及 6000 s 和 14000 s 间隔内电流密度和潜在变化图
（a）电流密度和电位图；（b）电流密度和潜在变化图

基于 EIS 和 Mott-Schottky 结果可以得出结论，虽然 2205 DSS 的组成相在中性 3.5% NaCl 溶液中的电偶效应对其钝化膜的所有部分都是有利的，但内部钝化层的 α 相受益最大。图 3-16（a）和（b）显示了耦合和非耦合 α 相样品上钝化膜中合金元素的 XPS 深度剖面。显然，耦合 α 相内无源膜中的 Cr、Mo 和 Ni 含量高于未耦合 α 相样品。Cr、Mo 和 Ni 是钝化薄膜的重要组成部分和稳定剂。因此，很明显，电偶效应提高了 α 相钝化膜中 Cr、Mo 和 Ni 的浓度。

综合所有结果，可以合理地推断出 2205 DSS 的组成相在中性 3.5% NaCl 溶液中的电流效应可以影响 α 相钝化层内部的一些具体步骤。电偶效应增加了 Cr、

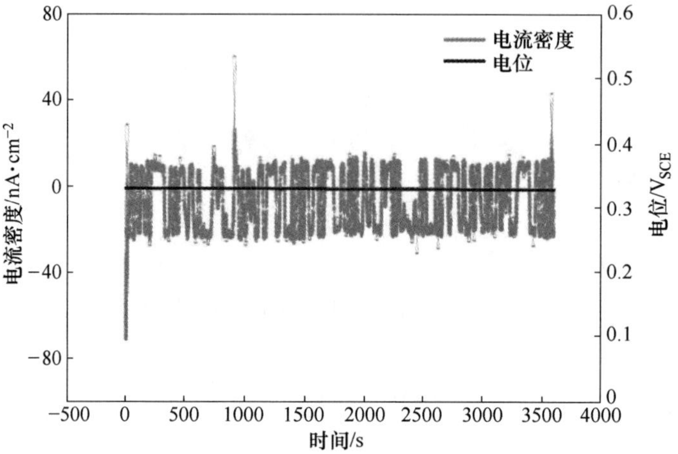

图 3-13　在中性 3.5%NaCl 溶液中电偶腐蚀 12 h 后 γ 相和 α 相样品的电流密度和电位图

Ni 和 Mo 的浓度，降低了氧空位的形成速率和转移速度，降低了缺陷密度，提高了钝化膜的钝化能力。

在 60 ℃ 下、4 mol/L NaCl +0.01 mol/L HCl 溶液中浸泡测试 7 h，使用腐蚀深度测量法研究了 α 相和 γ 相之间的电偶腐蚀性能。使用表面光学轮廓仪研究了腐蚀表面的三维形状，因此可以从图 3-17 中的腐蚀地形图中量化腐蚀深度。如上所述，选择性腐蚀相是所有退火样品中的 α 相。此外，α 相相对于 γ 相表面的腐蚀深度反映了 α 相的相对腐蚀速率，即电偶腐蚀速率。因此，腐蚀深度绘制为图 3-17（f）中 α 分数的函数。随着 α 体积量从 44%增加到 57%，平均腐蚀深度从 2.006 μm 下降到 0.897 μm。然而，在含有 63% α 相的样品中，平均腐蚀深度增加到 1.362 μm。因此，腐蚀深度与 α 分数的关系显示了“V”形曲线。

3.2.3　耐点蚀性能

不锈钢表面存在一层极薄的钝化膜阻止金属进一步与外界介质反应，通常认为点腐蚀萌生是由于钝化膜薄弱区域在侵蚀性的环境中破裂或溶解在腐蚀介质中，如果不锈钢表面钝化膜遭到破坏或有缺陷，在这些位置将会发生腐蚀，形成腐蚀小坑，这种腐蚀称为点蚀。对于双相不锈钢来说，此类腐蚀最为常见，通常被认为是最具破坏性的局部腐蚀形式之一。

DSS 的抗点蚀能力很大程度上取决于合金中 Cr、Mo、W 和 N 的质量百分比。因此，有几个等式定义了点蚀当量（*PRE*）数，用作 DSS 的耐点蚀性的参考，并且包含 W(PRE_W) 影响的以下等式被广泛使用[8]：

$$PRE_W = (\%Cr) + 3.3[(\%Mo) + 0.5(\%W)] + 16(\%N) \qquad (3\text{-}4)$$

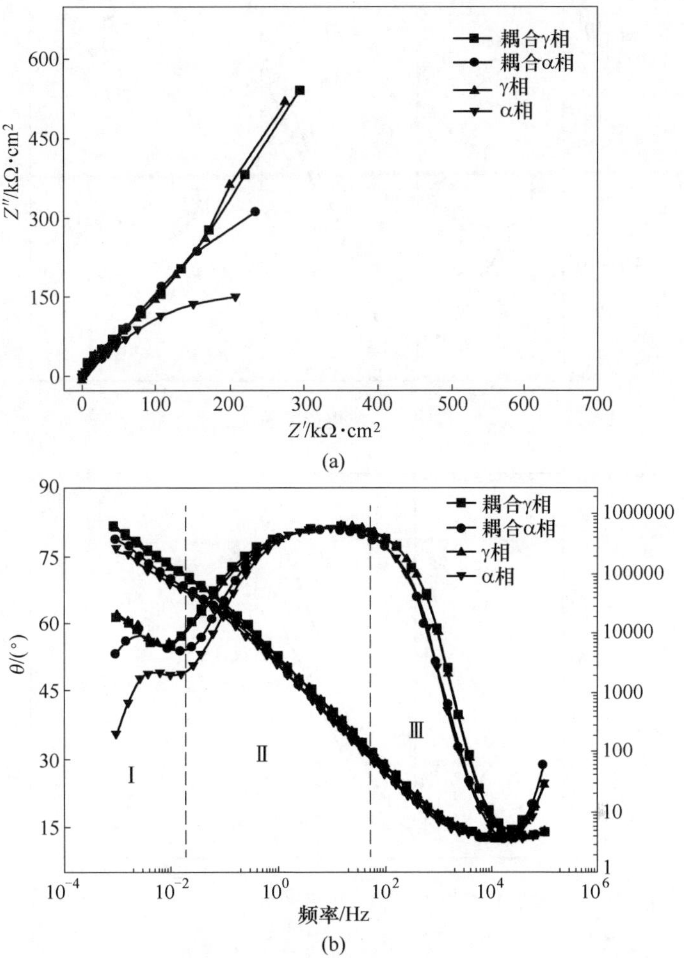

图 3-14 耦合和非耦合的 γ 相和 α 相样品浸入中性 3.5%NaCl 溶液中 12 h 后阻抗谱图和波特图

（a）阻抗谱图；（b）波特图

目前国际上评价不锈钢点蚀性能的方法主要有两种：化学浸泡法和电化学方法。

化学浸泡法：ASTM G48 中列举了三氯化铁酸性溶液浸泡法评价材料的耐点蚀能力，主要评价参数是材料单位面积上的点蚀数目、材料失重、点蚀坑大小和深度。尽管这种方法非常直观有效，但是存在大量的不确定因素。如在浸泡过程中三氯化铁溶液受到腐蚀产物的影响，样品支架会影响不锈钢表面溶液的成分，故仅能给出比较粗糙的结果。

电化学方法：ASTM G150—99 描述了采用电化学方法，包含动电位极化曲线

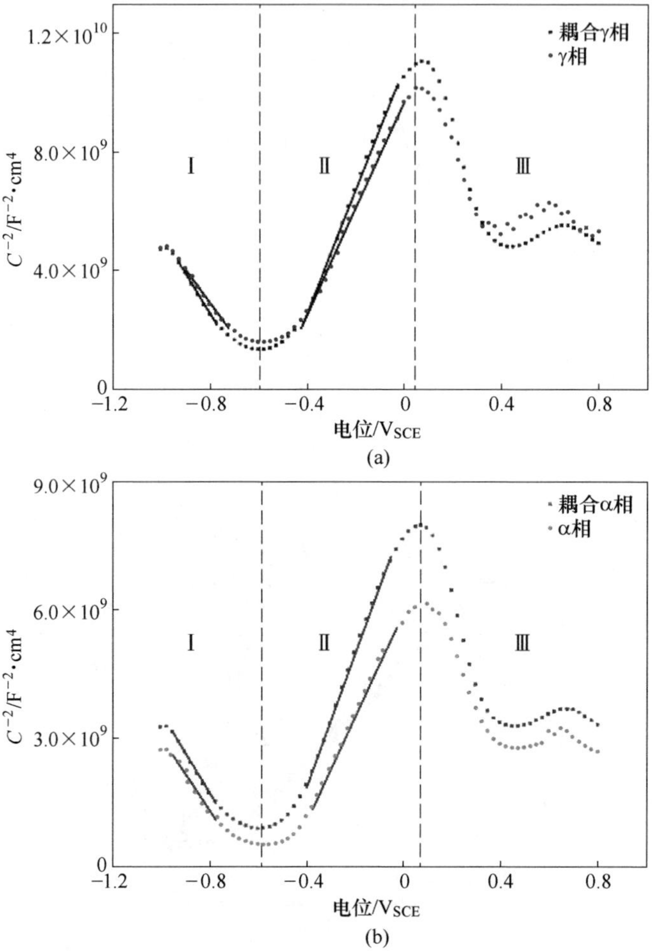

图 3-15　耦合和非耦合 γ 相和 α 相样品的 Mott-Schottky 图

（中性 3.5%NaCl 溶液中浸泡 12 h 后，在中性 3.5%NaCl 溶液中进行测试）

（a）γ 相；（b）α 相

确定点蚀电位和恒电位临界点蚀温度。点蚀电位是在特定的合金/介质体系中得到，即点蚀发生所需的最低电位。恒电位临界点蚀温度是在恒定外加电位下不锈钢发生点蚀的最低温度。

采用动电位法测量 3207 双相不锈钢两种冷轧退火板在中性 3.5%NaCl 溶液中的点蚀电位，测量设备为 Princeton VPM3 电化学工作站，扫描速度为 1 mV/s。两种工艺获得的试样在中性 3.5%NaCl 溶液中的获得的动电位极化曲线如图 3-18 所示。两者在 3.5%NaCl 溶液的自然电位有微弱的差别，1 号样为−218 mV，2 号样为−242 mV，极化曲线几乎重合。从阳极极化曲线上可以看出明显的钝化区，维钝电流密度小于 2×10^{-5} A/cm^2。

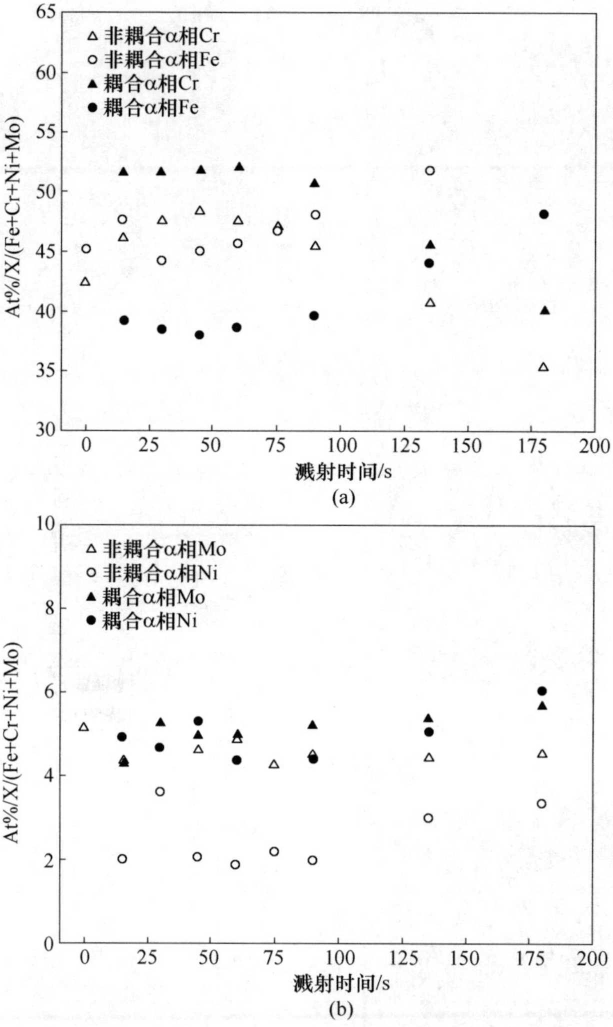

图 3-16　耦合和非耦合 α 相样品上钝化膜中合金元素的 XPS 深度剖面图

（两种钝化膜均在 3.5%NaCl 溶液中形成，无极化 12 h）

（a）Cr、Fe；（b）Mo、Ni

阳极极化曲线拐点即电流突增所对应电位，是临界点蚀电位，两种实验钢板的临界点蚀电位均在 1040~1060 mV 之间。影响不锈钢耐点蚀性能的主要因素是合金元素含量，通常用点蚀抗力当量（*PRE*=(%Cr)+3.3(%Mo)+16(%N)）来表示不同元素质量百分比对耐点蚀性能的贡献。α 相和 γ 相存在微区成分差异，当微区的 *PRE* 值低于其他区域时，则在这一区域先发生点蚀。一般来说，α 相富集 Cr 和 Mo 元素，因此对不含 N 的双相不锈钢，α 相耐腐蚀性明显优于 γ 相，但实验钢中的含 N 量达到 0.53%，而 N 在 γ 相中的固溶度远高于 α 相，因此明显

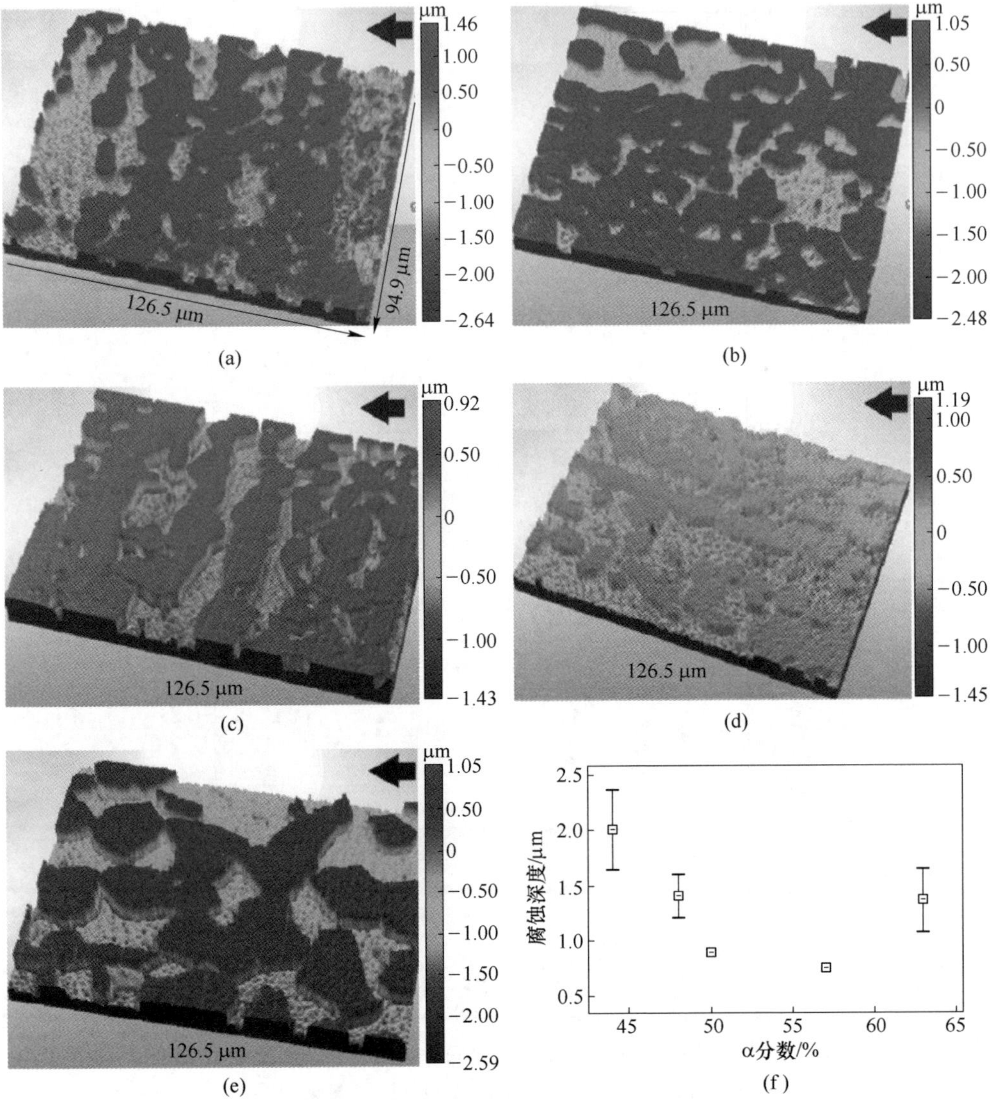

图 3-17　2205 DSS 样品电蚀表面的三维形貌，使用表面光学剖面仪进行了研究[32]

（从 10～15 次的测量结果中得到腐蚀深度的平均值和标准差（散射带））

（a）44 vol%；（b）48 vol%；（c）50 vol%；（d）57 vol%；

（e）63 vol%；（f）腐蚀深度的变化作为 α 分数的函数

改善了 γ 相的耐点蚀性能，使实验钢的整体点蚀电位提高。

图 3-19 所示为 S32760 双相不锈钢在 1040～1100 ℃ 固溶水冷后的极化曲线，击穿电位实验参考 GB/T 17899—1999（实验介质为 NaCl 溶液，30 ℃，参比电极：饱和甘汞电极，辅助电极：石墨电极，扫描速率为 20 mV/min）。从图上可

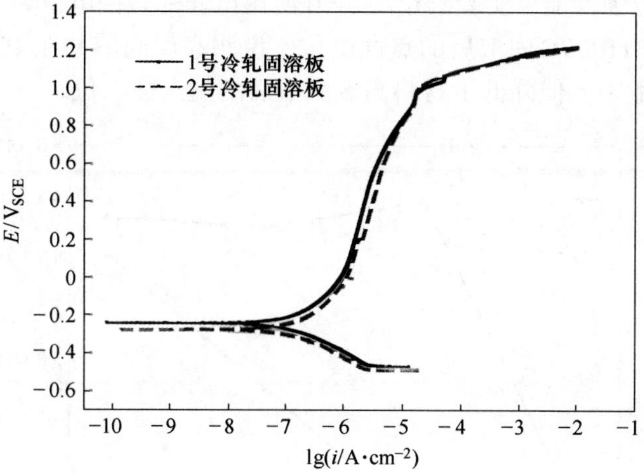

图 3-18 两种工艺试样在 3.5%NaCl 溶液中的极化曲线

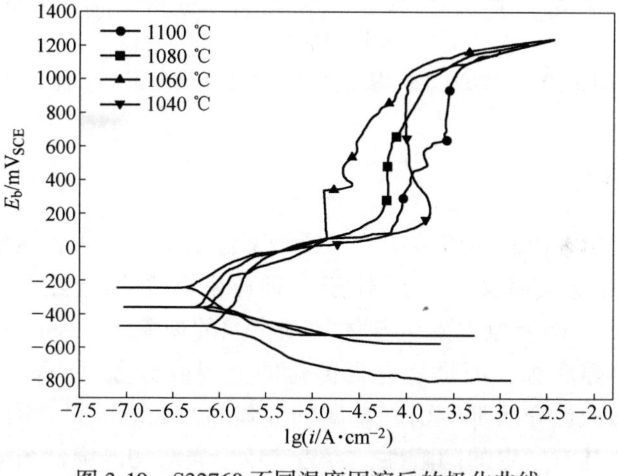

图 3-19 S32760 不同温度固溶后的极化曲线

以看出，S32760 在 NaCl 溶液中具有较高的耐点蚀电位，钝化区间比较宽，试样在 50~1000 mV 内都处于钝化区。在钝化区间内，S32760 表面形成致密的钝化膜，该钝化膜对含 Cl^- 的溶液有较好的耐腐蚀性[33]。

准确测量不同热处理条件下的耐点蚀电位和对应的维钝电流密度，如图 3-20 所示。图中表明 1040 ℃固溶试样的耐点蚀电位相对较低，只有 1003 mV，这是因为组织中仍然存在未溶的 σ 相。当固溶温度升高至 1060 ℃时点蚀电位升高到最大值 1068 mV，继续升高固溶温度，点蚀电位变化不大，大致稳定在 1065 mV，但维钝电流密度随着固溶温度的升高呈线性增大，耐点蚀性能下降。显然，1060 ℃固溶水冷的试样，具有最高的耐点蚀电位和较低的维钝电流密度，从而具有最佳的耐点蚀性能。实验测定图 3-20 所用试样的点蚀电位为 1048 mV，显著低于 1060 ℃和 1100 ℃固溶后的点蚀电位，说明高温固溶并在 1040 ℃时效，可消除了 σ 相的危害，但降低了材料高温固溶后的耐点蚀电位。

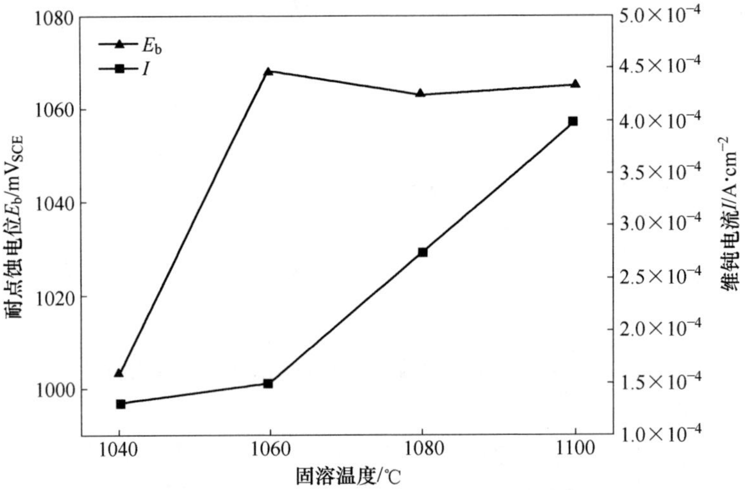

图 3-20 S32760 不同温度固溶后的耐点蚀电位及维钝电流

3.2.4 耐缝隙腐蚀

缝隙腐蚀是指在电解质溶液中，不锈钢部件由于结构或者损伤的原因形成了宽度足以使介质浸入而又使介质处于一种停滞状态的缝隙（一般在 0.025～0.01 mm范围内），而缝隙内发生基体加剧腐蚀的现象。几乎所有的金属和合金都有可能引起缝隙腐蚀，但是具有自钝化的金属或合金对缝隙腐蚀的敏感性更高；几乎所有腐蚀性介质都能引起金属的缝隙腐蚀。缝隙口常有腐蚀产物覆盖，形成闭塞电池，具有一定的隐蔽性，容易造成金属结构的突然失效，具有相当大的危害性。

缝隙腐蚀与点蚀有许多相似之处，两者腐蚀发展阶段的机理是基本一致的，均以形成闭塞电池为前提，不过点蚀扩展的通道较短。此外，从发生条件上看，点蚀是通过腐蚀先形成点蚀坑（即闭塞电池），再加速腐蚀，而缝隙腐蚀是在腐蚀前就已存在缝隙，闭塞电池作用从一开始就存在，且闭塞程度比点蚀得更大。另外，点蚀一定要在含有 Cl^- 等活性阴离子的介质中才能发生，而缝隙腐蚀即使在不含活性阴离子的介质中也能发生。从阳极极化曲线上看，不锈钢、铝等钝性金属材料缝隙腐蚀比点蚀更容易发生，因为缝隙腐蚀发生与成长电位范围较宽，萌生电位较低。在实践中，缝隙腐蚀的危害性也比点蚀更大。

不锈钢缝隙腐蚀试验可以依据 GB/T 10127—2002 不锈钢三氯化铁缝隙腐蚀

试验方法。其装置如图 3-21 所示。

图 3-22 为 22Cr 双相不锈钢在 20 ℃、35 ℃、50 ℃及 75 ℃下的缝隙腐蚀形貌。可以观察到温度越高，试样的缝隙腐蚀越严重，缝隙处形成明显的蚀坑，并且在 75 ℃时还可以观察到较严重的点蚀痕迹，而在其余几个温度下未见到点蚀痕迹。

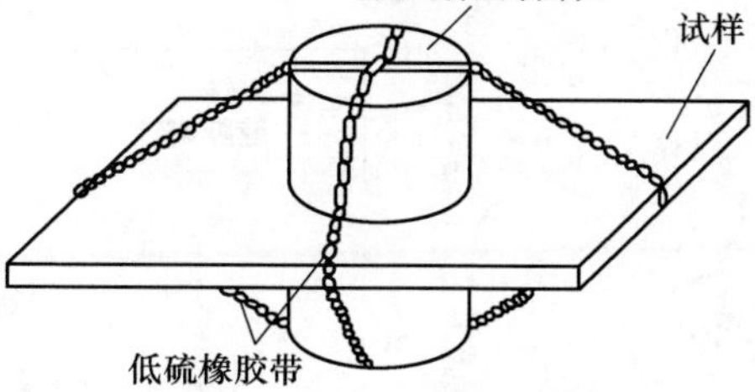

图 3-21 三氯化铁溶液缝隙腐蚀试验装置示意[34]

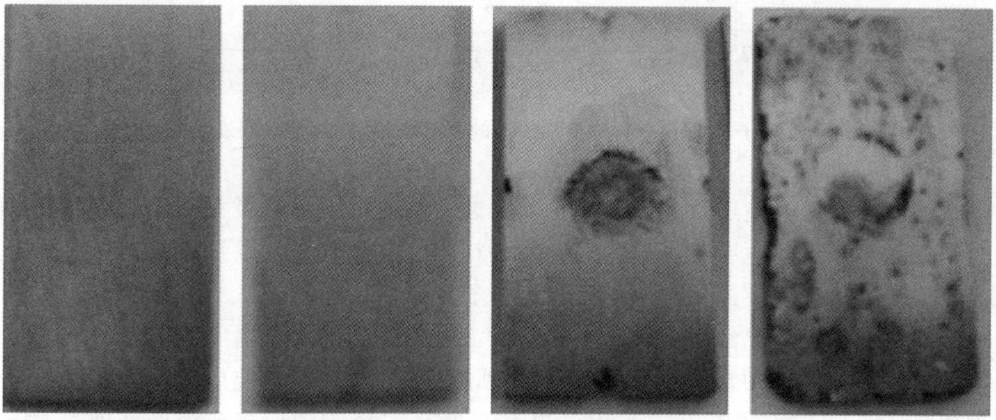

图 3-22 00Cr22Ni5Mo3N 双相不锈钢试样在不同温度下的缝隙腐蚀形貌
(a) 20 ℃；(b) 35 ℃；(c) 50 ℃；(d) 75 ℃

不锈钢点蚀和缝隙腐蚀的萌生和发展具有典型的温度依赖性。Brigham 早在 1974 年就提出温度作为点蚀和缝隙腐蚀的临界条件的可行性[35]。当不锈钢所处环境温度高于某一温度时，点蚀会在较短时间内萌生和发展。通常使用临界点蚀温度（Critical Pitting Temperature，CPT）来描述温度对不锈钢点蚀的影响，即当环境温度低于 CPT 时，不锈钢通常不会发生点蚀。同样，对于具备缝隙条件的不锈钢，也存在着类似的临界温度，称为临界缝隙腐蚀温度（Critical Crevice Corrosion Temperature，CCT）。且这一临界条件对电解液介质条件、试验时间和电位变化不敏感，而与合金成分密切相关，被广泛应用于评估各种不锈钢的耐蚀性[36-38]。如图 3-23 所示[39]，在氯离子环境下测得的不同种类不锈钢的临界点蚀/缝隙腐蚀温度和耐点蚀当量（Pitting Resistance Equivalent Number，PREN）表现出一致的规律。

3.2.5 耐晶间腐蚀

晶间腐蚀是指多晶金属材料在特定腐蚀介质和条件下沿着晶界所发生的一种

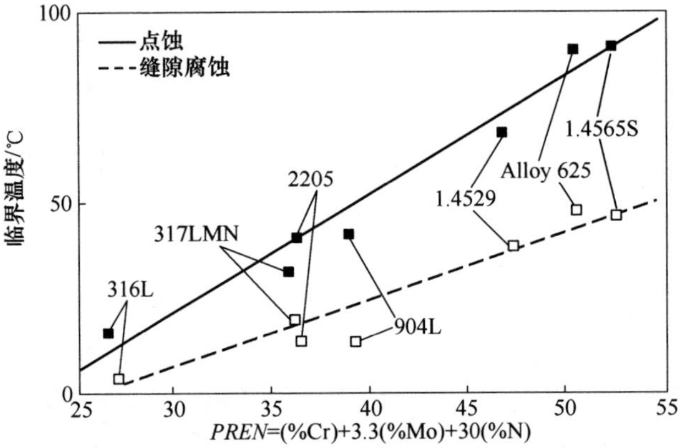

图 3-23　氯离子环境下不同种类不锈钢的临界点蚀/缝隙腐蚀温度与 *PREN* 值

电化学腐蚀现象，造成材料沿晶界优先腐蚀，继而由于小阳极大阴极效应，最终材料将沿着晶界产生腐蚀。这种腐蚀使晶粒间丧失结合力，以致材料的强度几乎完全消失。材料发生晶间腐蚀后外观无明显变化，金属光泽依然存在，但是金属材料的晶间结合力已经丧失，机械性能大大降低，因此对材料危害较大。

奥氏体不锈钢中常发生晶间腐蚀，对该现象的解释，目前广泛为人接受的是贫铬理论。固溶后的奥氏体不锈钢在 450~850 ℃范围内保温或缓冷处理时，就会在晶界上析出铬的化合物，造成极大的晶间腐蚀敏感性，这一温度区间称为敏化温度（危险温度）。与基体相比，铬的碳化物在晶界析出，导致晶界附近的一定区域内贫铬，耐腐蚀性能下降，称为腐蚀发展的通道，腐蚀区域容易沿着晶界向材料内部发展，甚至最终贯穿整个材料，整个过程如图 3-24 所示。

在一些低碳或超低碳的不锈钢或者双相不锈钢中，也会出现晶间腐蚀敏感现象，显然再用碳化物析出导致的晶界贫铬理论来解释行不通。σ 相是一种富铬的金属间相，其析出后对晶界附近合金成分的影响与碳化物相似，因此晶界 σ 相析出导致晶界贫铬从而促进晶间腐蚀的第二相析出理论最具有代表性。

一般认为不锈钢晶间腐蚀的微观机制有贫铬理论、晶界吸附理论、第二相选择性溶解理论。目前科学界公认的不锈钢晶界腐蚀机理是贫铬理论[31,40-41]，该理论认为在一定的条件下，不锈钢晶界析出新相碳化铬（Cr_3C_2），但由于在晶粒中 C 的扩散速度远大于 Cr 的扩散速度，因而过量的 C 只能与晶界附近的 Cr 形成碳化物，造成晶界附近形成贫 Cr 区域，这些区域的 Cr 含量低于耐晶界腐蚀所必需的 12%，故发生晶间腐蚀。

至此，国内已建立了针对不同类型不锈钢晶间腐蚀试验方法的相应标准体系（表 3-7）[42]。

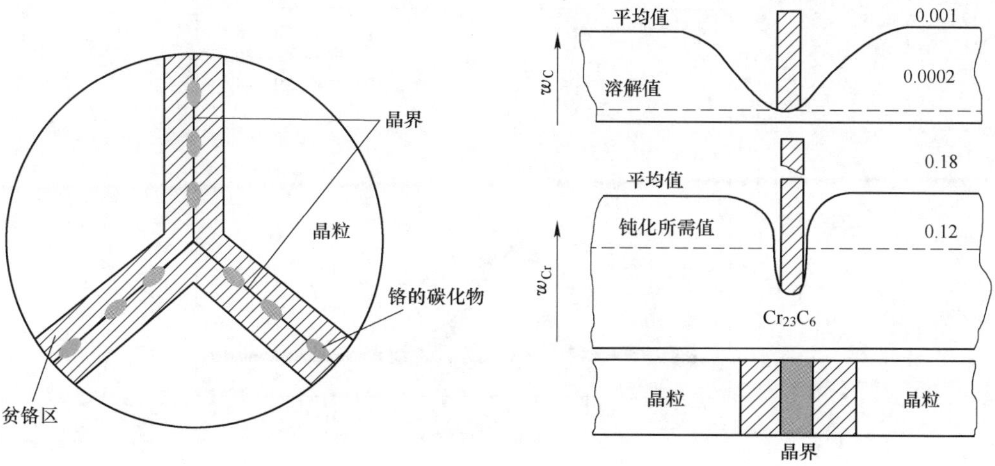

图 3-24 不锈钢敏化态晶界析出和晶界附近碳-铬成分分布示意图

表 3-7 国内不锈钢晶间腐蚀试验标准

材料类型	标准号	标 准 名	最新年份
高铬铁素体不锈钢	GB/T 32571	《金属和合金的腐蚀 高铬铁素体不锈钢晶间腐蚀试验方法》	2016
低铬铁素体不锈钢	GB/T 31935	《金属和合金的腐蚀 低铬铁素体不锈钢晶间腐蚀试验方法》	2015
奥氏体不锈钢	GB/T 4334	《金属和合金的腐蚀 奥氏体及铁素体-奥氏体（双相）不锈钢晶间腐蚀试验方法》	2020
双相不锈钢			

采用 DL-EPR 法测试材料的晶间腐蚀敏感性。DL-EPR 法主要是利用不锈钢的钝化、再活化的特性及与钝化膜中主体合金元素铬、钼有关的特性反应材料的晶间腐蚀行为，通过测定活化电流 I_a 和再活化电流 I_r，以其比值（即再活化率）$R_a = I_r / I_a$ 作为衡量钢晶间腐蚀敏感性的参量。图 3-25 是经不同固溶温度处理试样的 DL-EPR 曲线，DL-EPR 曲线均由 4 个区域组成，即活性溶解区（ab），活性钝化过渡区（bc），钝化区（cde），再活化区（ef）。在极化过程中，不锈钢在再活化区（ef）发生了晶间腐蚀。由于双相不锈钢的铁素体奥氏体两相的耐蚀性存在差异，进行正向扫描和逆向扫描时在活化-钝化区都出现了两个阳极电流峰，试样出现第一个活化峰时不锈钢表面已经形成钝化膜，而第一个再活化峰出现时不锈钢表面的钝化膜开始溶解。因此 R_a 值的计算选择第一次活化峰和第一次再活化峰的值分别作为 I_a 和 I_r。根据 DL-EPR 曲线中的数据，求得试样的再活化率 R_a 值如表 3-8 所示。由表 3-8 可知，经 1180 ℃固溶处理试样的 R_a 值最大，说明它发生晶间腐蚀的倾向最大，随着固溶温度的升高，再活化率 R_a 逐渐降低，试样的晶间腐蚀敏感性变小。

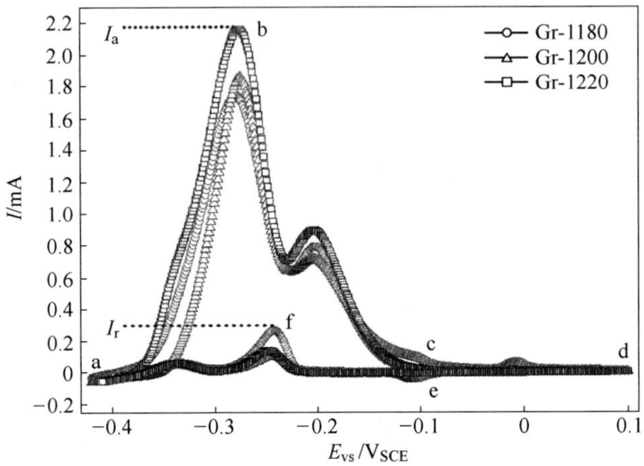

图 3-25 经不同温度固溶处理后的含氮双相不锈钢 0Cr32Ni7Mo3N 的 DL-EPR 曲线

表 3-8 不同固溶温度处理试样的 R_a 值

试 样	再活化率 R_a/%
Gr-1180	14. 29
Gr-1200	7. 22
Gr-1220	5. 45

3. 2. 6 耐应力腐蚀

应力腐蚀开裂是金属在应力和特定腐蚀介质的联合作用下所发生的一种破坏，其特征是形成腐蚀/机械特征的裂缝，腐蚀过程既可以沿着晶界发展，也可以穿过晶粒扩展[43]。这种应力可以是外加应力，或是加工和热处理过程中引入的残余应力，也可以是腐蚀产物的楔入作用而引起是拉应力。应力腐蚀是一种与时间有关的滞后破坏，从而只有通过慢应变速率拉伸，或恒应力下才能显示应力腐蚀，裂纹的形核需要孕育期。由于裂缝扩展是在金属内部，会使金属结构强度大大下降，它会导致韧性金属的突然失效，尤其是在高温情况下。应力腐蚀破裂也是危害最大的局部腐蚀形式之一。

由于影响应力腐蚀的因素众多而复杂，许多学者提出各自不同的学说，迄今没有一个能描述多种材料应力腐蚀破裂的统一的理论。纵观这些理论大致可以分为阳极溶解模式和氢作用模式，前者包括滑移台阶溶解、阳极反应诱生解理、脆化膜破裂等，后者包括氢脆和吸附理论等。这些应力腐蚀理论对于双相不锈钢也是适用的，但是这些理论往往是基于单相材料进行的试验，对于双相不锈钢有其特性的一面，现将有关双相不锈钢的应力腐蚀机制的描述简述如下。

不锈钢表面存在一层钝化膜（氧化膜），在应力作用下，滑移面上的位错运动至表面时产生滑移台阶，导致钝化膜破裂，露出原生基体。膜破裂部位相对于有膜部位是阳极，会发生局部溶解，如果钝化膜再钝化的速率大于溶解速率，则在裂纹尖端会形成新的钝化膜，导致应力集中，从而使该处的再钝化膜通过位错运动又一次破裂。这种钝化膜破裂、金属溶解再钝化过程不断重复，就会导致应力腐蚀裂纹的形核和扩展，如图 3-26 所示。

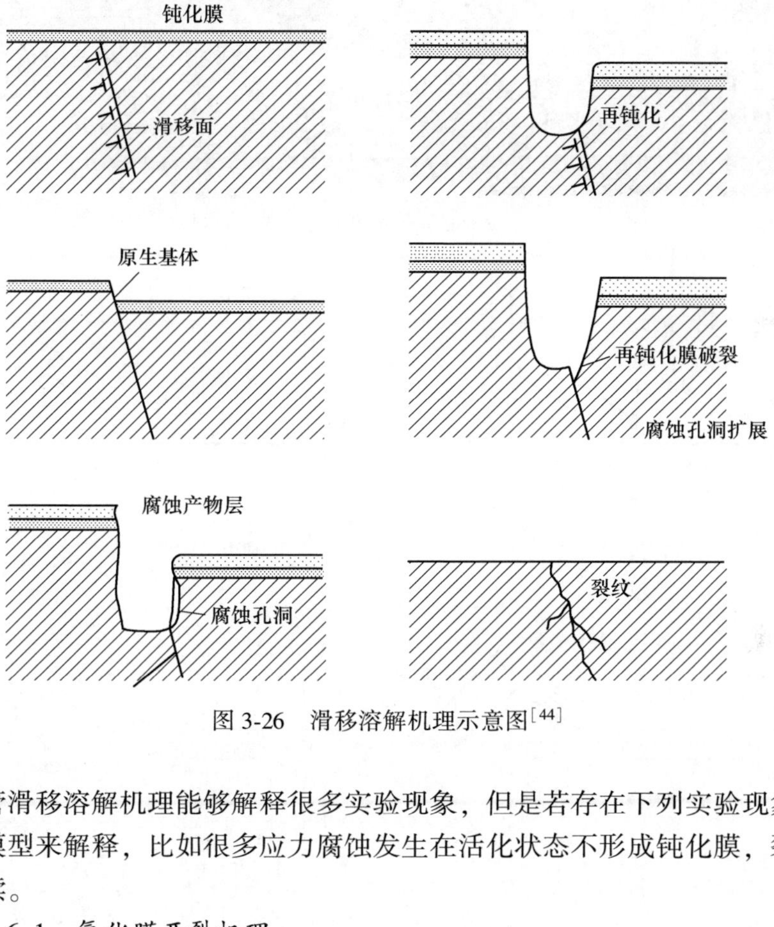

图 3-26 滑移溶解机理示意图[44]

尽管滑移溶解机理能够解释很多实验现象，但是若存在下列实验现象，则不能用该模型来解释，比如很多应力腐蚀发生在活化状态不形成钝化膜，裂纹形核的不连续。

3.2.6.1 氧化膜开裂机理

氧化膜开裂是不锈钢高温应力腐蚀的主要原因，如图 3-27 所示。氧化膜开裂导致应力腐蚀的过程如图 3-28 所示[45]。

(1) 不锈钢表面的氧化膜破裂形成点蚀；

(2) 在外应力和膜致应力的作用下，点蚀底部氧化膜局部开裂，此时在裂纹尖端前方的晶界氧化膜中出现不连续的微裂纹；

(3) 不连续微裂纹长大并相连，裂纹尖端氧化膜内又形成不连续裂纹；

(4) 重复上述过程。值得注意的是，对于不锈钢在温度较低时发生的应力

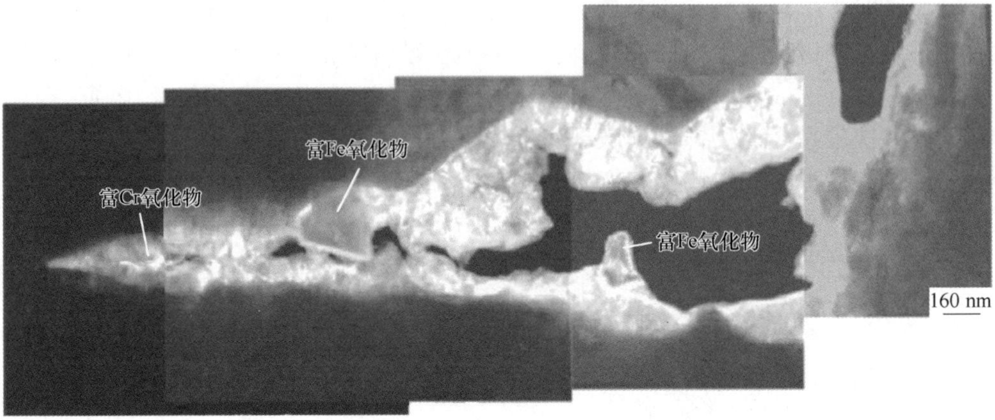

图 3-27　应力腐蚀裂纹在沿晶氧化膜中形核[46]

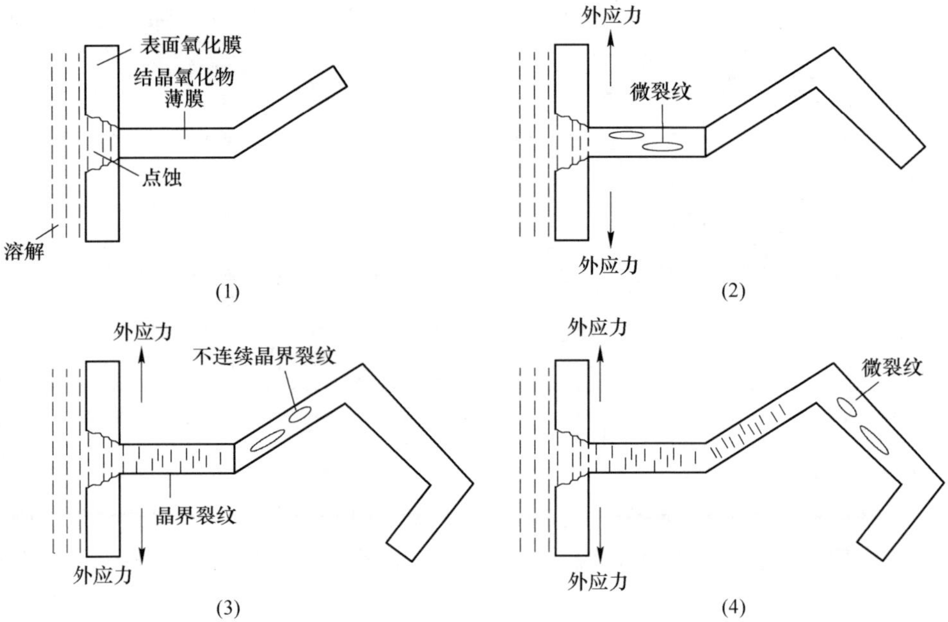

图 3-28　晶界氧化膜开裂导致应力腐蚀示意图[45]

腐蚀而言，如果氧气的扩散速率低于裂纹扩展速率，则此机理将不再适用。

3.2.6.2　氢致开裂机理

如果应力腐蚀的阴极反应是一个析氢过程，则从阴极反应中析出的氢原子会有一部分通过吸附、扩散进入材料内部。如果进入的氢原子控制了应力腐蚀失效中的裂纹形核和扩展过程，那么此时的应力腐蚀开裂就属于氢致开裂型。例如，具有面心立方结构的奥氏体不锈钢，经常会因为氢的进入而发生穿晶断裂。

图 3-29 给出了施加应力时，裂纹尖端处发生氢致开裂的基本过程[47]：

（1）裂纹尖端产生应力集中并发射位错；

（2）在应力作用下，由于氢与位错的相互作用以及氢原子的扩散，裂纹尖端处产生氢聚集；

（3）当裂纹尖端处的氢浓度达到临界值时，裂纹将继续向前扩展一段距离，然后重复此过程，从而导致穿晶断裂。

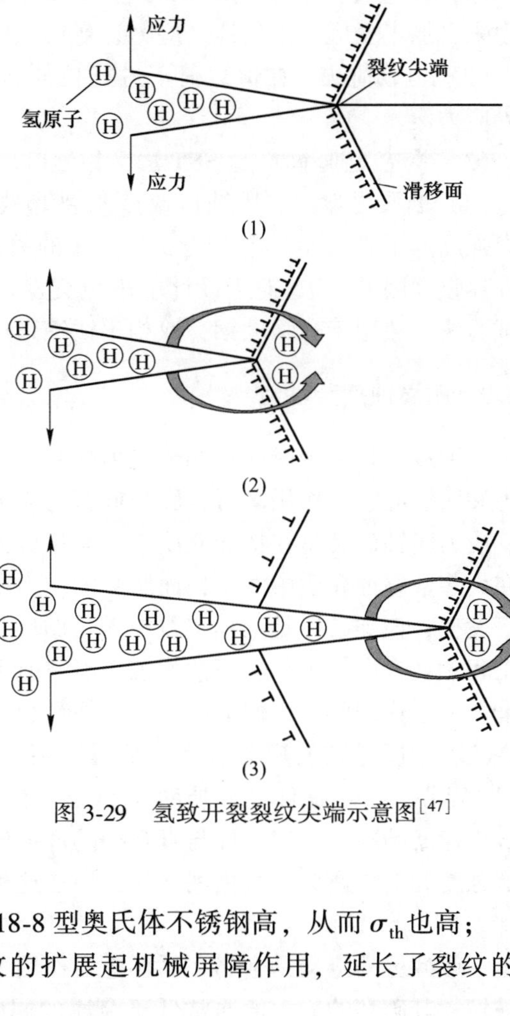

图 3-29 氢致开裂裂纹尖端示意图[47]

双相不锈钢对氯化物的应力腐蚀敏感性与其成分、组织和环境因素密切相关，影响因素是十分复杂的；双相不锈钢比奥氏体和铁素体不锈钢对氯化物应力腐蚀有更好的抗力，这可能与钢中两相的某种力学、电化学的协同效应有关；有关双相不锈钢的应力腐蚀机理，可以归纳为以下几点：

（1）双相不锈钢的屈服强度较 18-8 型奥氏体不锈钢高，从而 σ_{th} 也高；

（2）钢中第二相的存在对裂纹的扩展起机械屏障作用，延长了裂纹的扩展期；

（3）σ 相对 γ 相的电化学防护作用；

（4）在中性氯化物介质中，不锈钢多系以点蚀坑为应力腐蚀的裂源，双相不锈钢的成分和组织的特点使点蚀坑不易形成，延长了点蚀坑的孕育期。

双相（奥氏体+铁素体）不锈钢具有较高的抗氯化物应力腐蚀性能，其应力腐蚀开裂的门槛应力约为奥氏体不锈钢的 3 倍。但是，并非所有种类的双相不锈钢都如此。Truman 的实验结果显示[48]，随着双相不锈钢中的铁素体含量增加，其抗应力腐蚀性能增强，但是当铁素体含量超过 40%时，其抗应力腐蚀性能明显降低。与铁素体不锈钢相似，碳氮化合物、σ 相以及冷加工和高温敏化形成的其他析出相，也会降低双相不锈钢的抗应力腐蚀性能。

常用的应力腐蚀的试验方法有以下几种：

（1）恒应变法。采用的试样有U形弯曲试样、弯梁试样、C形环试样等，应力来自加工变形产生的残余应力、弯梁试样和C形环试样的应力能预先定量。

（2）恒载荷法。在恒载荷下进行拉伸试验，此法可以测试应力腐蚀破裂的临界应力值。

（3）慢应变速率法（SSRT法又称恒应变速率法）。

（4）断裂力学法。用缺口或预制裂缝试样进行试验，可得出应力水平（以应力强度因子 K 表示）与裂缝扩展速率的关系，也可找出Kiscc值（应力腐蚀破裂临界强度因子），这对于设计中避免突发性应力腐蚀事故是有价值的。断裂力学试验法一般用于高强度钢，双相不锈钢采用的不多。

3.2.7　耐腐蚀疲劳性能

腐蚀疲劳是由于腐蚀和循环应力的联合作用而引起的一种腐蚀形态。若从受应力和腐蚀的共同作用来看，腐蚀疲劳与应力腐蚀破裂是相似的，但两者又有不同。应力腐蚀破裂是在特殊介质中，与拉应力共同作用的结果，而腐蚀疲劳却可以在大多数腐蚀介质中发生，而所受的应力是循环应力。它可以在很低的循环应力下发生，该类破坏是工程实践中承受循环载荷的结构所共同面临的问题。常见的工程领域有海洋工程、石油化工、航空航天等，它们都常因受循环载荷和腐蚀环境的复合作用而发生疲劳破坏，往往都会造成重大灾难性事故。严格意义上来讲在工程中所遇到的疲劳破坏，都属于腐蚀疲劳破坏。因为金属材料如果发生“纯”疲劳，必须是环境介质对材料没有任何影响，所以只有在真空中才会出现。干燥、纯净的空气条件与真空中的疲劳研究比较发现，空气条件下也会降低疲劳强度和加快疲劳裂纹扩展，只能说在这种环境下的影响比其他工作条件下小得多。

一般疲劳的定义是金属在循环应力作用下遭受破坏的现象，属于纯力学性质的破坏，其破坏的应力值通常低于金属的屈服极限，且在大量循环之后才破坏，经受无限次循环而不破坏的最大应力称为疲劳极限。

腐蚀疲劳一般分为气相腐蚀疲劳和液相腐蚀疲劳两大类。其中气相腐蚀疲劳又叫作干腐蚀疲劳，主要是该类腐蚀疲劳是在不含水的气体介质中的疲劳现象。在该类腐蚀疲劳过程中，腐蚀性气体与材料中的金属元素通过化学腐蚀作用，从而降低疲劳寿命。液相腐蚀疲劳与气相腐蚀疲劳最大的区别在于，材料在形成腐蚀疲劳裂纹的时间占总寿命时间的比例不同。在气相腐蚀中裂纹形成寿命几乎占了整个寿命的90%，而液相腐蚀疲劳中，裂纹形成寿命仅占总寿命的10%不到[49]。

通常描绘腐蚀疲劳也是采用 S-lg$N$ 曲线，或是采用疲劳裂纹扩展速率和应力强度因子（范围）ΔK 之间的关系：$da/dN = c(\Delta K)^m$（c、m 为常数）来表示。

金属处于活化态的 Wholer 曲线不存在无限循环而不破坏的临界应力，但在钝化态也会有疲劳极限。钢的腐蚀疲劳强度一般界定为在指定的循环数（一般为 10^7 次，必要时也可为 10^6 或 10^8 次）的强度。

影响材料腐蚀疲劳寿命的因素主要包括材料和环境两个方面。材料的本质特征是腐蚀疲劳寿命的决定性因素，研究表明，金属材料的成分、状态、结构、取向、表面粗糙度、热处理制度等都会对材料的疲劳性能产生较大的影响[50]。环境是影响材料疲劳寿命的外在因素，也常常有较为严重的影响，如高温高压水中的溶解氧、溶解氨、氯离子含量及 pH 值等，都会对材料疲劳过程中的裂纹萌生和扩展产生较大的影响。服役环境对制酸制碱工业、石油管道以及海洋大气环境下工作的钻井平台等结构的影响也非常明显。在实际工况下，材料往往工作数年甚至数十年才会发生疲劳失效，所在实验室开展相关的研究时常常采用加速失效的方法。因此，在实验室条件下，利用不同的研究方法评价得出材料的疲劳性能可能也不尽相同，如疲劳应力加载方式的不同对材料疲劳性能的评价有明显的影响。

3.2.7.1 材料对腐蚀疲劳的影响

材料的成分和制备工艺对腐蚀疲劳性能往往起到决定性作用，即使在常规的力学性能实验中也是如此。图 3-30 为不同处理状态的 22Cr 双相不锈钢的疲劳应力寿命（*S-N*）曲线[51]。可看出，热处理工艺对 22Cr 双相不锈钢的疲劳性能有影响，在整个疲劳 *S-N* 曲线上，相对于 1050 ℃（S3）固溶处理和 850 ℃时效处理的试样，475 ℃×10 h（S7）时效处理显著提高材料的疲劳性能。850 ℃时效处理时，随时效时间的延长，材料的疲劳性能有所提高。经 475 ℃×10 h 时效处理的试样疲劳性能最好，850 ℃×1 h（S5）的次之，850 ℃×0.5 h（S4）的再次，1050 ℃固溶处理得最差。

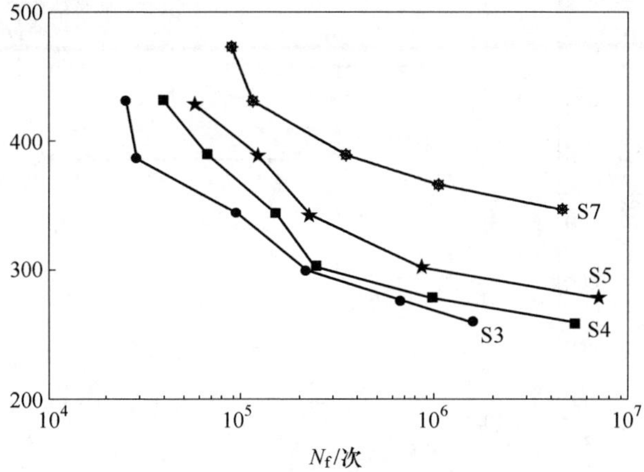

图 3-30 22Cr 钢不同状态的 *S-N* 曲线

图 3-31 为不同处理状态下试样的疲劳断口瞬段区形貌。可见，经 1050 ℃（S3）固溶处理后的试样的微观断口以韧窝为主。微孔在滑移的作用下逐渐长大并和其他微孔连接在一起就形成了韧窝断口。经过 850 ℃×0.5 h（S4）时效处理的微观断口以比较平坦的小刻面和其周围形成的撕裂棱为主要特征，刻面区域的边界比较清晰，撕裂棱的变形程度相对较小。随保温时间的延长，（850 ℃×1 h）S5 试样的疲劳微观断口上可见更多的二次裂纹，断口为典型的小平面解理断裂特征。475 ℃×10 h（S7）断口形貌以韧窝为主，材料在疲劳断裂时，裂纹可能在 α 相内形核，所以在韧窝周围有极少量的解理小平面。

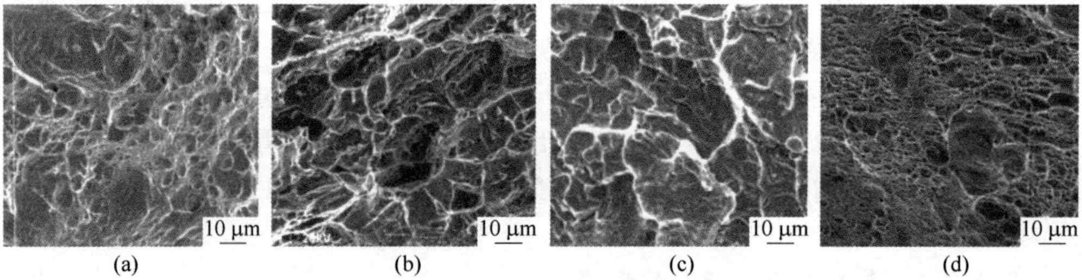

图 3-31 22Cr 钢不同处理状态的疲劳断裂区
（a）S3；（b）S4；（c）S5；（d）S7

腐蚀疲劳发生的环境是影响材料疲劳寿命的另一个重要因素，如温度、水环境、气氛等都会对材料的腐蚀疲劳寿命产生很大的影响。实际上，腐蚀疲劳的研究一般都是针对材料的服役环境而言的，如核电站一回路主管道主要的工作环境是高温高压水，天然气管道工作在含有二氧化硫等腐蚀性气体环境中。图 3-32

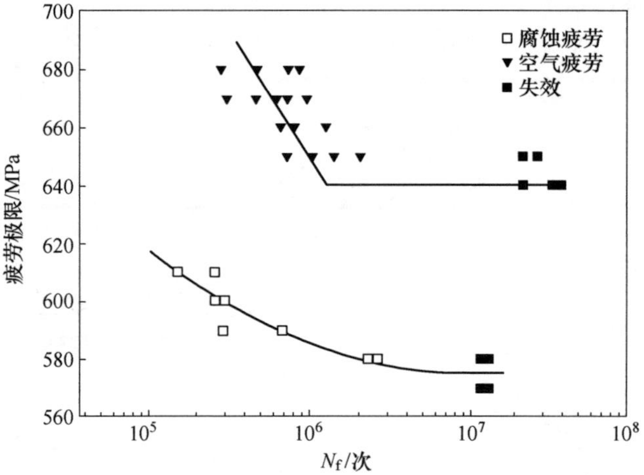

图 3-32 空气和腐蚀环境下 SAF2507 的 S-N 曲线

所示是空气和腐蚀环境下双相不锈钢 SAF2507 的 S-N 曲线[52]。两种环境下对应的循环基数为 107。采用升降法测得空气下的疲劳极限为 640 MPa，是抗拉强度的 67%。3.5% NaCl 腐蚀环境中的疲劳极限为 580 MPa，是空气中的 90%、3.5% NaCl 腐蚀环境中，SAF2507 的疲劳强度只降低了 10%。这是因为 SAF2507 含有较高含量的铬、钼、氮元素，其在氯离子环境中的抗腐蚀性能优异，从而使其抗腐蚀疲劳性能增强，工程应用的可靠性也明显提高[53]。

空气下疲劳断口形貌如图 3-33 所示。图 3-33（a）是整个断口形貌，可见明显的疲劳裂纹萌生和不同的扩展区。疲劳源从表面萌生后呈扇形向四周扩展。A 区断面粗糙（图 3-33（b）），由很多高低不同的解理小断面组成。扩展区第二阶段 B 区断面相对平整，在高倍下观察到与疲劳裂纹扩展方向垂直的很细的疲劳辉纹。大量的疲劳辉纹和二次裂纹在 C 区产生。由于试样断面增大，未断截面应力急剧增大，使得 C 区呈现出明显的韧性断裂，如图 3-33（c）所示。从该区可清楚地看到奥氏体相和铁素体相的疲劳特征明显不同。图 3-33（d）中疲劳辉纹细而密的是奥氏体相（γ），上面分布着粗而疏的韧性条纹的是铁素体相（α）。

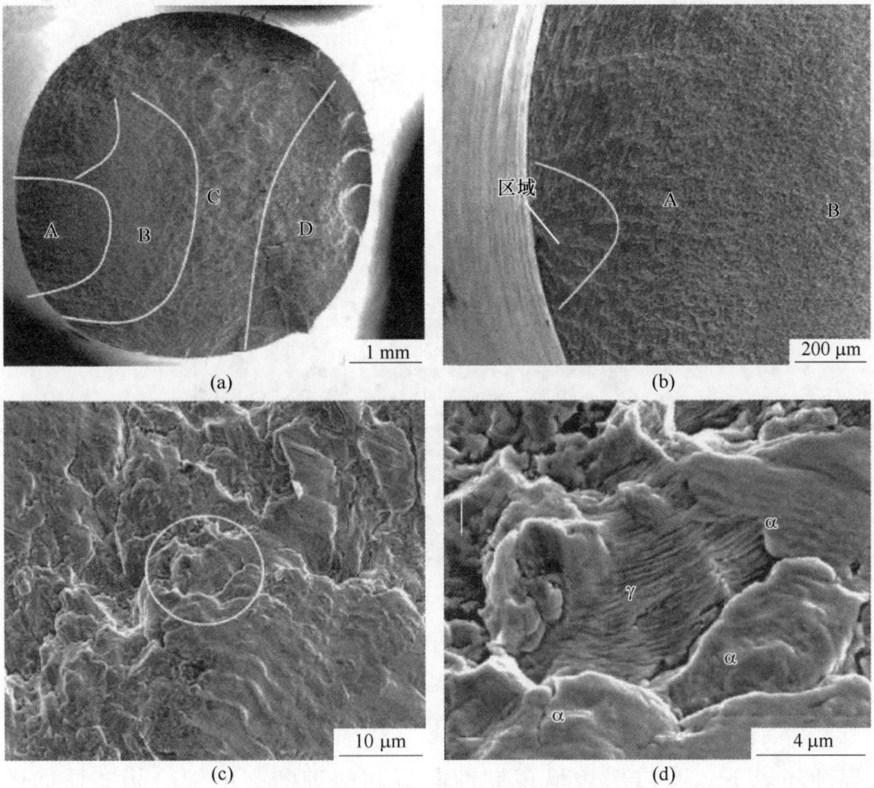

图 3-33 空气中疲劳断口形貌

（σ_a=650 MPa，N_f= 1.44×10^{-6}次）

（a）断口全貌；（b）放大后的疲劳源区；（c）放大后的 C 区域；（d）C 区域中的标记处放大照片

在高应力 680 MPa 下疲劳裂纹扩展的第二阶段 B 区的面积明显增大，约占总面积的 40%，如图 3-34（a）所示。断口形貌呈现出典型的韧性断裂特征，裂纹沿着奥氏体和铁素体相内部穿晶扩展的同时，也沿着两相界面扩展，如图 3-34（b）所示，铁素体相 α 和奥氏体相 γ 的疲劳辉纹间距相当。C 扩展区的两相界面处产生二次裂纹，因此在晶粒的侧面方向产生不同于正面的疲劳特征。如图 3-34（c）所示铁素体相 α_2 和 α_3 的侧面 α_{2b} 和 α_{3b} 产生疲劳辉纹，而辉纹的宽度和间距随着位置在变化，如 α_1 上的疲劳辉纹宽度 $d_1 \sim d_6$。这种不规则的疲劳辉纹特征在不同应力水平下的 C 扩展区都清晰可见。因此，疲劳辉纹的特征除了与应力水平有关，同时受晶粒取向的影响也很大。

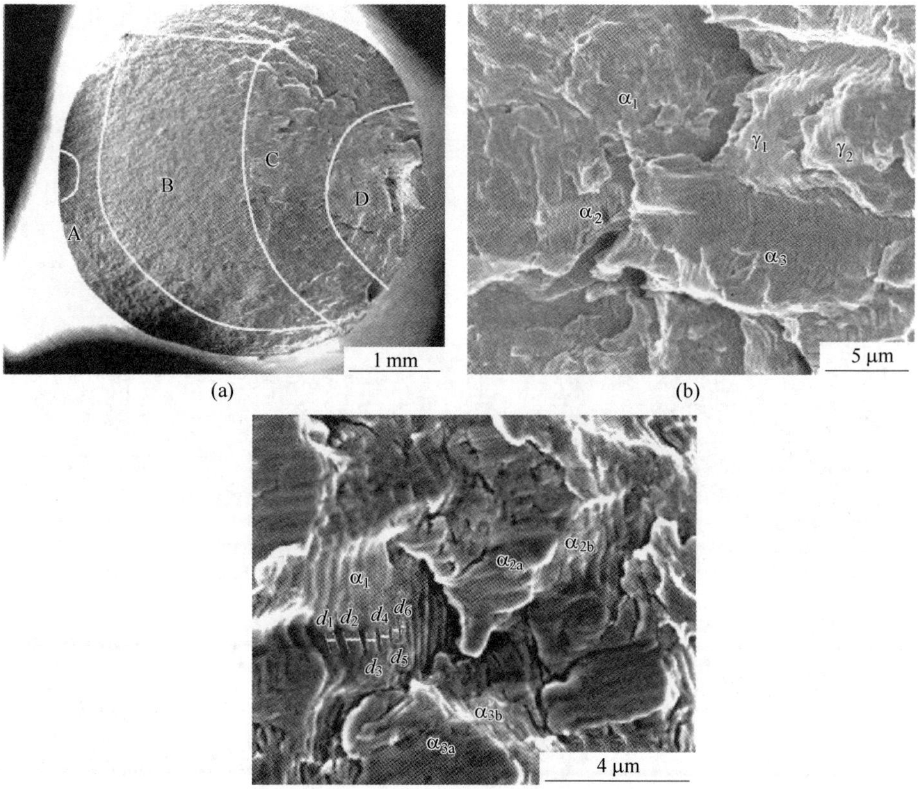

图 3-34　空气中疲劳断口形貌

（σ_a = 680 MPa，N_f = 9.05×10^{-5}次）

（a）断口全貌；（b）铁素体相和奥氏体相中的疲劳辉纹；（c）铁素体相和奥氏体相中疲劳辉纹的不同特征

腐蚀环境下，断口形貌呈现韧性断裂和解理断裂的混合模式，如图 3-35（a）所示。在图 3-35（b）上清晰可见奥氏体相上韧性断裂的疲劳辉纹特征，而铁素体相是解理断裂。疲劳裂纹沿两相界面和奥氏体疲劳辉纹内部扩展。与空气

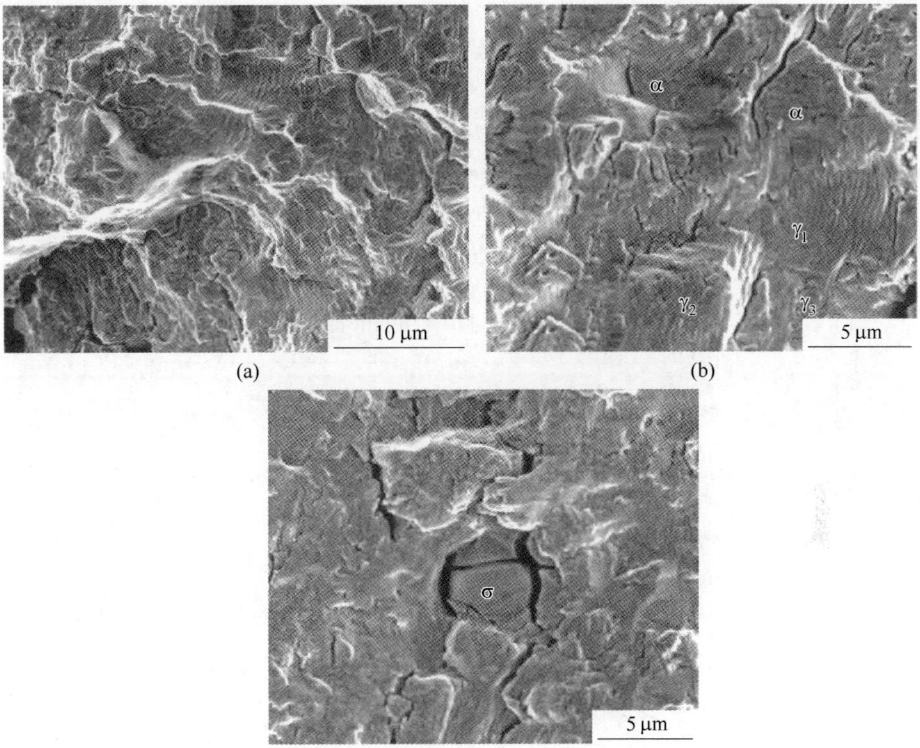

图 3-35 腐蚀环境中疲劳断口形貌

($\sigma_a = 580$ MPa，$N_f = 2.28 \times 10^{-6}$次)

(a) 混合断裂模式；(b) 铁素体相中的准解理断裂和奥氏体相中的韧性断裂疲劳辉纹；(c) σ 相处的开裂

中的断口一样，疲劳辉纹具有很明显的晶粒取向特征，辉纹的宽度和间距随裂纹的扩展方向变化，如图 3-35 (b) 所示奥氏体相 γ_1 和 γ_2 的疲劳辉纹方向一致，但二次裂纹 γ_3 的疲劳辉纹沿深度方向发展，且辉纹间距细而密。

3.2.7.2 实验方法对腐蚀疲劳的影响

由于实际工况条件下的疲劳失效发生得比较缓慢，实验室常常通过加大应变或应力的方法来加速材料的疲劳失效，因此实验室条件下评价材料的腐蚀疲劳性能常用的方法是低周疲劳实验。所以，材料的疲劳寿命常常跟实验时所采用的加载频率、应变幅、应变速率等有很大关系。研究表明，在相同应变幅下，随着应变速率的提高，材料的疲劳寿命会有所增加，反之降低；随着加载频率的提高，材料的寿命也会增加[54]。如图 3-36 和图 3-37[55] 所示，在其他固定条件下，疲劳裂纹扩展加速随着 ΔK 和频率 ν 的降低以及温度的升高而增加。

磨损腐蚀（Erosion Corrosion）是由于腐蚀性介质与金属表面间的相对运动引

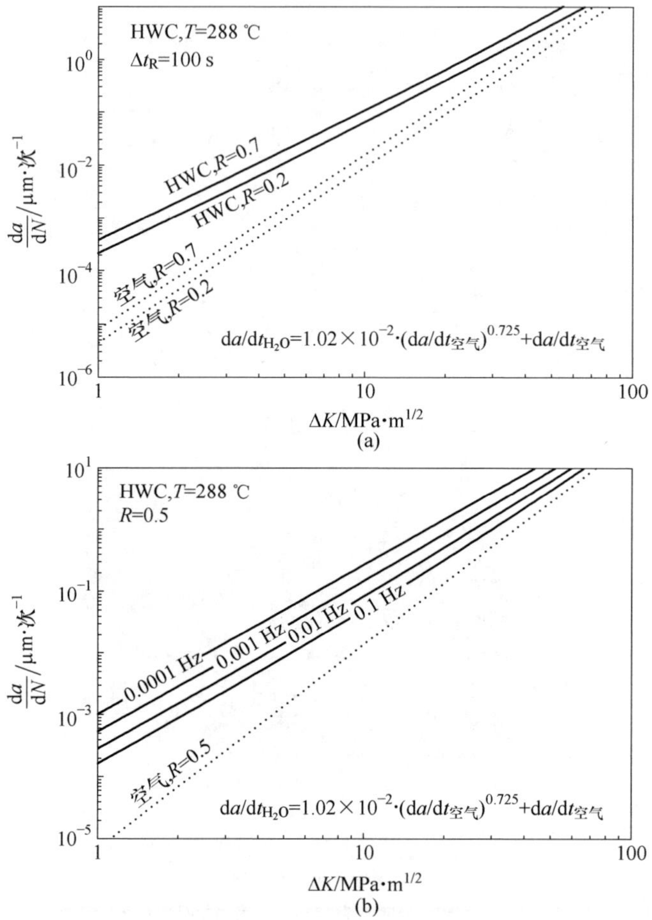

图 3-36　加载频率对敏化 304SS 和固溶退火的 304L SS CF 裂纹扩展速率的影响

（a）敏化 304SS；（b）固溶退火的 304L SS CF

起的金属加速破坏或腐蚀，特别在高流速下或双相流（通常含有固相颗粒）时，金属材料遭到的腐蚀破坏更为严重。金属材料的磨损腐蚀是涉及材料学、腐蚀电化学、流体力学和传递过程等多学科交叉的一个研究领域，腐蚀过程十分复杂，影响因素很多，但从机理上看磨损腐蚀是在流动条件下机械的和电化学的共同作用于金属材料的结果，尤其二者之间的交互作用所引起的协同效应是国内外学者们研究磨损腐蚀机理的着重点。

通常采用分量解析法描述磨损腐蚀的总失重 W，即

$$W = W_{corr} + W_{wear} + \Delta W_{syn} \tag{3-5}$$

式中，W_{corr} 为纯腐蚀失重；W_{wear} 为纯磨耗失重；ΔW_{syn} 为协同效应的失重。

金属在流动的腐蚀介质中，特别在双相流介质中，磨损腐蚀的总失重增大主要是由于电化学腐蚀与机械磨耗之间的协同效应所致。在定量计算时，W_{wear} 分量

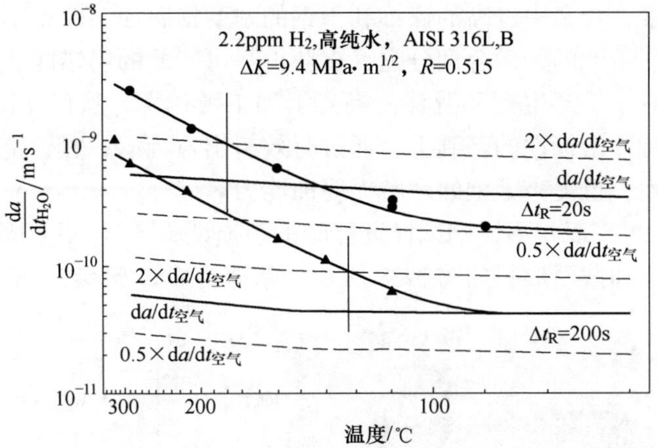

(a)

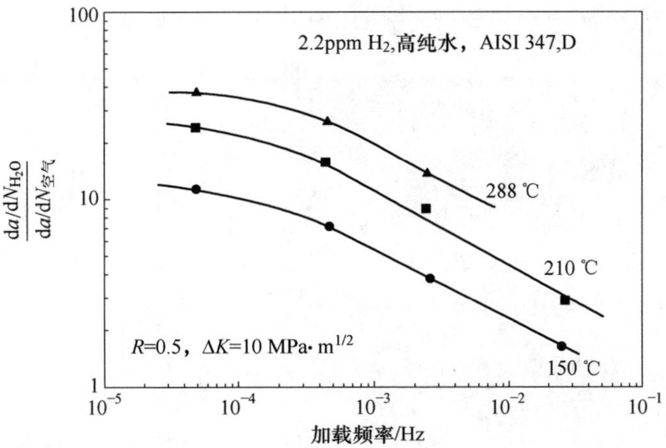

(b)

图 3-37 模拟 PWR 环境中温度和加载频率对疲劳裂纹扩展速率的影响耐磨蚀性能
(a) 温度；(b) 加载频率

以在空气中的干磨耗或以阴极保护下的动态失重为代表，W_{corr}分量以静态腐蚀失重或以动态下的电化学腐蚀数据换算成失重来表示，从实测的总失重 W 中减去 W_{corr}和 W_{wear}两个分量，其差值即为 ΔW_{syn}此法能够定量给出磨损与腐蚀之间协同效应的数据。

奥氏体不锈钢发生了 $\gamma \to \alpha'$ 转变，虽然硬度提高，但耐磨蚀性能不好；铁素体不锈钢形变强化能力较差，腐蚀磨损性能不佳；双相不锈钢中 γ 相具有较强的形变强化能力，虽然 α 相的形变强化能力差，但在表层及次表层硬度过渡和阻止裂纹扩展方面具有一定作用，使合金外强内韧，可以在提高耐磨性的同时不降低其耐蚀性，这种强化原理可用于指导发展耐磨蚀合金[56]。降低堆垛层错能的合金元素，如钴、硅、锰、氮等能提高钢的耐磨损腐蚀能力，而镍相反，却是增加层错能的元素，合金中过高的镍不利于钢的耐磨损腐蚀。双相不锈钢中要注意使增加和减少层错能的元素合理分配，以获得尽可能低的层错能。低的层错能意味着材料形变时不易产生交叉滑移，提高了加工硬化率，从而使耐磨能力增强。研究发现在保持冲击韧性的基础上，通过时效析出 γ_2 和 α' 相，能提高双相不锈钢的强度和硬度，也提高了钢的耐磨损腐蚀能力。

对不同的 2205 双相不锈钢试样进行摩擦磨损试验[57]。不同固溶温度下试样的磨损宏观形貌和截面形貌如图 3-38 所示。摩擦磨损试验结果表明，不同固溶

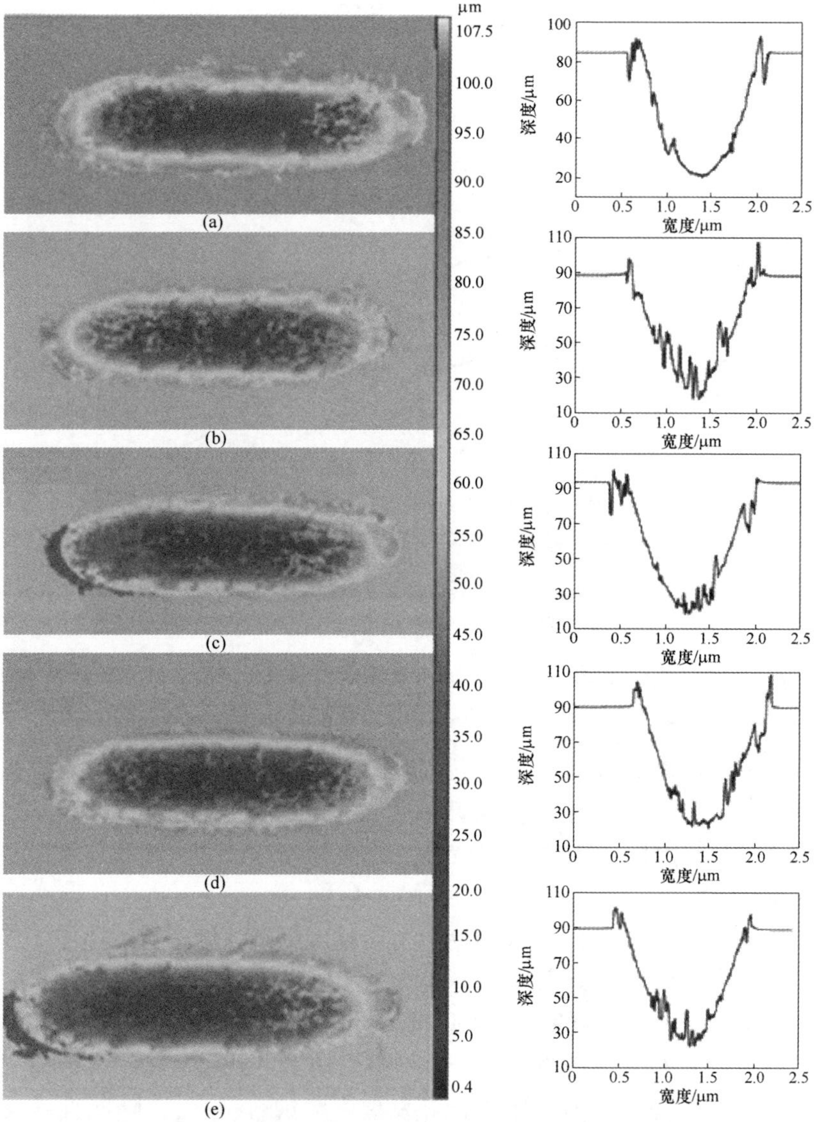

图 3-38　不同固溶温度下试样的磨损宏观形貌和截面形貌

(a) 1000 ℃ (b) 1040 ℃；(c) 1080 ℃；(d) 1120 ℃；(e) 1160 ℃

温度下合金的宏观磨损状态基本一致，磨损深度约 85 ~ 94 μm，磨损宽度约 1.5 μm。图 3-39 为 2205 双相不锈钢在不同固溶温度下的磨损量。结合组织和摩擦系数分析结果可知，这种情况可能是由于 2205 双相不锈钢随着固溶温度的升高而产生固溶强化作用，导致磨损体积减小，晶粒长大使强度和耐磨性降低。

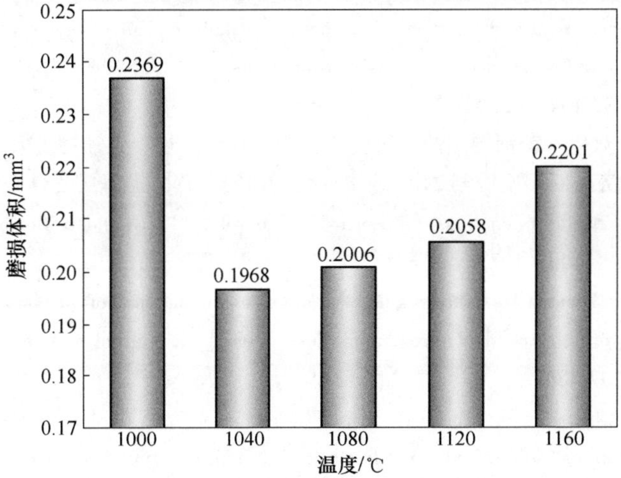

图 3-39　2205 双相不锈钢在不同固溶温度下的磨损量

参 考 文 献

[1] Jiang D W, Ge C S, Zhao X J, et al. 22Cr High-Mn-N low-ni economical duplex stainless steels [J]. Journal of Iron and Steel Research International, 2012, 19 (2): 50-56.

[2] 吴镇宇. 高强度结构钢低温韧性研究 [D]. 西安：西安建筑科技大学，2013.

[3] 王剑勇，韩静涛，潘吉祥，等．00Cr22Ni5Mo3N 双相不锈钢生产工艺的开发和应用 [A]. 中国金属学会．2014 年全国轧钢生产技术会议文集（上） [C]. 中国金属学会，2014：128-136

[4] 艾文山，左景伊，吴玖．氮对 00Cr18Ni5Mo3Si2 双相不锈钢应力腐蚀破裂性能的影响 [J]. 中国腐蚀与防护学报，1991（1）：1-8.

[5] 陈德和．不锈钢的组织和性能 [M]. 北京：机械工业出版社，1987.

[6] 肖纪美．不锈钢的金属学问题 [M]. 2 版. 北京：冶金工业出版社，2006.

[7] 谭华．双相不锈钢焊缝组织演变与腐蚀行为研究 [D]. 上海：复旦大学，2012.

[8] Park Y H, Lee Z H. The effect of nitrogen and heat treatment on the microstructure and tensile properties of 25Cr-7Ni-1.5Mo-3W-*x*N duplex stainless steel castings [J]. Materials Science and Engineering: A, 2001, 297 (1): 78-84.

[9] Liu W, Liu Y, Cheng Y, et al. Unified model for size-dependent to size-independent transition in yield strength of crystalline metallic materials [J]. Physical Review Letters, 2020, 124 (23): 235501.

[10] 尤广伟，董安霞．双相钢的特性以及焊接要点［J］. 现代焊接，2006（7）：17-21.

[11] 何建宏，唐祥云，陈南平．晶粒大小对双相不锈钢的强度和氢致开裂的影响［J］. 金属学报，1990（4）：27-31.

[12] 陈佳荣，任颂赞，李光瑾．2205 双相不锈钢的织构对冲击韧度的影响［J］. 热处理，2012，27（5）：41-44.

[13] Cheng X, Wang Y, Dong C, et al. The beneficial galvanic effect of the constituent phases in 2205 duplex stainless steel on the passive films formed in a 3.5% NaCl solution [J]. Corrosion Science, 2018, 134: 122-130.

[14] 王健．2205 双相不锈钢的点蚀及再钝化行为［D］. 大连：大连理工大学，2015.

[15] 张丽华．经济型双相不锈钢 2101 的腐蚀行为研究［D］. 上海：复旦大学，2010.

[16] Carter V E. Metallic coatings for corrosion control [M]. London Boston: London Boston Newnes-Butterworths, 1977.

[17] Schino A D, Barteri M, Kenny J M. Grain size dependence of mechanical, corrosion and tribological properties of high nitrogen stainless steels [J]. Journal of Materials Science, 2003, 38 (15): 3257-3262.

[18] Antony P J, Chongdar S, Kumar P, et al. Corrosion of 2205 duplex stainless steel in chloride medium containing sulfate-reducing bacteria [J]. Electrochimica Acta, 2007, 52 (12): 3985-3994.

[19] Osozawa K. Effects of alloying elements, especially nitrogen, on the initiation of pitting in stainless steel [J]. Passivity & Breakdown on Iron & Iron Based Alloys, 1976: 135-139.

[20] Mcbee C, Kruger J. Passivity and its Breakdown on Iron and Iron Base Alloys [C] //USA-Japan Seminar, NACE, Houston TX, 1976.

[21] Bandy R, Rooyan D V. Inhibition of localized corrosion in chromium containing stainless alloys [J]. Corrosion, 1985, 41: 228.

[22] Willenbruch R D, Clayton C R. Method of evaluating the localized corrosion of stainless steels by the condensate of exhaust gases [J]. Corrosion Science, 1990, 31: 179.

[23] Levey P R, Bennekom A V. Incubation time of stress corrosion cracking for type 316L and type 316 stainless steels by CBB method in high temperature water [J]. Corrosion, 1995, 51: 911.

[24] Newman R C, Shahrabi T. Mechanism of intergranular stress corrosion cracking of sensitised austenitic stainless steel in dilute thiosulphate solution [J]. Corrosion Science, 1987, 27: 827.

[25] Pawel S J, et al. Evidence for dealloying of austenitic stainless steels in simulated stress corrosion crack environments [J]. Corrosion, 1989, 45: 125.

[26] Menzel J, Kirschner W, Stein G. High nitrogen containing Ni-free steel for medical applications [J]. ISU International, 1996, 36: 893.

[27] 李树健．成分对 00Cr25Ni7Mo3N 双相不锈钢组织及性能的影响［D］. 昆明：昆明理工大学，2011.

[28] 吴玖．国内外双相不锈钢的发展［J］. 石油化工腐蚀与防护，1996（1）：6-8，17.

[29] 王晓峰，陈伟庆，郑宏光．Cu 对 00Cr25Ni7Mo4N 钢组织及性能的影响［J］. 上海金属，

2009, 31 (2): 24-35.

[30] Mats L, Pelle J, Liu H P, et al. Development of a lean duplex stainless steel [J]. Steel Research International, 2008, 79 (6): 466-473.

[31] Wang Y , Cheng X , Li X. Electrochemical behavior and compositions of passive films formed on the constituent phases of duplex stainless steel without coupling [J]. Electrochemistry Communications, 2015, 57: 56-60.

[32] Ha H Y , Jang M H , Lee T H , et al. Interpretation of the relation between ferrite fraction and pitting corrosion resistance of commercial 2205 duplex stainless steel [J]. Corrosion Science, 2014, 89: 154-162.

[33] Anthony Comer, Lisa Looney. Corrosion and fatigue characteristics of positively polarised Zeron base & weld metal in synthetic seawater [J]. International Journal of Fatigue, 2006, 28 (8): 826-834.

[34] 熊惠，相建民，赵国仙，等．22Cr 双相不锈钢缝隙腐蚀的研究 [J]. 石油矿场机械，2007 (8): 50-53.

[35] Brigham R J, Tozer E W. Temperature as a Pitting Criterion [J]. Corrosion, 1973, 29 (1): 33-36.

[36] Tan H , Jiang Y , Deng B, et al. Effect of annealing temperature on the pitting corrosion resistance of super duplex stainless steel UNS S32750 [J]. Materials Characterization, 2009, 60 (9): 1049-1054.

[37] Moayed M H, Laycock N J, Newman R C. Metastable pitting and the critical pitting temperature [J]. Journal of the Electrochemical Society, 1998, 145 (8): 2622-2628.

[38] Han D , Jiang Y M , Shi C, et al. Effect of temperature, chloride ion and pH on the crevice corrosion behavior of SAF 2205 duplex stainless steel in chloride solutions [J]. Journal of Materials Science, 2012, 47 (2): 1018-1025.

[39] Philippe M. Corrosion mechanisms in theory and practice, third edition [M]. Taylor and Francis: CRC Press, 2011.

[40] Jacek B, Andrzej M. The effect of copper on passivity and corrosion behaviour of ferritic and ferritic-austenitic stainless steels [J]. Materials Science and Engineering: A, 2000, 277 (1): 183-191.

[41] Pardo A , Merino M C , Carboneras M, et al. Pitting corrosion behaviour of austenitic stainless steels with Cu and Sn additions [J]. Corrosion Science, 2006, 49 (2): 510-525.

[42] 汤鹏杰，陈欣，梁斌．不锈钢晶间腐蚀试验方法标准 GB/T 4334—2020 更新解读 [J]. 理化检验-物理分册，2022, 58 (5): 74-77.

[43] Yahalom J. Stress corrosion cracking [M]. Israel: Freund Publishing House, 1980.

[44] Jarmila W, Rolf K. Damage due to hydrogen embrittlement and stress corrosion cracking [J]. Engineering Failure Analysis, 2000, 7 (6): 427-450.

[45] 褚武扬，乔利杰，李金．氢脆和应力腐蚀 [M]. 北京：科学出版社，2013.

[46] Lu Y H , Peng Q J , Sato T, et al. An ATEM study of oxidation behavior of SCC crack tips in

304L stainless steel in high temperature oxygenated water [J]. Journal of Nuclear Materials, 2005, 347 (1): 52-68.

[47] Chen X , Gerberich W W. Gerberich. The kinetics and micromechanics of hydrogen assisted cracking in Fe-3 pct Si single crystals [J]. Metallurgical Transactions A, 1975, 22 (1): 59-70.

[48] Truman J E. Stress-corrosion cracking of martensitic and ferritic stainless steels [J]. International Materials Reviews, 1981, 26 (1): 301-349.

[49] Ramesh M , Leber H J , Janssens K G F , et al. Thermomechanical and isothermal fatigue behavior of 347 and 316L austenitic stainless tube and pipe steels [J]. International Journal of Fatigue, 2010, 33 (5): 683-691.

[50] Chiang M F , Young M C , Huang J Y. Effects of hydrogen water chemistry on corrosion fatigue behavior of cold-worked 304L stainless steel in simulated BWR coolant environments [J]. Journal of Nuclear Materials, 2011, 411 (1/2/3): 83-89.

[51] 俞子超．热处理对 Cr22Ni5Mo3 双相不锈钢组织与性能的影响 [D]. 西安：长安大学, 2018.

[52] 俞树荣, 孟恺, 李淑欣．空气和腐蚀环境下双相不锈钢 SAF2507 的疲劳性能 [J]. 材料工程, 2015, 43 (1): 77-81.

[53] 寇生中, 张亚男, 魏代钢, 等．00Cr25Ni8Mo3CuN 双相不锈钢的组织和性能研究 [J]. 热加工工艺, 2009, 38 (18): 29-31.

[54] Wu X Q , Katada Y. Influence of cyclic strain rate on environmentally assisted cracking behavior of pressure vessel steel in high-temperature water [J]. Materials Science and Engineering: A, 2004, 379 (1): 58-71.

[55] Seifert H P , Ritter S , Leber H J. Corrosion fatigue crack growth behaviour of austenitic stainless steels under light water reactor conditions [J]. Corrosion Science, 2012, 55: 61-75.

[56] 路新春．腐蚀磨损金属学及耐磨蚀合金初探 [J]. 腐蚀科学与防护技术, 1994 (3): 264,278.

[57] 杨伟杰, 孟文俊, 李文军, 等．固溶温度对 2205 双相不锈钢微观组织和摩擦磨损性能的影响 [J]. 热加工工艺, 2022, 51 (2): 138-141, 144.

4　双相不锈钢热变形行为

4.1　双相不锈钢热变形特点

双相不锈钢热加工属于一个热力耦合的复杂过程，同样也是一种两相间应变协调的过程，伴随着合金元素配分、相转变、加工硬化以及（亚）动态软化行为。由于高温变形下奥氏体与铁素体两相共存，且组成相的晶体结构、层错能（Stacking Fault Energy，SFE）以及高温力学性能不同，因此热加工中两相的热塑性行为具有显著的不协调性，这是导致双相不锈钢热塑性较差的根本原因。通常热加工过程中双相不锈钢内组成相的软化机制与其单相（奥氏体、铁素体）不锈钢的软化机制大致相同，其中高层错能的铁素体以动态回复为主，而低层错能的奥氏体以动态再结晶为主。因两相的原子扩散激活能及层错能的差异，影响了原子扩散行为及位错滑移运动，引起两相软化机制的不同。然而热变形中两相软化过程不同步，软相铁素体软化行为先于奥氏体，其原因在于热变形初期铁素体优先发生塑性变形且承担主要应变，较奥氏体容易达到动态恢复所需临界形变储存能（临界应变），另外铁素体层错能较高，可动位错交滑移及攀移相对容易开动，因此双相不锈钢的热塑性取决于两相软化协调性及奥氏体软化能力。相界的存在阻碍了应变向奥氏体内传递，进一步加剧了两相内应力和应变的不均匀分配，使局部应力集中，并造成两相组织变形不协调，因此热加工时微裂纹极易在相界处萌生并扩展。近年来，国内外学者基于高温流变力学性能及微观组织演变，构建了相关的本构模型并绘制对应的热加工图，评价并优化热加工参数，为热加工生产工艺的指定提供理论依据与参考。同时随着对双相不锈钢热变形行为研究的深入，发现影响其热塑性的因素诸多，主要为微量元素、夹杂物与析出相、相比例以及热加工参数（变形温度、应变速率及应变量）。

4.1.1　热变形本构方程

材料的本构关系是描述热变形过程中流变应力与工艺参数之间的关系，包含应力应变关系、屈服准则与硬化规律。它能够表示材料在变形过程中的动态响应，描述工件所吸收能量的转变方式，揭示变形工件的本质特征，是热加工工艺参数选择的主要依据。一般是在热模拟试验机上通过单轴拉伸、单轴压缩或扭转等测试方法，物理模拟研究材料的高温变形行为，分析变形温度、应变速率和应变量等因素对材料热加工性能及显微组织的影响。在热压缩变形过程中，一方面在宏观上表现为流变应力的变化规律，即真应力-真应变曲线的形状特征，另一方面在微观上表现为变形过程中的组织演变规律。

低应力水平下，稳态流变应力 σ 和应变速率 $\dot{\varepsilon}$ 间的关系可用指数关系来描述[1]：

$$\dot{\varepsilon} = A_1\sigma^{n_1} \tag{4-1}$$

式中，A_1、n_1 为与变形温度无关的常数。

高应力水平下，稳态流变应力 σ 和应变速率 $\dot{\varepsilon}$ 间的关系可用幂指数关系来描述：

$$\dot{\varepsilon} = A_2[\exp(\beta\sigma)] \tag{4-2}$$

式中，β、A_2 也是与变形温度无关的常数。

式（4-1）和式（4-2）描述了高温下应变硬化和动态软化两个过程之间的动态平衡，类似稳态蠕变变形的数学关系。根据这种相似性，Sellars 和 Tegart 等人提出了一种包含热变形激活能（Q）和变形温度（T）的双曲正弦形式 Arrhenius 的修正函数来描述这种热激活稳态变形行为[2]：

$$\dot{\varepsilon} = A[\sinh(\alpha\sigma)]^n\exp(-Q/RT) \tag{4-3}$$

式中，A、n、α 为常数，其中 $\alpha=\beta/n_1$；Q 为热变形激活能，kJ/mol；R 为气体常数，8.314J/(mol·K)；T 为绝对温度，K。

通常认为式（4-1）可用来描述低应力水平条件下的流变行为，而不适用于高应力水平，因为应力指数 n_1 在高应力条件下会随着应变速率 $\dot{\varepsilon}$ 的变化而变化；式（4-2）适用于描述高应力水平条件下的流变行为，原因是在低应力水平条件下 β 会随着应变速率 $\dot{\varepsilon}$ 的变化而变化，故不能准确描述合金的流变行为特征。式（4-3）的双曲正弦形式的 Arrhenius 关系适用于所有应力水平，可以较好地表征材料的热变形流变行为，在回归拟合较佳的条件下，式（4-3）所求得的材料常数与式（4-1）和式（4-2）的计算结果基本一致。

Zener 和 Hollomon 提出并实验证实了应变速率 $\dot{\varepsilon}$ 和温度 T 的关系可用一项参数 Z 表示[3]，即 Zener-Hollomon（Z）参数，也称为“温度补偿应变速率”。Z 参数是反映热加工过程中变形温度和应变速率影响的综合指标，Z 值越小，位错和晶界的迁移率越高，变形中发生动态再结晶的倾向越大，动态再结晶越充分。利用 Zener-Hollomon 参数综合描述材料的热变形条件，Z 参数表达式如下：

$$Z = \dot{\varepsilon}\exp(Q/RT) \tag{4-4}$$

将式（4-4）代入式（4-3），可得：

$$Z = A[\sinh(\alpha\sigma)]^n \tag{4-5}$$

由式（4-5）可得：

$$\sinh(\alpha\sigma) = (Z/A)^{1/n} \tag{4-6}$$

根据双曲正弦函数的性质可得：

$$\sinh^{-1}(\alpha\sigma) = \ln\{(\alpha\sigma) + [(\alpha\sigma)^n + 1]^{1/2}\} \tag{4-7}$$

由以上即可求得流变应力：

$$\sigma = \frac{1}{\alpha}\ln\{(Z/A)^{1/n} + [(Z/A)^{2/n} + 1]^{1/2}\} \tag{4-8}$$

通过求解 A、α、Q 和 n 等材料常数后，可建立 σ 与 Z 之间的关系式（4-8），构建材料热加工的本构方程。

4.1.2 热加工图的理论及应用

热加工图（Processing Map）是用来优化热加工工艺的重要手段，记录了不同热变形条件（应变速率、变形温度及应变量）下材料内部显微组织变化及塑性变形能力，用于控制变形过程中形成的组织结构、形态和分析变形机制以及组织演变规律。目前热加工图以基于原子模型的 Raj 加工图和基于动态材料模型的热加工图为主，其中前者在实际应用中具有局限性，仅用于描述纯金属与低元合金，难以用于结构复杂的合金材料，后者是基于 Prasad 等与 Gegle 等所提出的动态材料模型而发展并推广来的，已经成为现阶段最流行的热加工图，被广泛应用于 Fe 基合金、Ni 基合金、Al 基合金及 Mg 基合金等多种合金。基于动态材料模型的热加工图是由功率耗散图与塑性失稳图叠加而成，可以判断不同变形条件下的塑性失稳区（如晶界裂纹区、孔洞区、楔形区、绝热剪切带形成区及局部变形区）与加工安全区（如动态回复区、动态再结晶区、超塑区及球化区），能合理制定材料热变形工艺参数与精确控制材料微观组织结构，进而分析塑性失稳原因并避免缺陷的产生。

在动态材料模型中，热加工工件被视为一个能量耗散体，在变形过程的某一瞬间，外界输入变形体的能量通过以下两种途径耗散：

$$P = G + J = \sigma\dot{\varepsilon} = \int_0^{\dot{\varepsilon}} \sigma \mathrm{d}\dot{\varepsilon} + \int_0^{\sigma} \dot{\varepsilon}\mathrm{d}\sigma \tag{4-9}$$

式中，P 为工件单位体积内吸收的总能量；G 为功率耗散量，即材料发生塑性变形过程所消耗的能量，包括以热能形式的损失与以晶格畸变能形式的储存；J 为功率耗散协量，即材料在热变形过程中微观组织演变所消耗的能量，包括动态回复、动态再结晶及晶界滑移。

当变形温度与应变量一定时，塑性变形引起的 G 和组织结构变化引起的 J 所占总能量的比例由材料的应变速率敏感指数 m 决定：

$$\left(\frac{\partial J}{\partial G}\right)_{\varepsilon, T} = \frac{\partial P}{\partial G}\frac{\partial J}{\partial P} = \frac{\sigma \mathrm{d}\dot{\varepsilon}}{\dot{\varepsilon}\mathrm{d}\sigma} = \left[\frac{\partial(\lg\sigma)}{\partial(\lg\dot{\varepsilon})}\right]_{\varepsilon, T} = m \tag{4-10}$$

当变形温度与应变量一定时，材料在热变形中受到的流变应力（σ）与应变速率（$\dot{\varepsilon}$）的关系满足幂律关系：

$$\sigma = K\dot{\varepsilon}^m \tag{4-11}$$

式中，m 为应变速率敏感指数，与应变速率（$\dot{\varepsilon}$）无关，通常可表征热加工过程中材料的动态软化程度；K 为影响应力的温度参数。

根据式（4-9）与式（4-11），功率耗散协量 J 可表示为：

$$J = \int_0^{\sigma}\dot{\varepsilon}\mathrm{d}\sigma = \int_0^{\dot{\varepsilon}} K\dot{\varepsilon}^m \mathrm{d}\dot{\varepsilon} = \frac{m}{m+1}\sigma\dot{\varepsilon} \tag{4-12}$$

当 m 等于 1 时，材料属于一个理想线性耗散体，此时 J 达到最大值 $J_{\max}$：

$$J_{\max} = \frac{\sigma\dot{\varepsilon}}{2} = \frac{P}{2} \tag{4-13}$$

对于一般的非线性耗散体，功率耗散协量 J 与最大耗散协量 $J_{\max}$ 的比值定义为功率耗散系数（Power Dissipation Efficiency）η，可表示为：

$$\eta = \frac{\Delta J/\Delta P}{(\Delta J/\Delta P)_{\text{line}}} = \frac{m/(m+1)}{1/2} = \frac{2m}{m+1} \tag{4-14}$$

功率耗散图是 η 值随变形温度-应变速率的变化构成二维平面图。η 值反映了材料在热加工过程中微观组织变化耗散能量的效率，η 值越大意味着热变形过程中微观组织演变消耗能量的比重越大。研究表明，η 值小于 0.2 时，材料微观组织中存在某些缺陷；η 值为 0.2~0.3 时，材料微观组织演变与动态回复有关；η 值为 0.3~0.5 时，材料微观组织演变与动态再结晶有关；η 值高于 0.6 时，表明材料具有超塑性。塑性变形过程中，当材料内形成楔形裂纹和孔洞等缺陷以及微观组织发生动态回复和动态再结晶时，η 值会相应的增加，因此仅通过功率耗散图无法精确预测材料最优的热加工窗口。

为进一步提高材料热加工过程中的安全性，Prasad 等基于最大熵产生原理提出了塑性失稳判据，表达式如下：

$$\xi(\dot{\varepsilon}) = \frac{\partial \ln\left(\frac{m}{m+1}\right)}{\partial \ln\dot{\varepsilon}} + m < 0 \tag{4-15}$$

式中，$\xi(\dot{\varepsilon})$ 表示热变形失稳参数。根据失稳判据，在变形温度-应变速率构成的二维平面图中，$\xi(\dot{\varepsilon})$ 为负值的区域被视为加工失稳区，而其他区域为安全加工区。将功率耗散图与塑性失稳图叠加在一起即可得到热加工图，图中的等值线表示材料热变形时微观组织演变引起的功率耗散系数，阴影部分表示材料热塑性加工失稳区域。因此，在热加工图中具有较高功率系数且在非阴影区域内的工艺窗口对应着最佳热加工工艺参数。

然而，基于动态材料模型构建的热加工图中，尚不存在一种适用于任何材料的普适性判据。此外，在以往的研究工作中，出现了研究者采用不同判据研究同一种材料时，对于判据的预测结果和适用性得出不同甚至完全相悖的结论。目前，国内外对双相不锈钢加工图的构建主要是运用基于动态材料模型并使用 Prasad 判据，而 Kang 等[4] 发现应用 Prasad 稳定性判据对 Ni 基高温合金表面裂纹预测失效。Lee 等[5] 用传统的塑性功方法构建热加工图对材料表面缺陷进行预测，该加工图预测结果良好。

塑性功计算方法如下：

$$C_1 = \int \overline{\sigma} \mathrm{d} \overline{\varepsilon} \tag{4-16}$$

式中，$\overline{\varepsilon}$ 为等效应变；$\overline{\sigma}$ 为等效应力。

通过计算不同变形温度、应变速率时流变曲线的面积，得到不同真应变下对应的塑性功。当塑性功累积到高于临界值 C_1 时，压缩试样表面会出现裂纹缺陷。通过耦合单位体积局部塑性功和不同变形条件下压缩试样表面缺陷的情况得到临界值 C_1。根据塑性功方法得到的热加工图中阴影区域表示塑性功高于临界值 C_1，为流变失稳区域。

4.1.3 典型钢种本构方程的建立及热加工图的绘制

利用上述 Arrhenius 本构模型求解 2101 钢材料常数。从应力应变曲线中得到实验钢在不同变形条件下的峰值应力数据如表 4-1 所示。

表 4-1 不同变形条件下 2101 钢的峰值应力 σ (MPa)

应变速率 /s^{-1}	温度/℃						
	900	950	1000	1050	1100	1150	1200
0.01	65.7	44.6	35.5	21.5	16.9	12	8.2
0.1	92.5	68.6	56.3	38.2	27.7	18.5	14.6
1	139	101.6	83.6	64.5	43.3	31.5	28.7
10	168.9	135.5	126	95.2	64.8	53.2	41.8

对式（4-1）、式（4-2）同时取对数，得到：

$$\ln\sigma_{\mathrm{p}} = \frac{\ln\dot{\varepsilon}}{n_1} - \frac{\ln A_3}{n_1} \tag{4-17}$$

$$\sigma_{\mathrm{p}} = \frac{\ln\dot{\varepsilon}}{\beta} - \frac{\ln A_4}{\beta} \tag{4-18}$$

在所有应力水平下，对式（4-3）取对数，得：

$$\ln[\sinh(\alpha\sigma_p)] = \frac{\ln\dot{\varepsilon}}{n} - \frac{\ln A}{n} + \frac{Q}{nRT} \tag{4-19}$$

当温度一定时，对式（4-4）两边 $\ln\dot{\varepsilon}$ 求偏导，得：

$$\frac{1}{n_1} = \left.\frac{\partial(\ln\sigma_p)}{\partial(\ln\dot{\varepsilon})}\right|_T \tag{4-20}$$

$$\frac{1}{\beta} = \left.\frac{\partial\sigma_p}{\partial(\ln\dot{\varepsilon})}\right|_T \tag{4-21}$$

$$\frac{1}{n} = \left.\frac{\partial\{\ln[\sinh(\alpha\sigma_p)]\}}{\partial(\ln\dot{\varepsilon})}\right|_T \tag{4-22}$$

将表 4-1 中的不同变形条件下 2101 钢的峰值应力代入式（4-4）、式（4-5）和式（4-6）中，分别绘制 $\ln\dot{\varepsilon}$-σ、$\ln\dot{\varepsilon}$-$\ln\sigma$ 和 $\ln\dot{\varepsilon}$-$\ln[\sinh(\alpha\sigma)]$ 的散点图并对其进行线性回归，如图 4-1 所示。

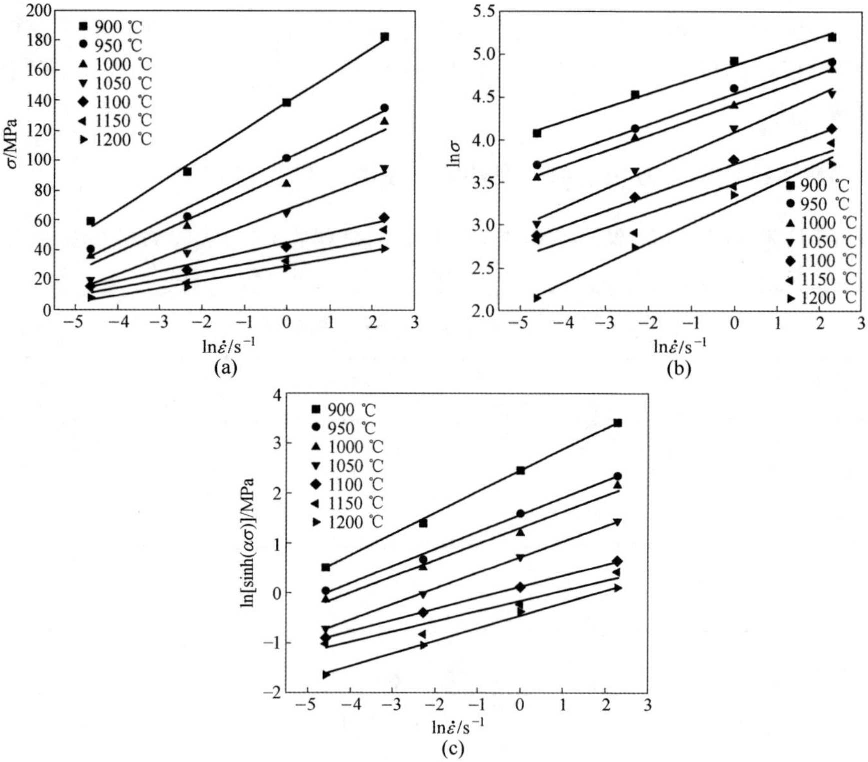

图 4-1　应变速率与流变应力的关系

(a) $\ln\dot{\varepsilon}$-σ；(b) $\ln\dot{\varepsilon}$-$\ln\sigma$；(c) $\ln\dot{\varepsilon}$-$\ln[\sinh(\alpha\sigma)]$

从图 4-1 中可以发现，在同一温度下，流变应力随应变速率增大而增大。图 4-1（a）中，$\ln\dot{\varepsilon}$-σ 散点图线性相关系数平均值为 0.955，说明 σ 与 $\ln\dot{\varepsilon}$ 满足一定的线性关系，拟合直线斜率倒数的平均值 $\beta=0.120$，从而可以求得 $\alpha=\beta/n_1=0.0227\ \text{MPa}^{-1}$；图 4-1（b）中，$\ln\dot{\varepsilon}$-$\ln\sigma$ 散点图线性相关系数平均值为 0.9746，说明 $\ln\sigma$ 与 $\ln\dot{\varepsilon}$ 能够很好地满足线性关系，拟合直线斜率倒数的平均值 $n_1=5.2977$；图 4-1（c）中，$\ln\dot{\varepsilon}$-$\ln[\sinh(\alpha\sigma)]$ 散点图线性相关系数平均值为 0.9767，$\ln[\sinh(\alpha\sigma)]$ 与 $\ln\dot{\varepsilon}$ 线性关系较好，拟合直线斜率的倒数平均值为 $n=3.548$。

4.1.3.1 温度对流变应力的影响

温度变化对材料塑性变形时的流变应力具有较大的影响。变形温度升高，材料发生动态再结晶的形核率和晶粒的长大速率都增加，加强动态再结晶的软化作用，这是由于动态再结晶形核过程是受热变形激活能控制；同时温度升高也会使材料的临界切变应力升高，增加滑移系；温度升高也会增加原子的动能，使原子间结合力减弱，令原子处于一种不稳定状态，当材料受到外力的影响时，原子会沿着应力场的方向，从一个平衡位置转移到另一个平衡位置，使材料发生塑性变形。

对式（4-3）进行变形，得：

$$\ln[\sinh(\alpha\sigma_{\mathrm{p}})]=\frac{\ln\dot{\varepsilon}}{n}-\frac{\ln A}{n}+\frac{Q}{nRT}=B+\frac{10000C}{T} \tag{4-23}$$

将数据代入式（4-23），可得 $\frac{10000}{T}$-$\ln[\sinh(\alpha\sigma)]$ 的散点图，对散点图进行线性回归，如图 4-2 所示。

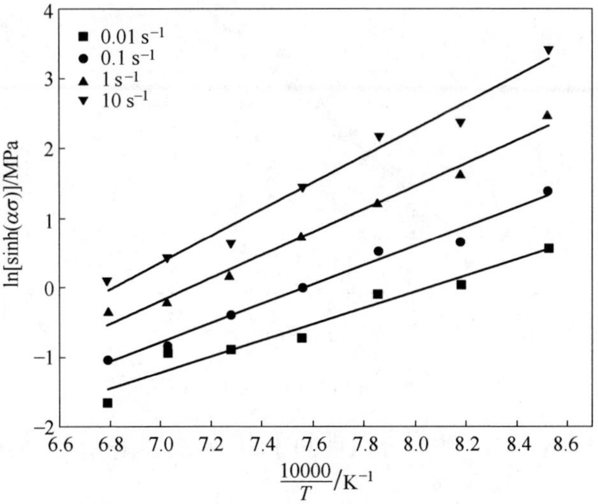

图 4-2 $\frac{10000}{T}$ 与 $\ln[\sinh(\alpha\sigma)]$ 的关系图

图 4-2 中，$\frac{10000}{T}$-ln[sinh(ασ)] 散点图线性相关系数平均值为 0.9707，说明 $\frac{10000}{T}$-ln[sinh(ασ)] 线性关系较好，拟合直线斜率平均值为 $K=1.5239$。

对式（4-23）进行变换，可得：

$$Q = Rn\frac{\mathrm{d}\{\ln[\sinh(\alpha\sigma)]\}}{\mathrm{d}(1/T)} = 10000RnK \tag{4-24}$$

将 $R=8.314\text{J/mol}\cdot\text{K}$，$n=3.548$，$K=1.5329$ 代入式（4-24），计算出 2101 钢的热变形激活能 $Q=452.176\ \text{kJ/mol}$。

4.1.3.2　*Z* 参数与流变应力的关系

由于材料在热变形过程中，其应变速率受热激活过程控制，因此 Zener 和 Hollomon 提出温度补偿应变速率因子 *Z*，可以用来描述变形过程中奥氏体动态再结晶的发生情况。将热变形激活能 *Q* 代入 *Z* 参数表达式，即式（4-4）中，可以计算出不同变形温度、应变速率下的温度补偿应变速率因子 *Z* 参数。将式（4-5）两边同时取对数，得：

$$\ln Z = \ln A + n\ln[\sinh(\alpha\sigma)] \tag{4-25}$$

绘制出 ln*Z*-ln[sinh(ασ)] 的散点图，并对得到的散点图进行线性回归，如图 4-3 所示。图中 ln*Z*-ln[sinh(ασ)] 的线性相关系数为 0.964，由拟合直线的截距可得到 $\ln A=38.677$，$A=6.269\times10^{16}\ \text{s}^{-1}$。

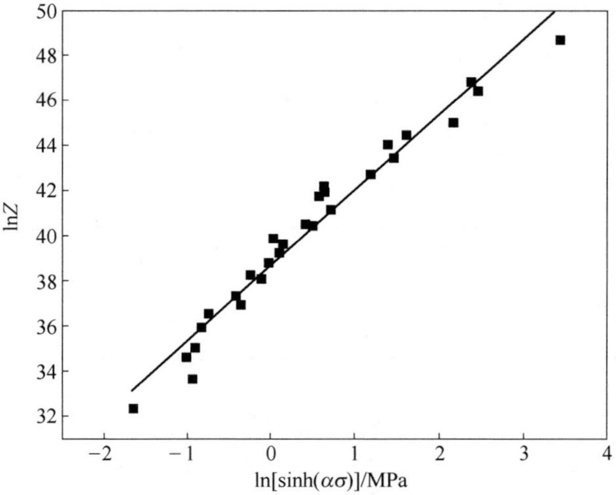

图 4-3　ln[sinh(ασ)] 与 ln*Z* 的关系图

将材料常数代入式（4-8）中，即可利用 *Z* 参数描述峰值应力本构模型的关系：

$$\sigma_p = \frac{1}{0.0227}\ln\left\{\left(\frac{Z}{6.269\times10^{16}}\right)^{\frac{1}{3.548}} + \left[\left(\frac{Z}{6.269\times10^{16}}\right)^{\frac{2}{3.548}} + 1\right]^{\frac{1}{2}}\right\} \quad (4\text{-}26)$$

图 4-4 为不同变形条件下的 Z 值，由图可见，变形温度越高，应变速率越小，Z 值越小；反之，变形温度越低，应变速率越大，Z 值越大。Z 参数主要反映了变形参数（变形温度、应变速率）对热变形过程的影响，Z 值越大，材料的峰值应力越大，动态再结晶的驱动力越小，不易发生动态再结晶，材料的变形抗力越大；Z 值越小，位错和晶界的迁移能力越强，其动态再结晶作用越明显，变形抗力越小。本次线性拟合的相关系数为 0.964，表明 Z 参数可以很好地反映 2101 钢热变形过程中的流变应力。

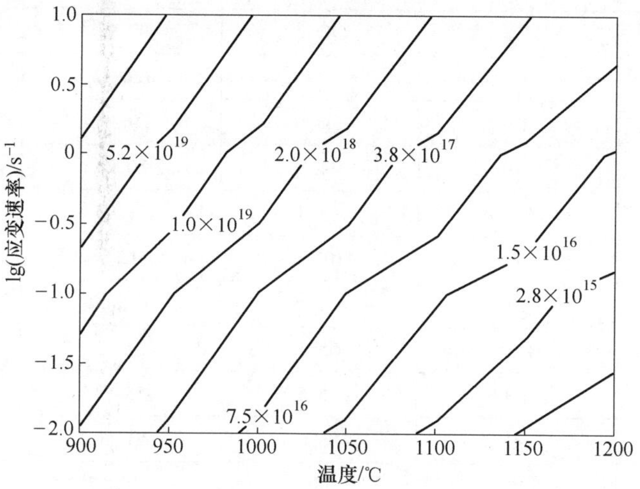

图 4-4 不同变形条件下的 Z 值

4.1.3.3 峰值应力本构模型构建与分析

通过计算得出 2101 钢在 900~1200 ℃，0.01~10 s^{-1}下的材料参数如表 4-2 所示。

表 4-2 热变形参数

α/MPa^{-1}	n	$Q/kJ\cdot mol^{-1}$	A/s^{-1}
0.0227	3.548	452.176	6.269×10^{16}

将上述 4 个材料常数代入式（4-3）后，可得 2101 钢的峰值应力本构方程为：

$$\dot{\varepsilon}_p = 6.269\times10^{16}[\sinh(0.0227\sigma_p)]^{3.548}e^{-\frac{452.176}{RT}} \quad (4\text{-}27)$$

为了验证 2101 钢在实验条件下所建立的本构方程精度，计算不同变形条件下的峰值应力，计算公式为式（4-28）：

$$\sigma_p = \frac{1}{0.0227}\ln\left\{\left(\frac{\dot{\varepsilon}e^{\frac{452.176}{8.314T}}}{6.269\times10^{16}}\right)^{\frac{1}{3.548}} + \left[\left(\frac{\dot{\varepsilon}e^{\frac{452.176}{8.314T}}}{6.269\times10^{16}}\right)^{\frac{2}{3.548}} + 1\right]^{\frac{1}{2}}\right\} \quad (4\text{-}28)$$

流变应力的试验值与计算值相对误差 $R_E(\%)$ 的计算式为式（4-29）：

$$R_E = \frac{\sigma_{exp}^i - \sigma_p^i}{\sigma_{exp}^i} \times 100\% \tag{4-29}$$

式中，σ_{exp}^i 为流变应力试验值；σ_p^i 为本构方程计算值。

将式（4-28）计算得到的不同变形条件下峰值应力与试验值进行比对，比对结果如表 4-3 所示。

表 4-3　本构方程试验值与计算值对比

变形温度/℃	应变速率/s^{-1}	实验值/MPa	计算值/MPa	R_E /%
900	0.01	65.7	70.64	-7.53
	0.1	92.5	97.93	-5.87
	1	139	126.15	9.25
	10	168.9	154.63	8.45
950	0.01	44.6	50.08	-12.28
	0.1	68.6	75.34	-9.83
	1	101.6	102.88	-1.26
	10	135.5	131.17	3.19
1000	0.01	35.5	34.12	3.88
	0.1	56.3	55.83	0.83
	1	83.6	81.86	2.08
	10	126	109.67	12.96
1050	0.01	21.5	22.84	-6.23
	0.1	38.2	39.97	-4.64
	1	64.5	63.29	1.87
	10	95.2	90.07	5.39
1100	0.01	16.9	15.35	9.20
	0.1	27.7	28.03	-1.20
	1	43.3	47.55	-9.82
	10	64.8	72.41	-11.75
1150	0.01	12	10.48	12.68
	0.1	18.5	19.59	-5.88
	1	31.5	34.95	-10.95
	10	53.2	56.91	-6.97

续表 4-3

变形温度/℃	应变速率/s^{-1}	实验值/MPa	计算值/MPa	R_E /%
1200	0.01	8.2	7.30	10.93
	0.1	14.6	13.81	5.39
	1	28.7	25.43	11.38
	10	41.8	43.82	-4.84

对比表 4-3 中的数据发现，其平均相对误差 $\overline{R_E} = 7.02\%$，说明通过本试验建立的本构方程能够较好地预测 2101 钢流变应力规律。

4.1.3.4 基于动态材料模型的热加工图

基于动态材料模型绘制试验钢功率耗散图，并用式（4-15）Prasad 稳定性判据建立流变失稳图。采用热压缩的实验数据，分别选取真应变为 0.4、0.5、0.6 和 0.7 对应的流变应力进行加工图的构建。

研究表明[6]，$\lg\sigma$-$\lg\dot{\varepsilon}$ 的关系通过三次多项拟合，能够较好地表征材料在不同变形条件下的流变曲线变化规律，即 $\lg\sigma$-$\lg\dot{\varepsilon}$ 的关系可描述为：

$$\lg\sigma = a + b\lg\dot{\varepsilon} + c(\lg\dot{\varepsilon})^2 + d(\lg\dot{\varepsilon})^3 \tag{4-30}$$

式中，a、b、c、d 为与温度相关的材料常数。

在真应变 0.4~0.7 下，利用三次多项拟合得到的 $\lg\sigma$-$\lg\dot{\varepsilon}$ 关系的三次样条曲线如图 4-5 所示。

计算不同变形条件下三次样条曲线的斜率，可得到应变速率敏感系数 m，可利用式（4-31）计算求得：

$$m = \frac{\partial(\lg\sigma)}{\partial(\lg\dot{\varepsilon})} = b + 2c\lg\dot{\varepsilon} + 3d(\lg\dot{\varepsilon})^2 \tag{4-31}$$

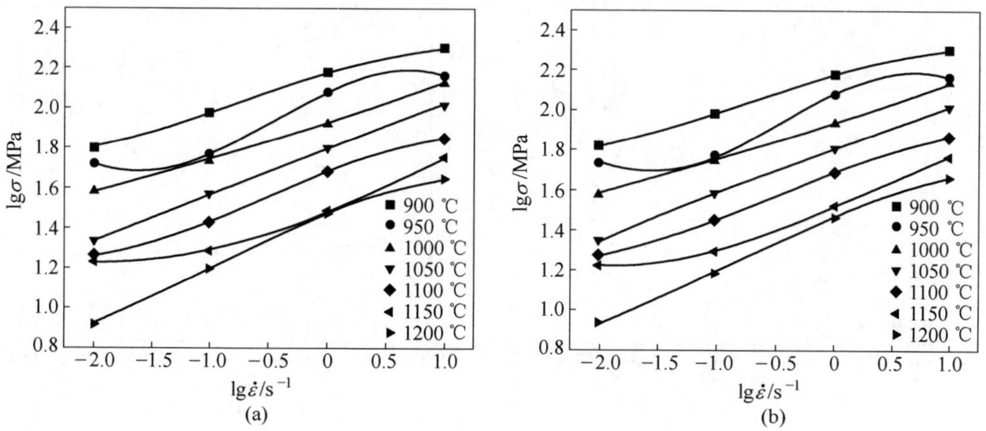

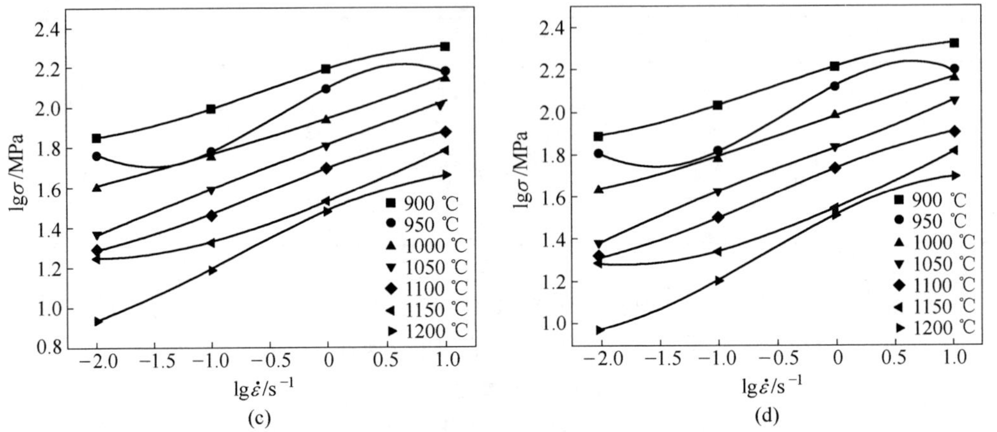

图 4-5　不同真应变条件下 lgσ-lg$\dot{\varepsilon}$ 关系的三次样条曲线

(a) 0.4; (b) 0.5; (c) 0.6; (d) 0.7

将式（4-31）代入式（4-14），可以计算出 2101 钢在不同应变条件下的功率耗散系数 η，如图 4-6 所示。

图 4-6 中的等高线代表不同的 η 值，η 值的大小与材料的组织演化密切相关，即不同的 η 值对应着不同的显微组织。真应变为 0.4、0.5 时，η 值最大值约为 70%，出现在温度为 950 ℃，应变速率在 1~10 s^{-1}左右和温度为 1150 ℃应变速率在 0.01~1 s^{-1}左右的区域；真应变为 0.6、0.7 时，η 值最大值约为 45%，出现在温度为 950 ℃，应变速率在 0.1~1 s^{-1}左右的区域。

通常情况下，具有较高功率耗散系数 η 值的变形区域对应着动态再结晶等安全变形机制。然而，楔形开裂等缺陷在功率耗散图中，其对应的功率耗散系数也较高[7]。因此，仅凭功率耗散系数的大小不能对变形机制作出准确的判断。于

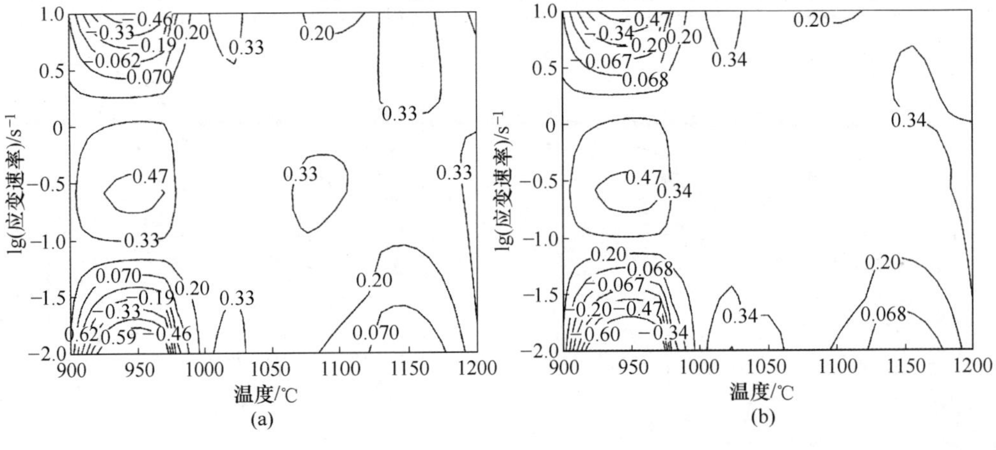

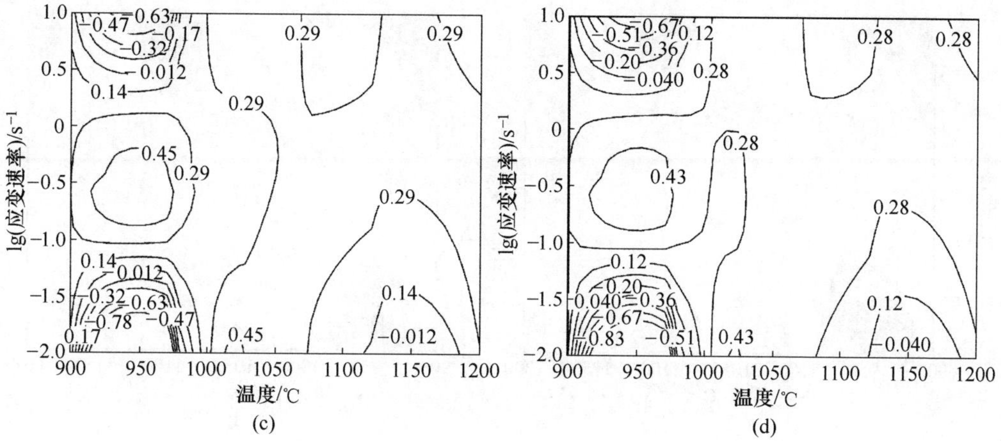

图 4-6 不同真应变条件下的功率耗散图

(a) 0.4；(b) 0.5；(c) 0.6；(d) 0.7

是，研究者在动态材料模型理论的基础上，提出稳定性判据来区分功率耗散图的“安全加工区域”和“流变失稳区域”。

利用式（4-30）即可得到 2101 钢的流变失稳图。流变失稳图可以体现失稳系数 $\xi(\dot{\varepsilon})$ 在不同的变形温度和应变速率下的变化规律。图中流变失稳系数 $\xi(\dot{\varepsilon})>0$ 的区域为安全区，而流变失稳系数 $\xi(\dot{\varepsilon})<0$ 的区域为失稳区。2101 钢在不同应变条件下的流变失稳图如图 4-7 所示，流变失稳区域用阴影部分表示。

从图 4-7 可以看出，当应变量为 0.4 时，流变失稳区主要集中在 950 ℃、1100 ℃、1200 ℃附近的高应变速率和 950 ℃附近的中低应变速率区域；当应变量增加到 0.5 时，950 ℃高应变速率区域失稳区变大，而 950 ℃附近中低应变速率区域大幅减小；当应变量增至 0.6、0.7 时，流变失稳区域又与应变量为 0.4 时的失稳区域接近。

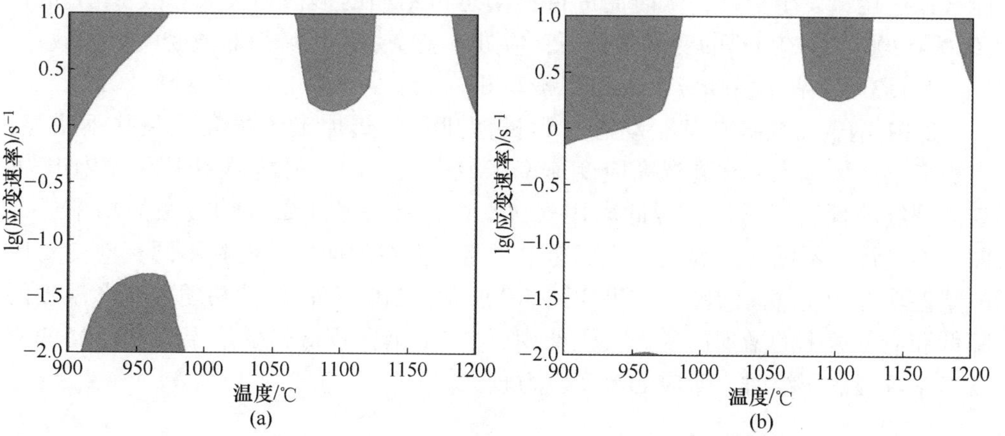

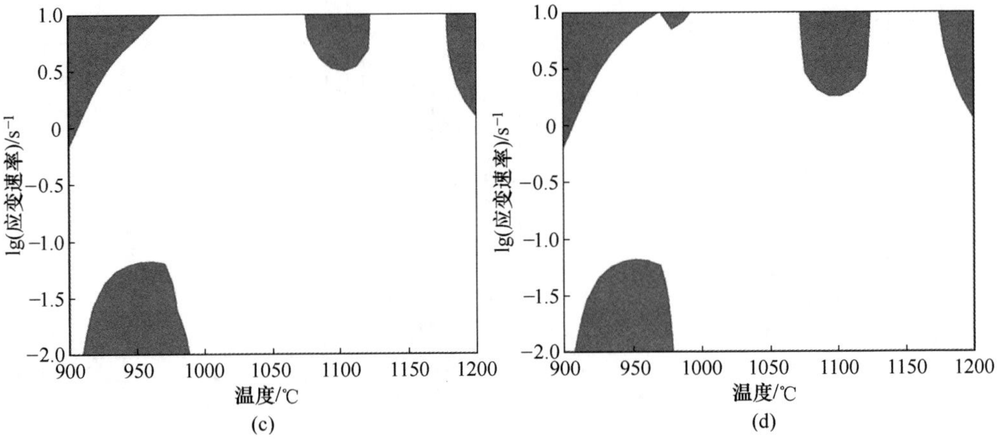

图 4-7　不同真应变条件下的流变失稳图

(a) 0.4；(b) 0.5；(c) 0.6；(d) 0.7

将功率耗散图和流变失稳图叠加可以得到基于动态材料模型的热加工图。基于动态材料模型的 2101 钢热加工图如图 4-8 所示，其中阴影部分代表流变失稳区域。

研究指出[8]，热加工图的不同区域代表着不同的原子变形机制。安全区主要对应着动态回复、动态再结晶和超塑性变形等原子变形机制。失稳区主要对应着沿晶开裂、楔形开裂、绝热剪切带和局部塑性流动等原子变形机制。由真应变为 0.7 对应的热加工图中可以看出，在变形温度 1100～1200 ℃，应变速率 0.01～1 s^{-1}条件下，对应的最大功率耗散系数为 28%，不处于流变失稳区域；但在变形温度 1100 ℃、1200 ℃附近，应变速率 1～10 s^{-1}条件下对应的最大功率耗散效率同样为 28%，处于流变失稳区域，然而 2101 钢在 1050 ℃、10 s^{-1}的变形条件下已经处在动态回复为主导、部分奥氏体动态再结晶的较稳定状态，升高变形温度能够促进位错发生滑移，从而促进材料动态再结晶的形核和长大，故 2101 钢在 1050～1200 ℃、10 s^{-1}的变形条件下，应处于安全加工区域而非流变失稳区域。

4.1.3.5　基于塑性功方法的热加工图

2101 钢表面缺陷与基于动态材料模型建立的热加工图对应关系并不明显，失稳变形区域过大，在高温高应变速率区域失效，动态材料模型理论对 2101 钢表面裂纹的预测不适用，因此利用式（4-13）计算基于塑性功方法的功率耗散图，通过计算不同变形温度、应变速率时流变曲线的面积，得到不同真应变对应的塑性功并构建等高线图，结果如图 4-9 所示。2101 钢的塑性功随着变形温度的降低和应变速率的增加而增大，主要由于 2101 钢在较低的变形温度和较高的应变速率等温热压缩时，对应的流变应力较大。

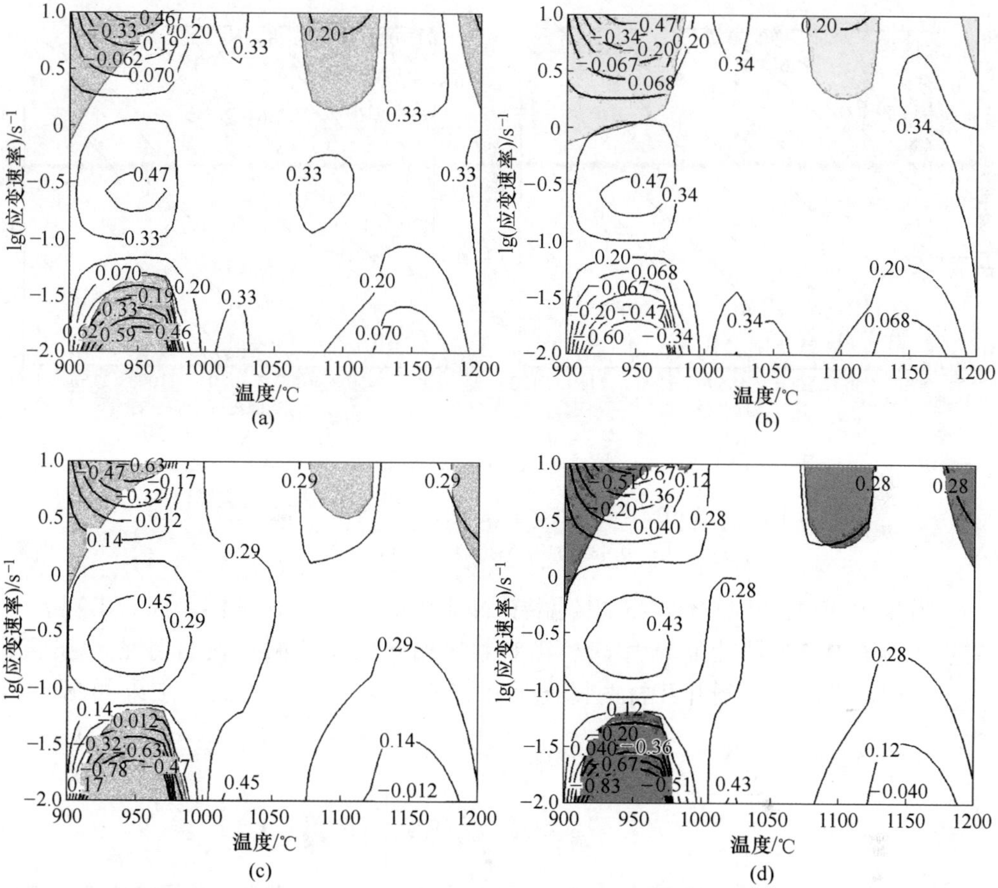

图 4-8 基于动态材料模型的不同真应变条件下热加工图

(a) 0.4; (b) 0.5; (c) 0.6; (d) 0.7

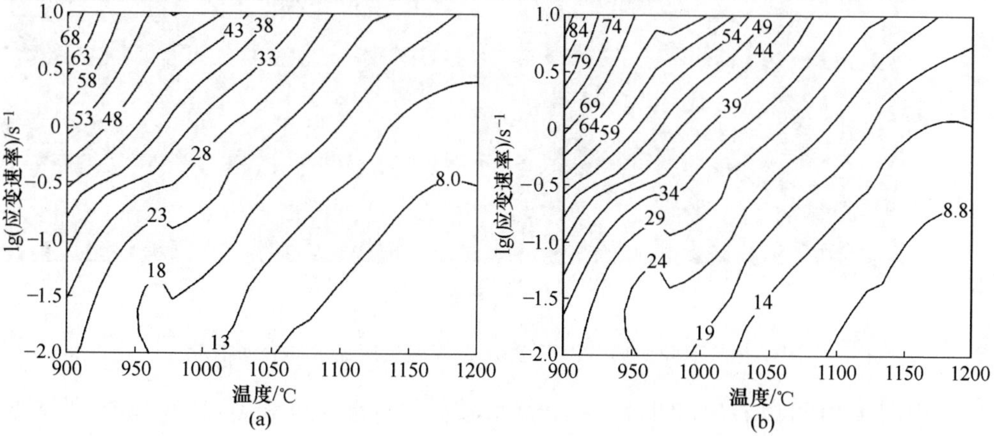

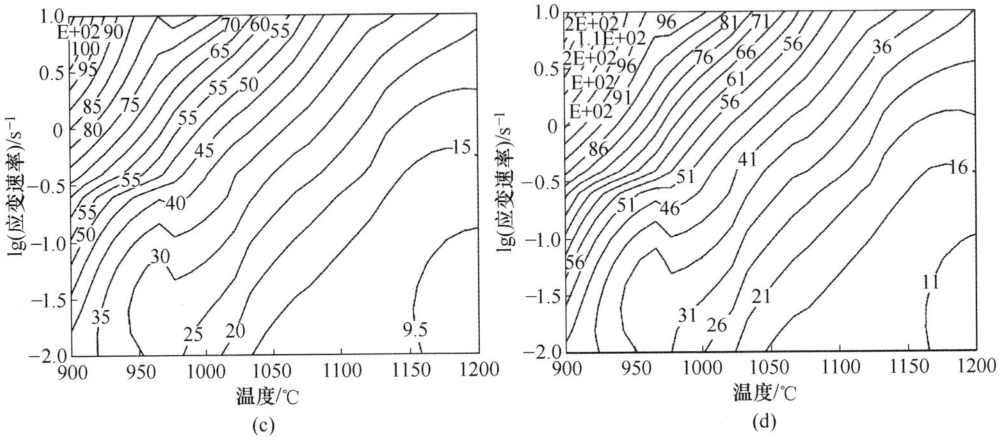

图 4-9 2101 钢在不同真应变条件下的塑性功等高线图

(a) 0.4；(b) 0.5；(c) 0.6；(d) 0.7

当 2101 钢的特定塑性功累积到高于临界值 C_1 时，压缩试样表面会出现表面缺陷。为了确定塑性功临界值 C_1，需观察等温热压缩后试样表面情况，将等温热压缩试样沿对称轴剖开，打磨抛光后用光学显微镜进行观察，结果如图 4-10 所示。

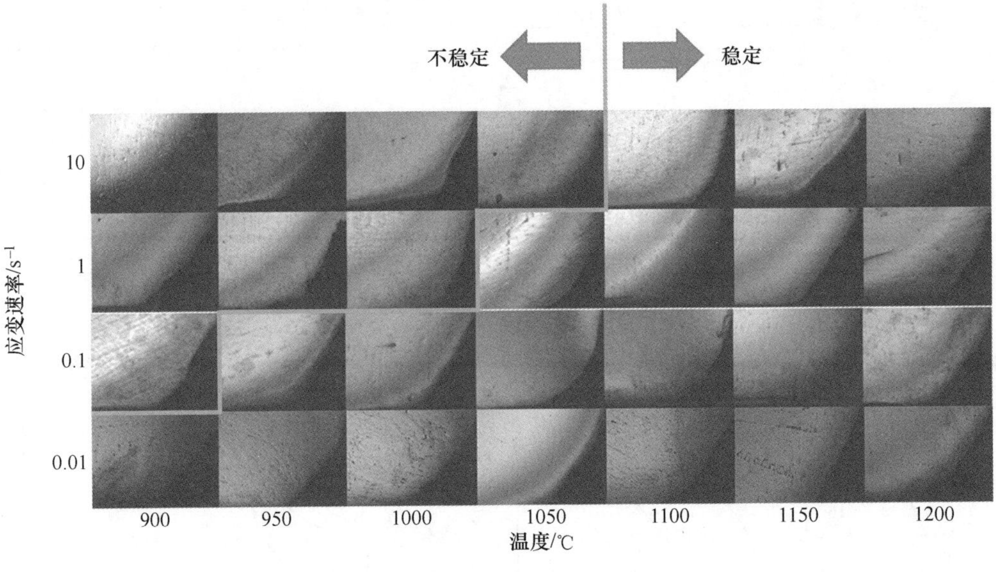

图 4-10 不同变形条件下 2101 钢等温热压缩试样表面情况

由图 4-10 可以看出，在 900～1050 ℃较低的变形温度和 1～10 s^{-1}较高的应变速率进行等温热压缩时，试样的表面出现波状剪切带，而在较高变形温度和较低应变速率下热变形后，试样表面较为光滑。这些波状表面可以从能量耗散的角度来解释。为了保持平衡，变形材料必须以某种方式耗散能量。在高温范围内，变形能量主要通过再结晶消散。然而，在较低温度并未发生再结晶，所以在低温时会通过产生不规则的波状剪切带来耗散变形能量。

耦合单位体积局部塑性功，真应变为 0.7 时不同变形温度和应变速率的塑性功如表 4-4 所示。

表 4-4 不同变形条件下真应变为 0.7 时 2101 钢的塑性功 （N · m/m^2）

应变速率 /s^{-1}	温度/℃						
	900	950	1000	1050	1100	1150	1200
10	134	99	92	71	49	39	30
1	101	81	64	43	33	21	20
0.1	60	40	38	26	18	13	10
0.01	44	36	26	15	12	12	6

对比表 4-4 和图 4-10 可以发现，出现表面缺陷的热压缩试样对应的塑性功最低值为 60 N · m/m^2，即可得到 2101 钢塑性功临界值 C_1 = 60 N · m/m^2。高于临界值的区域为流变失稳区。

根据塑性功方法得到的热加工图如图 4-11 所示，阴影部分区域塑性功高于临界值 C_1，为流变失稳区域。

4.1.3.6 *两种方法的热加工图对比*

基于动态材料模型和特定塑性功方法的两种热加工图如图 4-12 所示。

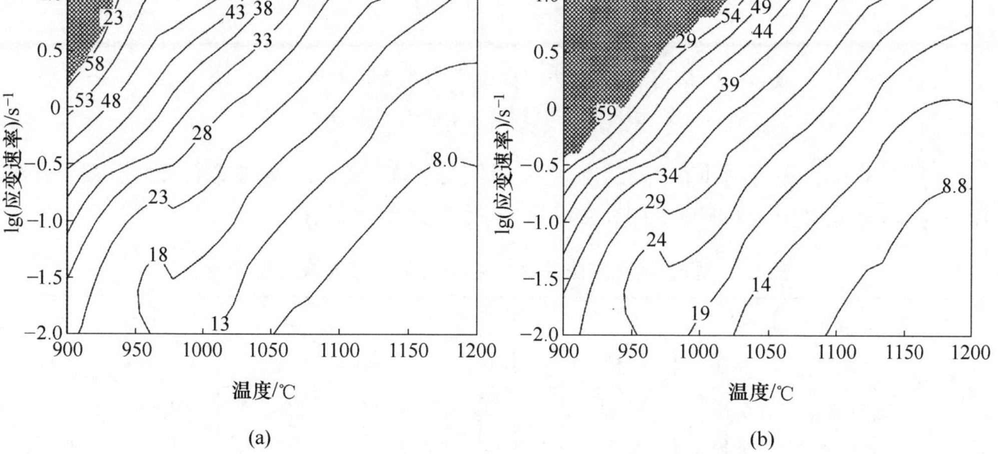

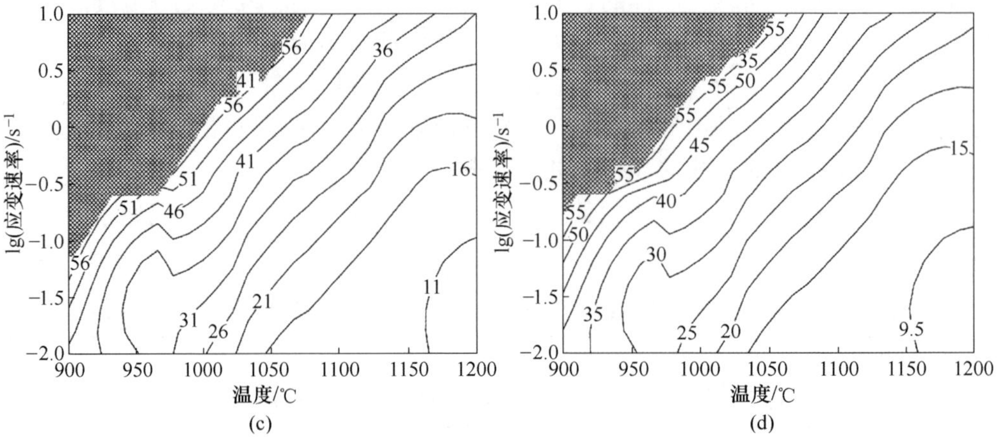

图 4-11 基于塑性功方法的不同真应变条件下热加工图
(a) 0.4; (b) 0.5; (c) 0.6; (d) 0.7

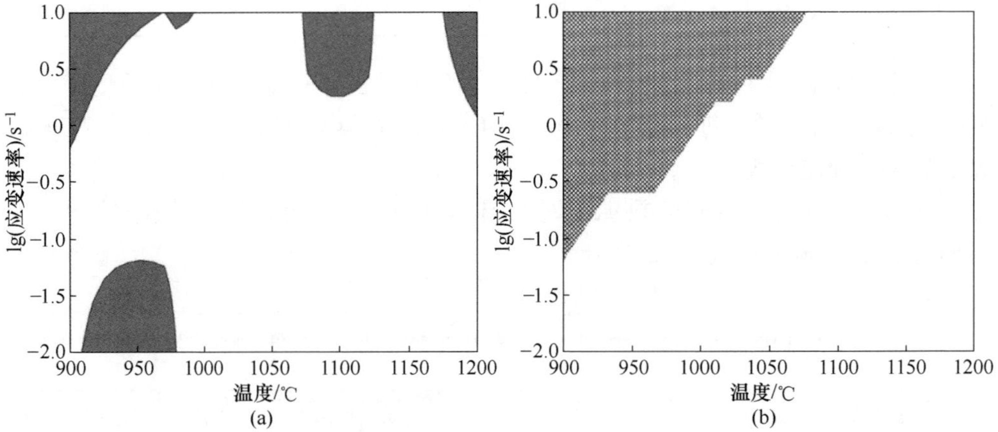

图 4-12 基于不同方法的真应变为 0.7 时的流变失稳图
(a) 动态材料模型方法; (b) 塑性功方法

不难发现，基于不同方法的流变失稳区域差别较大，两种方法的失稳区域对比如表 4-5 所示，两种热加工图失稳区不同之处用框标出。

表 4-5 基于不同方法的真应变为 0.7 时流变失稳区对比

应变速率 /s^{-1}	使用方法	温度/℃						
		900	950	1000	1050	1100	1150	1200
10	DMM	失稳	失稳	安全	安全	失稳	安全	失稳
	塑性功	失稳	失稳	失稳	失稳	安全	安全	安全

续表 4-5

应变速率/s^{-1}	使用方法	温度/℃						
		900	950	1000	1050	1100	1150	1200
1	DMM	失稳	安全	安全	安全	安全	安全	安全
	塑性功	失稳	失稳	失稳	安全	安全	安全	安全
0.1	DMM	安全	安全	安全	安全	安全	安全	安全
	塑性功	失稳	安全	安全	安全	安全	安全	安全
0.01	DMM	安全	失稳	安全	安全	安全	安全	安全
	塑性功	安全	安全	安全	安全	安全	安全	安全

对比图 4-10 试样表面情况可以看出，应变速率为 10 s^{-1}时，基于动态材料模型方法得到的热加工图在 1000 ℃与 1050 ℃时为安全区，但试样表面存在较明显的表面缺陷；在 1100 ℃与 1200 ℃时为失稳区，但试样表面较为光滑，不存在表面缺陷。在应变速率为 1 s^{-1}时，基于动态材料模型方法得到的热加工图在 950 ℃、1000 ℃时为安全区，但试样表面存在较明显的波状剪切带状表面缺陷。同样，在应变速率为 0.1 s^{-1}和 0.01 s^{-1}时，基于动态材料模型绘制的热加工图均存在与试样表面缺陷不相符的情况，而存在剪切带状表面缺陷的压缩试样均处于基于塑性功方法绘制的热加工图内流变失稳区中，热加工图预测结果与等温热压缩试验结果吻合，说明利用塑性功方法得到的热加工图能够较好地预测 2101 钢的表面缺陷，2101 钢的安全加工区域主要位于 1050～1200 ℃，0.01～1 s^{-1}，流变失稳区主要位于低应变速率和高应变速率区域。

4.2 热变形中两相软化机制

4.2.1 软化机制理论

双相不锈钢的高温变形行为是由奥氏体与铁素体两相的加工硬化与动态软化机制共同赋予，主要取决于应变速率、变形温度及应变量。双相不锈钢在热加工温度区间其显微组织始终是双相组织，而两相的原子热激活能和晶体层错能不同，影响了原子扩散运动和位错迁移运动，导致两相的软化机制不同，分别为动态回复（铁素体）和动态再结晶（奥氏体），两种软化机制的启动条件不同，导致双相不锈钢在热变形时内部非常容易出现应力应变不均，基体组织变形不协调，从而使得两相内部和相界萌生微裂纹并扩展。

在热变形中，金属合金内部会发生软化行为，其中主要的软化行为有动态回复（DRV）和动态再结晶（DRX）两个过程，DRX 又可以分连续动态再结晶

(CDRX) 和非连续动态再结晶 (DDRX)[9]。在动态软化中，材料中的位错首先会因变形的加剧而不断增加，当达到高温状态后，位错会开始运动并相互抵消，结果使材料的塑性得以提高，便于材料在高温下进行加工。DRV 是否发生与层错能的高低有关，对于层错能高的材料在高温下则会发生此类软化现象，如图 4-13 所示即为热变形过程中发生 DRV 的过程示意图，在此过程中通过大量位错的对消和重排逐渐形成了规则的亚晶界和亚晶粒。同时，DRV 能消除开始变形时加工硬化中所积累的位错，从而使材料趋于稳定[10]。

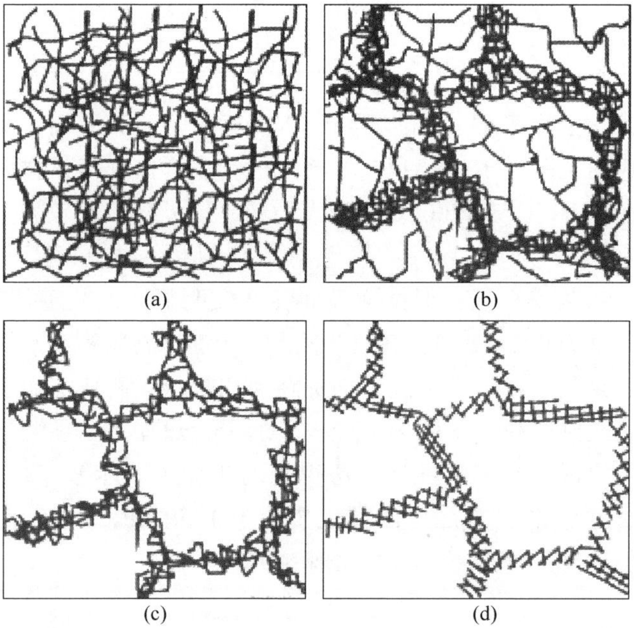

图 4-13 动态回复过程示意图

(a) 位错缠结；(b) 形成位错胞；(c) 位错胞内位错重排；(d) 形成亚晶

对于中低层错能的金属材料在热变形过程中，位错运动需要较高的激活能，这严重抑制 DRV 速率，因此位错密度会持续累积，同时应变分配不均所引起某些大角度晶界处位错密度存在明显差异，在局部储存能的驱动下，大角度晶界一侧的低密度区域凸进高密度区域，从而形成 DRX 核心，随着热变形的继续发生，DRX 晶核会逐渐长大，此时细小晶粒会不断被长大的再结晶晶粒所吞食，最终呈现出大尺寸等轴再结晶晶粒的无畸变组织，图 4-14 给出了这种包含形核与长大的 DRX 过程即称之为 DDRX[11]。图 4-15 为另一形式 CDRX 的示意图[12]，从图中可以看到在变形初期，材料中的大量位错发生重新排列，逐渐形成规则的位错胞；随着变形的加剧，异号位错相遇后相互抵消，在弹性应变能的驱动下，剩余的同号位错重排形成垂直于滑移面的位错墙，同时位错胞壁也会吸收周围运动的位错，逐渐转变为小角度晶界（LAGBs），此时的有序结构称之为亚晶。变形的继续进行，亚晶中的LAGBs逐渐转变为大角度晶界（HAGBs），此时拥有HAGBs的（亚）晶粒逐渐转变成新的DRX晶粒。

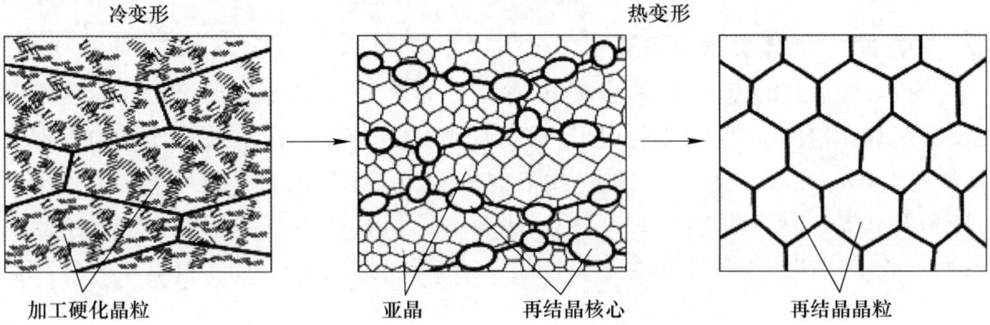

图4-14 不连续动态再结晶过程的示意图

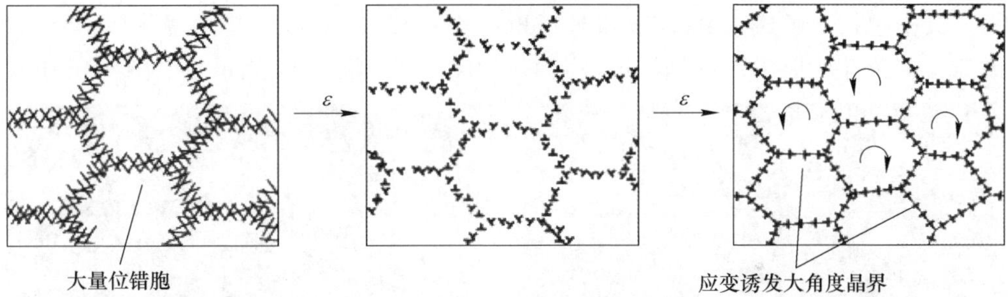

图4-15 连续动态再结晶过程的示意图

双相不锈钢因其特殊的两相组织结构，造成其在热变形过程中两相中的应变分配不均且软化机制不同，最终导致裂纹的萌生并发生断裂失效，这也一直成为双相不锈钢热加工过程中需要克服的一个难题[12]。由于双相不锈钢的广泛运用，近年来国内外的学者们在双相不锈钢的热加工中微观组织控制及动态软化机制方面开展了大量的研究工作，Liu 等[13]研究了LDX2101在单道次和多道次热压缩过程中的显微组织和晶体织构演变特征，发现应变过程中两相的软化是均是由CDRX主导的，小角度晶界逐渐转变为大角度晶界，相比没有明显变化。Haghdadi 等[14]研究了热变形下应变速率对双相不锈钢的铁素体软化机制的影响，发现应变速率降低，铁素体内部发生以CDRX为主的软化机制，而当应变速率显著增加时，软化机制不再是CDRX，而是逐渐转变为类似于DDRX的新机制。由此可见，铁素体内部的软化机制明显受到应变速率的影响，因此有必要通过具体的实验来探究不同应变速率对其组织的影响的变化过程。

综上所述，双相不锈钢在高温变形中的动态软化行为情况复杂（如CDRX、

DDRX、DRV)，当然这也与材料在热加工过程中变形温度、应变速率以及应变量有关，因此需要对双相不锈钢热变形过程中的动态软化机制进一步研究。

4.2.2　铁素体相的微观组织行为及软化机制

4.2.2.1　铁素体组织演变

图 4-16 为 2101 钢中铁素体在 1050 ℃以 0.1 s^{-1}的速率变形至不同应变量时 EBSD 图和相应的晶界比例分布图。在低应变（$\varepsilon=0.1$）下，铁素体相中发现了大量的 LAGBs（取向差 2°～10°，用红线表示）。当应变增加到 0.3 时，MAGBs（中角度晶界，取向差 10°～15°，用绿线表示）和 HAGBs（取向差>15°，用蓝线表示）数量增加，形成了包含这三种晶界的混合网状结构。图 4-16（d)～(f）显示了不同应变量下的铁素体中晶界比例分布情况。当应变量从 0.1 增至 0.3，LAGBs 的比例逐渐降低（由 91%降至 59%)，而 MAGBs 的比例从 5%升至 12%，同时 HAGBs 的比例从 4%升至 29%。增加应变，逐渐形成了大量复杂的亚晶界网络，其中包括 LAGBs、MAGBs 和 HAGBs（图 4-16（b)（c）中用箭头标记)。这意味着，拉伸变形中，亚晶界逐渐向 HAGBs 转变。图 4-17 展示了沿图 4-16 中直

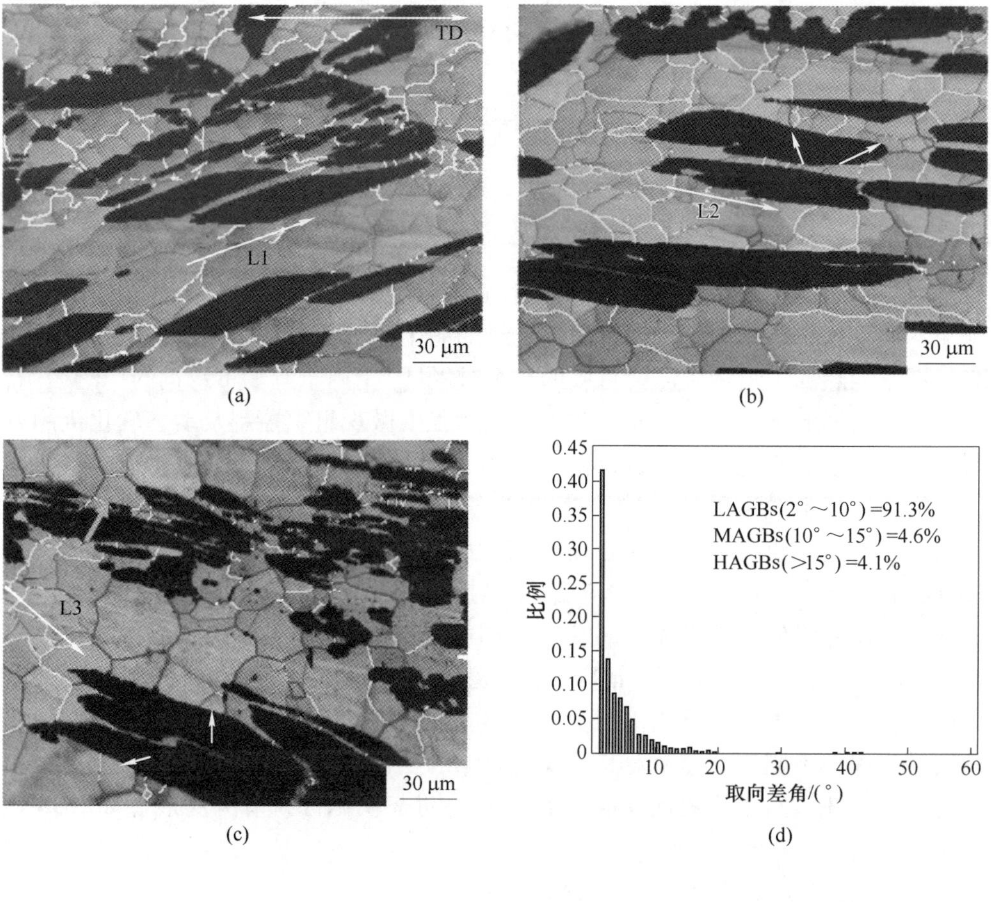

(a)　(b)

(c)　(d)

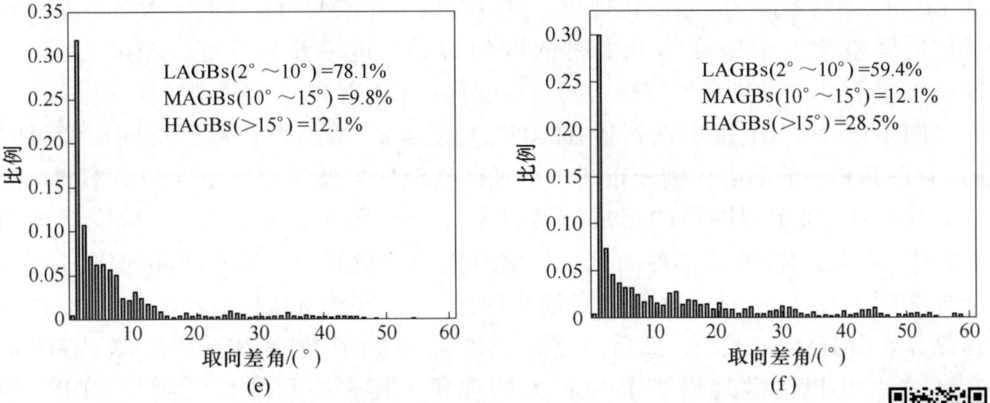

图 4-16 2101 钢中铁素体在 1050 ℃以 0.1 s^{-1}的速率变形至不同应变量时 EBSD 图和相应的取向差角比例分布图

(a)(d) 0.1；(b)(e) 0.2；(c)(f) 0.3

彩色原图

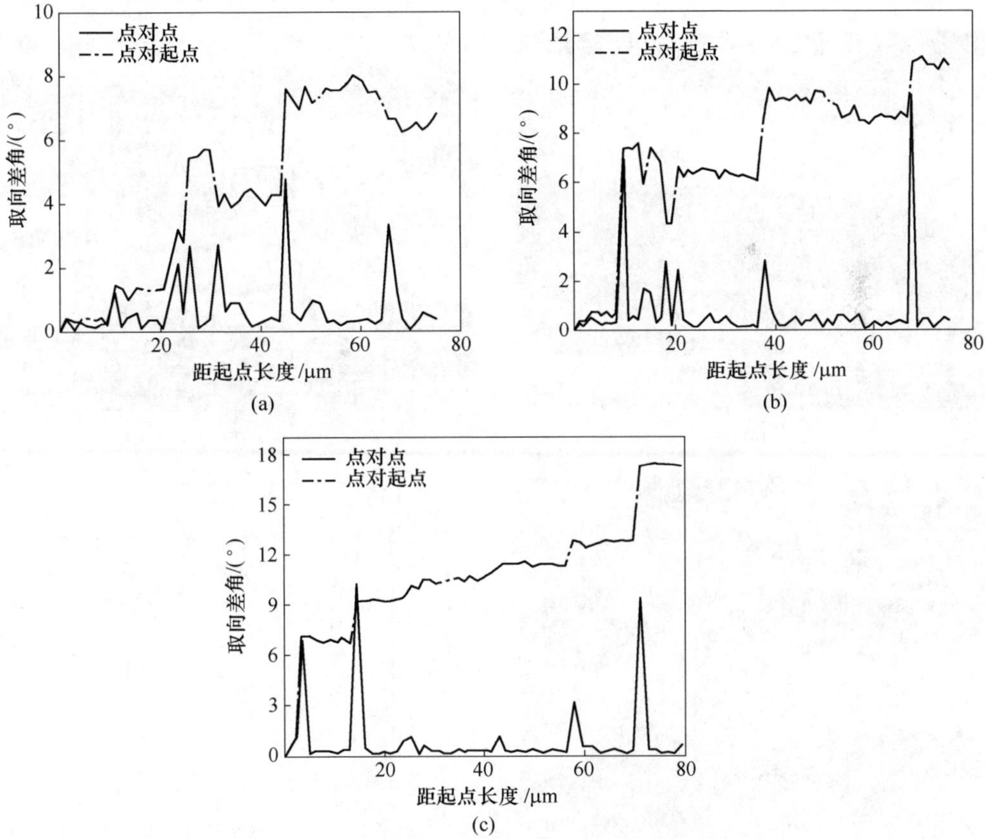

图 4-17 沿图 4-16 中直线的取向差变化规律

(a) L1；(b) L2；(c) L3

线 L1、L2 和 L3 的取向差变化规律。可以看出，在应变为 0.3 时，大多数亚晶界的取向偏差远大于应变为 0.1 时的取向偏差。进一步证实了 LAGBs 逐渐向 HAGBs 转变。这种热变形过程中的结构变化是 CDRX 的一个典型特征[11,15-16]。

图 4-18 为 2101 钢中铁素体在 1050 ℃以 5 s^{-1}的速率变形至不同应变量时 EBSD 图和相应的晶界比例分布图。微观结构演变与低应变速率下明显不同。应变为 0.1 时，亚晶界网络的形成缓慢且不充分（图 4-18（a））。当应变增加到 0.2 时，在奥氏体/铁素体界面处可以看到大量的新晶粒，这些新晶粒以 HAGBs 为界（图 4-18（b）（c）中用白色箭头标记处）。这些新晶粒主要在奥氏体/铁素体晶界处由 HAGBs 成核，然后通过 HAGBs 迁移逐渐向铁素体基体长大。在图 4-18（c）中可以清楚地看到晶粒长大的现象。其成核和生长机制与 DDRX 相似[17-18]。图 4-19 展示了沿图 4-18 中直线 K1、K2 和 K3 的取向差变化规律。可以看出，当应变从 0.1 到 0.3，随着颈缩程度的增加，亚晶界的取向差几乎没有变化。亚结构的变化不像在较低应变速率下那样明显。在高应变速率下，变形时间缩短，铁素体中的 DRV 受抑制，此时铁素体的软化可以归因于 DDRX[16]。

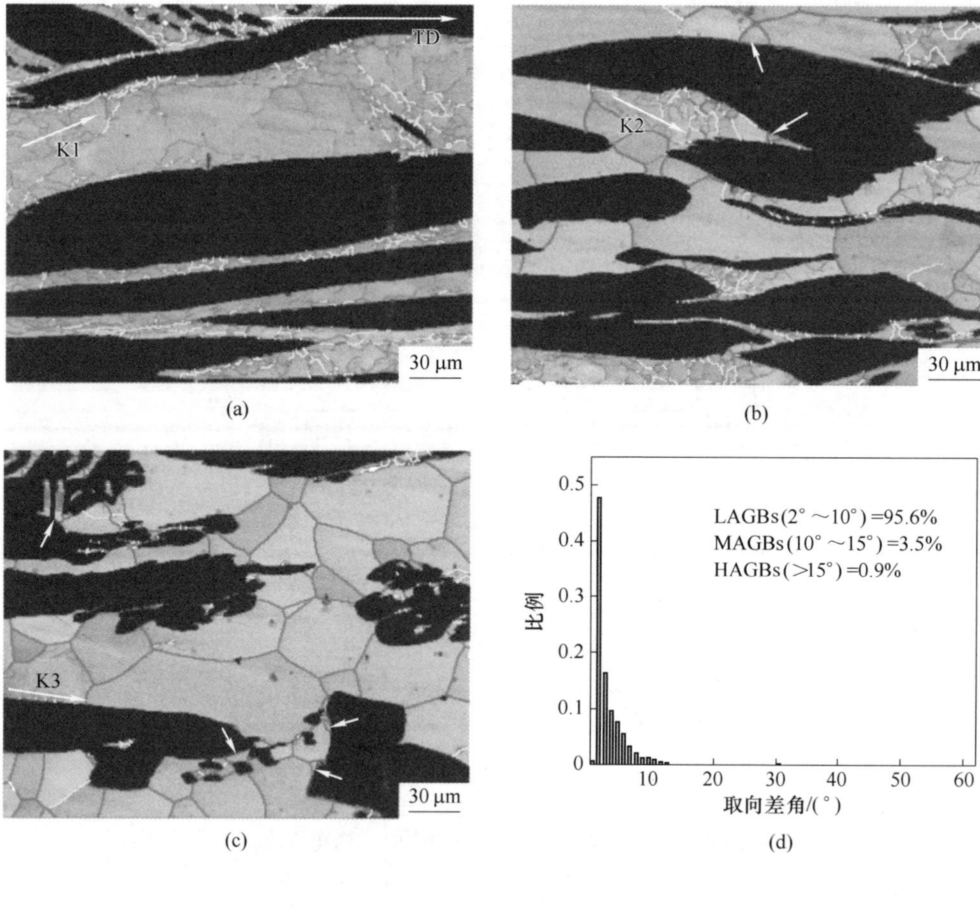

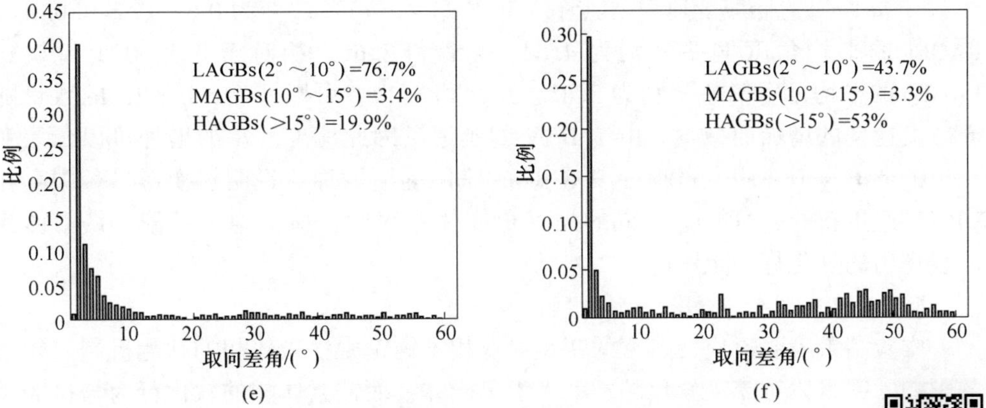

图 4-18 2101 钢中铁素体在 1050 ℃以 5 s^{-1} 的速率变形至不同应变量时 EBSD 图和相应的取向差角比例分布图

(a)(d)0.1；(b)(e)0.2；(c)(f)0.3

彩色原图

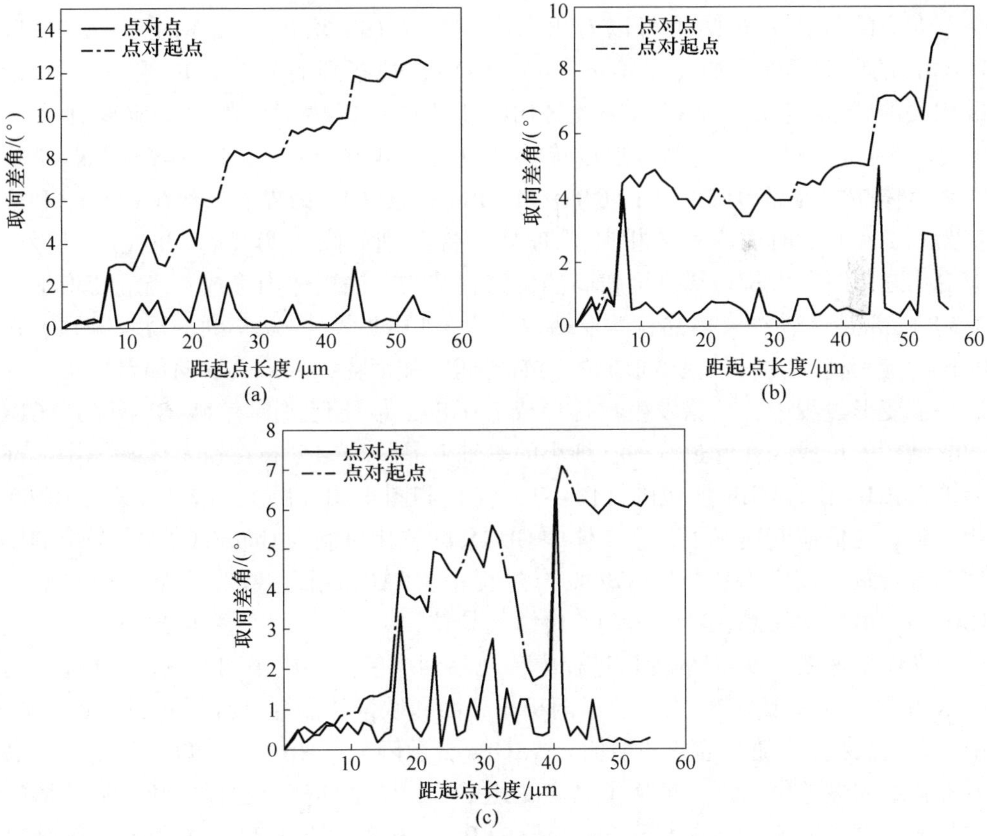

图 4-19 沿图 4-18 中直线的取向差变化规律

(a)K1；(b)K2；(c)K3

在0.1 s^{-1}的低应变速率下（图4-16（d）~（f）），应变为0.3、0.2和0.1时LAGBs的平均角度偏差分别为4.6°、4.5°和3.6°。相对于0.3、0.2和0.1，LAGBs的平均角度偏差分别为3.4°、3.2°和3.1°。可以看出，LAGBs的数量随着应变速率的增加而减少。由于DRV的延迟，因此应变速率的增加可以延缓亚晶粒的形成。但在应变过程中HAGBs的比例逐渐增加，说明热变形过程中存在DRX，产生新的HAGBs。不同的晶界角度偏差表明，应变速率不同，铁素体相所表现出的软化行为也不同。

4.2.2.2　铁素体软化变形机制

实验结果表明，应变速率的变化对双相不锈钢中铁素体相的软化机制有较大的影响。铁素体对流动软化的贡献大于奥氏体，而铁素体相的软化行为与拉伸过程中的应变速率密切相关。0.1 s^{-1}应变速率下变形开始时，铁素体内部明显形成亚晶界（图4-16（a）），而当应变增加到0.2时，铁素体内部形成复杂的LAGBs和MAGBs的网络结构（图4-16（b））。当进一步变形到0.3应变时，一些亚晶界的取向差超过15°然后逐渐转向HAGBs（图4-16（c））。此外，从不同应变水平下对应的位错分布图中可以看出，当应变从0.1增加到0.3时，MAGBs和HAGBs的比例逐渐增加（图4-16（d）~（f）），观察到的与MAGBs和HAGBs形成相关的结构演化通常被认为是CDRX机制的重要特征[19]。在应变速率为0.1s^{-1}下，应变为0.3时明显形成等轴晶粒（图4-16（c）），这些等轴晶粒主要在铁素体晶粒内部形成，以LAGBs、MAGBs和HAGBs为界。试样在0.1 s^{-1}和应变为0.1和0.3时的铁素体相典型TEM图像分别如图4-20（a）和（b）所示。应变为0.1时，大量位错密度较高的位错胞结构在铁素体内形成，当应变增加到0.3时，形成等轴铁素体晶粒的亚结构，这与Cizek等[20]观察到的现象一致。在0.1 s^{-1}应变速率时，位错被形成的亚晶界捕获和消耗，导致其取向偏差增加。在进一步变形过程中，位错发生重排形成LAGBs，最终促进具有MAGBs和HAGBs的亚结构的形成。在此过程中，细小的等轴亚晶粒均匀分布在铁素体基体中，部分被LAGBs和HAGBs所包围（图4-16（c）和图4-20（b）），这一现象与CDRX相一致。在低应变速率下，铁素体中CDRX的软化机制与Gourdet等[21]提出的模型非常一致。该模型指出，在热变形过程中，LAGBs通过吸收位错逐渐转变为HAGBs，最后，亚晶粒转变为动态再结晶晶粒。

在应变速率为5 s^{-1}的变形过程中，观察到少量细小的被HAGBs完全包围的DRX晶粒，这些HAGBs主要位于两相相界面和铁素体晶界（如图4-18（b）（c）中白色箭头处）。随着应变的增加，MAGBs分数降低，HAGBs分数显著增加，晶界平均取向偏差值增加，证实了高应变速率下，铁素体变形过程中新晶粒的形核和长大。高应变速率5 s^{-1}下，应变值为0.3、0.2和0.1时，铁素体中亚晶界（2°~15°）的平均取向偏差分别为3.1°、3.2°和3°（图4-18（d）~（f））。而在

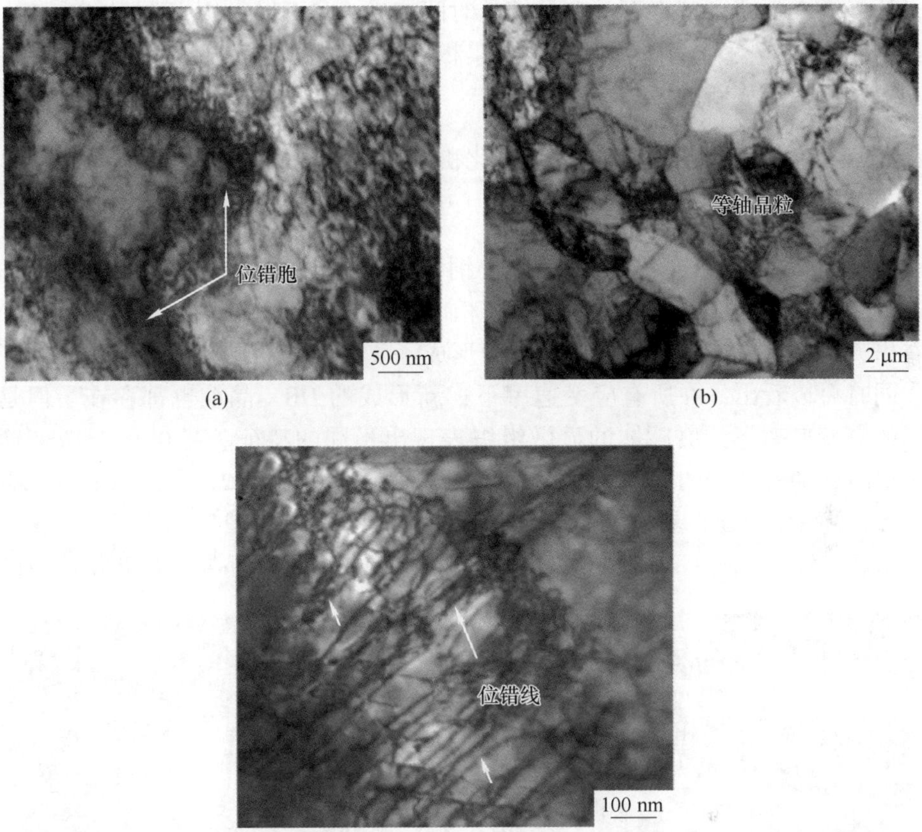

图 4-20 在应变速率 0.1 s^{-1}下应变量为 0.1 与 0.3 和在应变速率 5 s^{-1}下应变量为 0.3 时的铁素体 TEM 图

(a) 0.1; (b) 0.3; (c) 0.3

0.1 s^{-1}的低应变速率下，相应应变中铁素体亚晶界（2°～15°）的平均取向偏差分别为4.6°、4.5°和3.6°（图4-16（d）～(f)）。因此，在所有应变条件下，铁素体中亚晶界的平均取向偏差在高的应变率5 s^{-1}时是要小于低应变率0.1 s^{-1}的，这主要是因为在高应变率的变形过程中，CDRX 软化机制受到限制，出现了大量包含 HAGBs 的晶粒。高应变速率5 s^{-1}下铁素体的 TEM 图（图 4-20（c））显示，应变为0.3时，铁素体晶粒内部存在大量的直位错，而不是应变速率为0.1 s^{-1}时的纠缠位错，表明这些新晶粒发生了动态形核和塑性变形[15]。因此，可以推断铁素体在高应变速率下的软化是通过类似于 DDRX 的机制发生的，这与新晶粒的形核和生长有关。高应变速率下，变形时间缩短，铁素体中的 DRV 显著受到抑制，导致高应变在铁素体基体中积累。这可以激发铁素体中 DDRX 的发生机制。

通常认为，在低应变速率下，有足够的时间产生大量 DRV，从而导致 CDRX。然而，DRV 在高应变率下被明显抑制。累积的应变存储能可以激发 DDRX 核的成核和生长从而形成新的 DRX 晶粒。

4.2.3　奥氏体相的微观组织行为及软化机制

4.2.3.1　奥氏体组织演变

图 4-21 与图 4-22 分别表示了 2101 钢中奥氏体在 1050 ℃下以 0.1 s^{-1}和 5 s^{-1}的速率变形至不同应变量时 EBSD 图和相应的晶界比例分布图。从 EBSD 图中可以看出，在所有应变速率下，奥氏体内形成了以不完全亚晶界为特征的复杂亚结构。同时可以看出，在所有应变速率下，新形成的 DRX 晶粒也都存在。但是在不同的应变速率下，奥氏体的显微组织表现出不同的特征。在 0.1 s^{-1}应变速率下变形后，随着应变的增加，形成了更多的亚晶界（图 4-21（a）~（c））。少量具有 Σ3 孪晶界的细小晶粒优先在奥氏体/铁素体相界面和奥氏体晶界处形核。图 4-21（d）~（f）为 0.1 s^{-1}时变形过程中不同取向偏差下的晶界分数变化。由图可

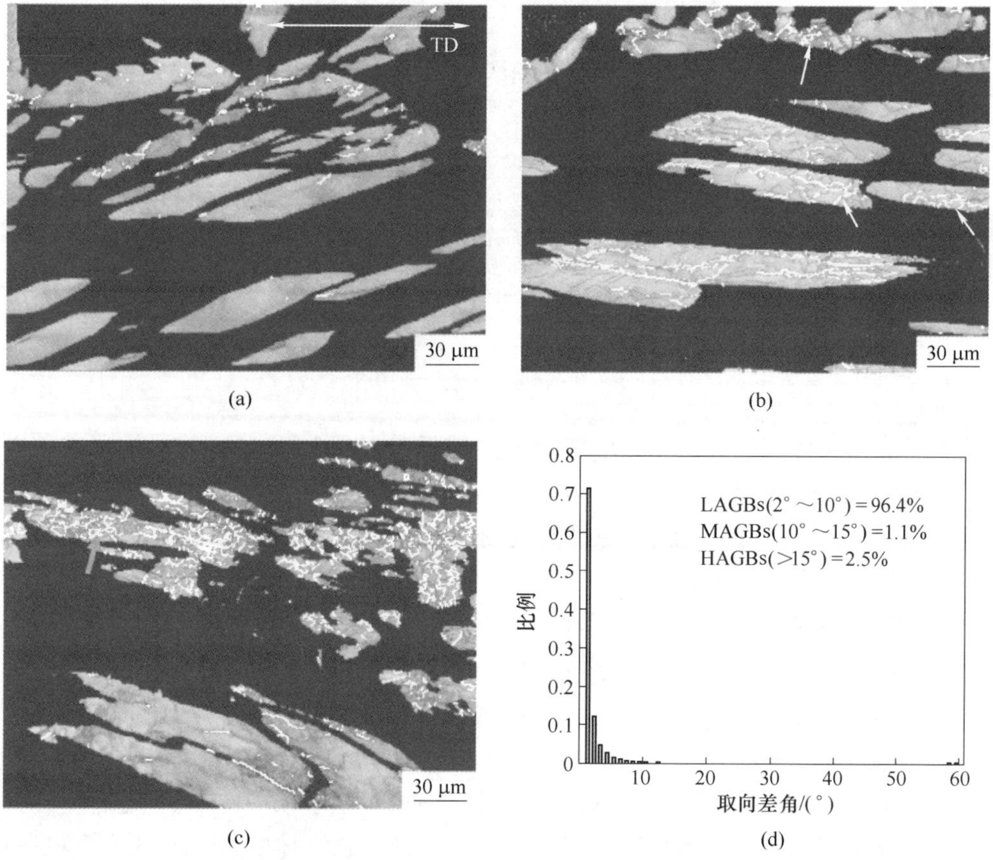

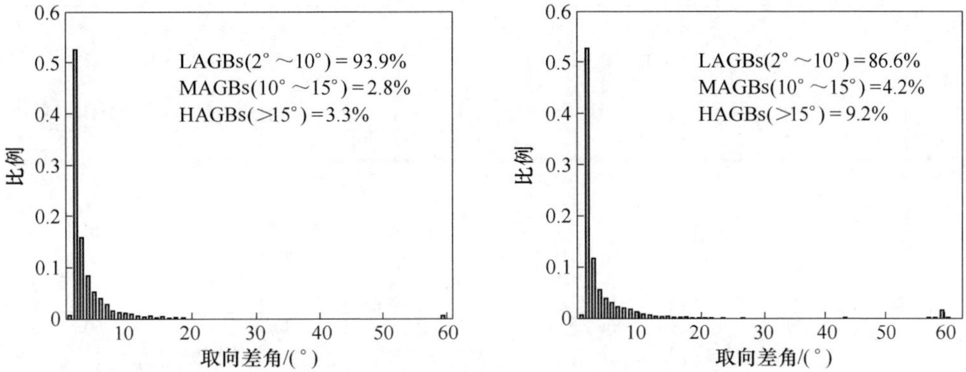

(e) (f)

图 4-21 2101 钢中奥氏体在 1050 ℃以 0.1 s^{-1}的速率变形至不同应变量时 EBSD 图和相应的取向差角比例分布图

(a)(d) 0.1；(b)(e) 0.2；(c)(f) 0.3

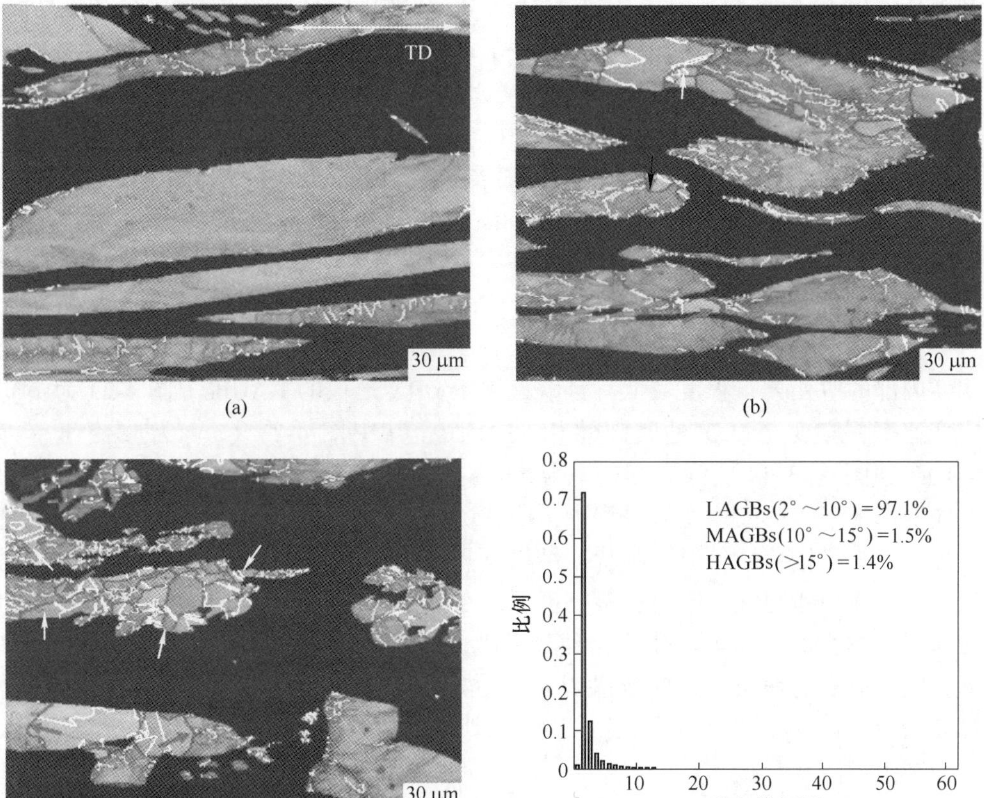

(a) (b) (c) (d)

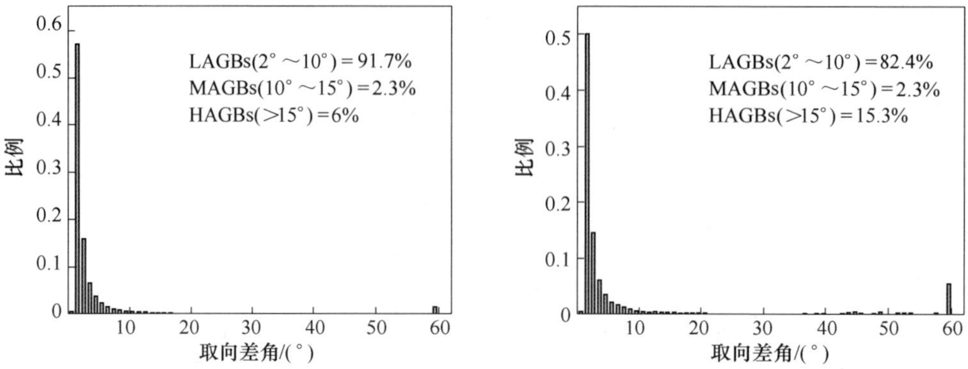

(e)　　(f)

图 4-22　2101 钢中奥氏体在 1050 ℃以 5 s^{-1}的速率变形至不同应变量时 EBSD 图和相应的取向差角比例分布图

(a)(d) 0.1；(b)(e) 0.2；(c)(f) 0.3

彩色原图

知，MAGBs 的比例（从 1.1%到 4.2%）和 HAGBs 的比例（从 2.5%到 9.2%）也随着应变量的增加而增加。相反，在 5 s^{-1}应变速率和高应变水平下，在奥氏体/铁素体相界面和奥氏体晶界处出现了更多的等轴奥氏体晶粒，并具有 Σ3 孪晶界（图 4-22（b）（c））。在图 4-22（c）中，可以很明显观察到具有 Σ3 孪晶界的奥氏体晶粒长大现象。还可以观察到，随着应变量的逐渐增大，LAGBs 的比例减小，MAGBs 的比例变化不明显，HAGBs 的比例和 Σ3 孪晶边界分数明显增加（图 4-22（f））。

4.2.3.2　奥氏体软化变形机制

在双相不锈钢热变形过程中，奥氏体的 DRX 明显被抑制，这主要是由于奥氏体内部的应变分布程度较低，且缺乏用于 DRX 形核的 HAGBs。图 4-23 为不同应变速率下应变至 0.3 时奥氏体相 TEM 图，其中图 4-23（a）为应变速率为 0.1 s^{-1}，图 4-23（b）为应变速率为 5 s^{-1}。由图 4-23（a）可以看出在 0.1 s^{-1}的低应变速率下，奥氏体变形过程中，应变诱导的位错容易在晶粒中聚集。变形量增加，发生位错缠结，形成胞状亚结构。其中，高密度的位错在胞状亚结构四周聚集，形成位错胞壁，胞内位错密度低。在弹性应变能的驱动下，位错胞壁中的位错通过相互抵消和重新排列最终转化为亚晶粒。此外，在 0.1 s^{-1}低应变速率下，随着应变的增长，一些亚晶界是 MAGBs，且这些晶界的比例随应变量的增加而增加（图 4-21（d）~（f））。这种典型的微观组织结构是一种类似于 CDRX 的微观组织演变[22]。

应变速率增加，热变形时间减少。当应变速率为 5 s^{-1}，由于变形时间短，CDRX 的形核被抑制，位错密度迅速增加。位错的高密度可以促进典型的晶界胀

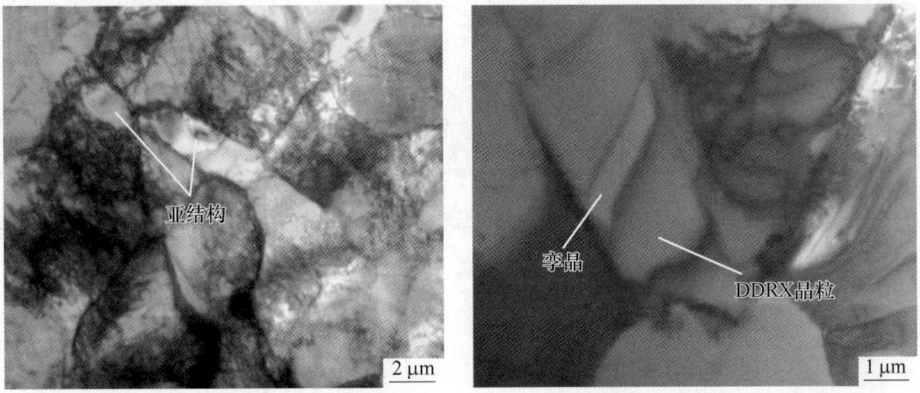

(a) (b)

图 4-23 不同应变速率下应变至 0.3 时奥氏体相 TEM 图

(a) 0.1 s^{-1}; (b) 5 s^{-1}

形特征（图 4-22（b）（c）中的棕色箭头标记处）。同时，位错的加速积累和高储能为相变 DRX 的成核提供了有利条件。随着应变速率的增加，Σ3 孪晶界在奥氏体中的比例迅速增加（图 4-22（d）~（f）），这可能与高应变速率下晶界迁移率的增强有关。晶界迁移可以促进新的 Σ3 孪晶界的形成，从而促进新的 DDRX 晶粒的成核和发育。因此，新的 DRX 晶粒在 Σ3 孪晶界处成核（图 4-22（b）与图 4-23（a）（b）中标记处），这与晶界的迁移和生长机制有关。典型的晶界胀形特征和热变形时在 Σ3 孪晶界处 DRX 形核是 DDRX 机制的明显表现[23]。

4.3 热塑性影响因素

热变形参数（应变速率、应变温度以及变形道次）对双相不锈钢高温微观组织、流变应力以及两相间应变配分行为与软化机制具有显著的影响。双相不锈钢中铁素体和奥氏体的晶体结构、元素含量、热膨胀系数及变形机理不同，使得双相不锈钢在变形过程中容易发生开裂，因此实际生产过程中需要严格控制变形工艺，使其尽量避免在拉应力状态下变形。

4.3.1 应变速率

应变速率对双相不锈钢热塑性具有明显的影响，对比 2101 钢与 2205 钢在不同应变速率下的热压缩应力应变曲线，结果如图 4-24 所示。随着应变速率减小，试验钢的峰值应力不断地减小。高应变速率（10 s^{-1}）时，2101 钢峰值应力低于 2205 钢，低应变速率（0.1 s^{-1}）时，两种钢的峰值应力几乎完全相等。

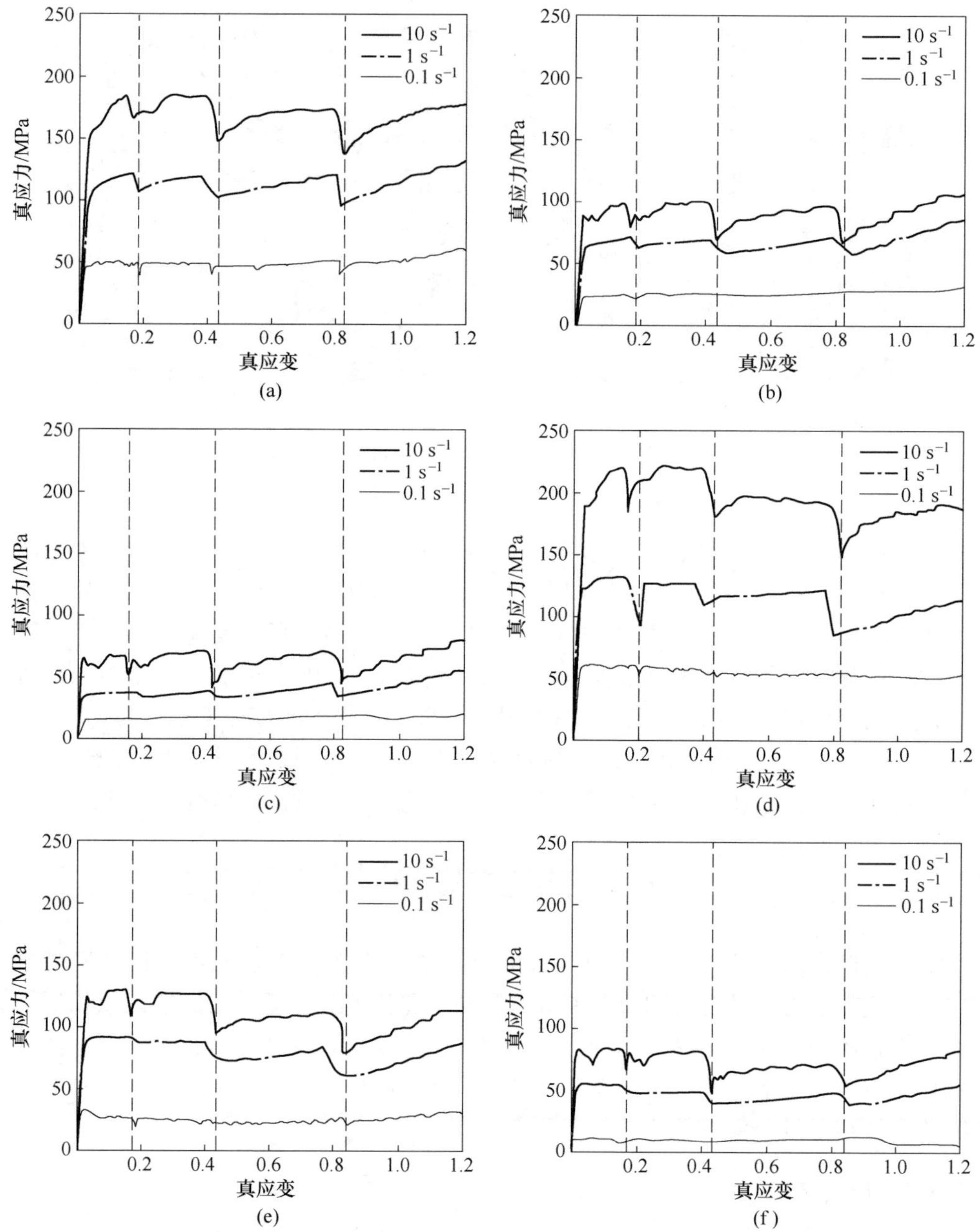

图 4-24 2101 钢(a)~(c)和 2205 钢(d)~(f)经过不同应变速率热变形后的真应力应变曲线

(a)(d)1000 ℃;(b)(e)1100 ℃;(c)(f)1200 ℃

对道次间隙应力下降的幅值观察可知，应变速率为 10 s^{-1}时，道次间隙应力显著下降。应变速率为 0.1 s^{-1}时，应力在道次间隔几乎未下降。这是由于应变速率较高时，铁素体和奥氏体在变形过程中发生很大程度变形，动态回复和再结晶程度较小，因此道次间隙发生很大程度的静态回复和再结晶。应变速率减小时，变形过程中两相边变形边发生动态回复和再结晶，其软化程度较大，因此道次间隙静态再结晶软化程度减小。

应变速率减小能够改善双相不锈钢的热塑性。为了观察应变速率对 2101 钢热塑性的改善程度，对比了 10 s^{-1}、1 s^{-1}、0.1 s^{-1} 三个应变速率下热压缩后试验钢内部微观组织的形貌，结果如图 4-25 所示。当应变速率为 10 s^{-1}时，奥氏体相的变形量较小。经过 1000 ℃、10 s^{-1}热变形后，基体内部存在大量的块状奥氏体相；温度增加到 1150 ℃时，块状奥氏体相消失，奥氏体相沿着变形方向呈现条带状分布；1200 ℃、10 s^{-1}热变形后，相界呈现锯齿状，向铁素体相产生凸起形成胞状奥氏体，同时奥氏体内部出现了大量的孪晶界，表明奥氏体相开始发生再结晶。

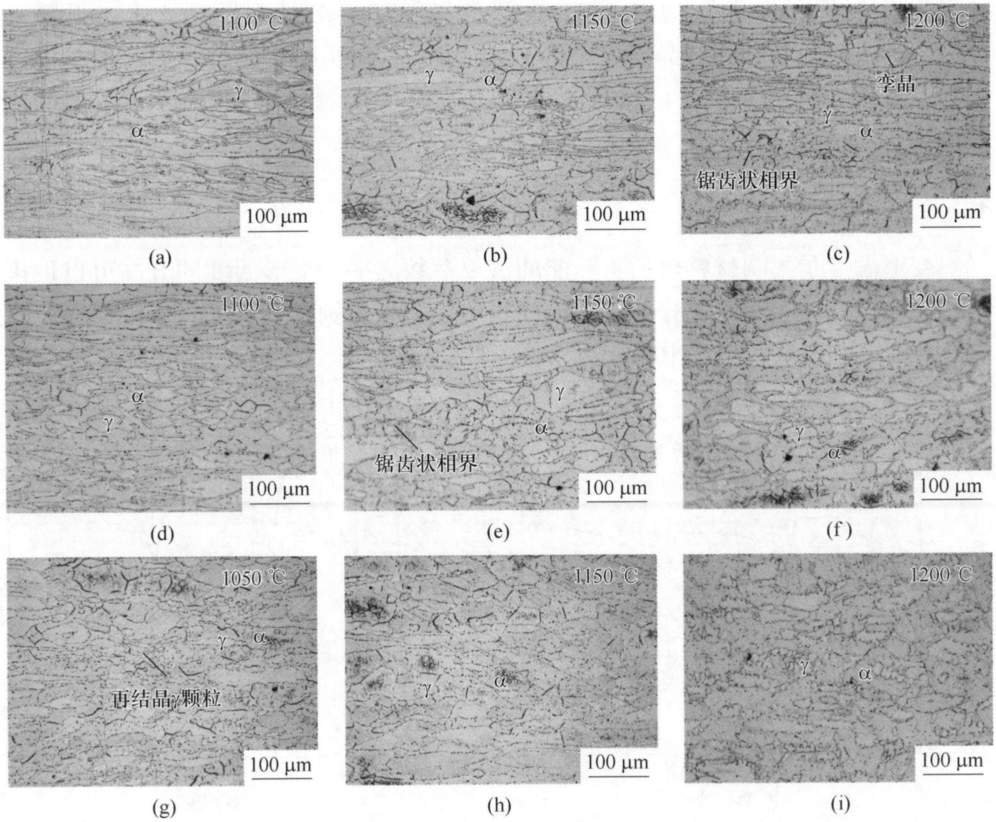

图 4-25 2101 钢经过不同温度和应变速率热压缩后的 OM 图

(a)~(c) 10 s^{-1}；(d)~(f) 1 s^{-1}；(g)~(i) 0.1 s^{-1}

当应变速率降低到 1 s^{-1}时，奥氏体相的变形量增大。经过 1000 ℃、1 s^{-1}热变形后，基体内部未发现块状奥氏体相，奥氏体相已经沿变形方向被拉长；温度增加到 1150 ℃时，部分相界就已经出现锯齿状形貌，表明该温度下奥氏体相开始发生再结晶；经过 1200 ℃、1 s^{-1}热变形后，条带状奥氏体相沿着变形方向充分破碎，呈椭球状形貌，奥氏体相的再结晶进一步增加。

当应变速率降低到 0.1 s^{-1}时，奥氏体相的变形量显著增大。经过 1000 ℃、0.1 s^{-1}热变形后，基体内部可以观察到大量的奥氏体再结晶晶粒，该奥氏体颗粒沿着变形方向呈链状分布；温度增加到 1150 ℃时，椭球状奥氏体在基体中均匀分布，再结晶程度增加；经过 1200 ℃、0.1 s^{-1}热变形后，锯齿状相界将奥氏体相分割成大量细小的再结晶晶粒，奥氏体的再结晶程度极大增加。

综合分析可知，应变速率降低使 2101 钢中奥氏体相的变形量增大，促进其发生再结晶。当应变速率为 10 s^{-1}时，奥氏体相在 1200 ℃开始发生再结晶，应变速率为 1 s^{-1}时，奥氏体相在 1150 ℃就已经发生再结晶，当应变速率下降到 0.1 s^{-1}时，奥氏体相再结晶温度下降到 1050 ℃。在实际热轧过程中，板材温度下降造成材料的热塑性下降，可以通过逐步降低轧制速率来改善 2101 钢的热塑性。

4.3.2 变形温度

变形温度是影响材料热加工性能的重要参数之一。变形温度的升高可以促进两相软化以及合金元素配分，改变组成相形貌、相比例以及各类界面占比等。对比 2101 与 2205 试验钢在 1000 ℃、1050 ℃、1100 ℃、1150 ℃和 1200 ℃五个温度的热压缩应力应变曲线，结果如图 4-26 所示。两种试验钢在不同变形温度下，

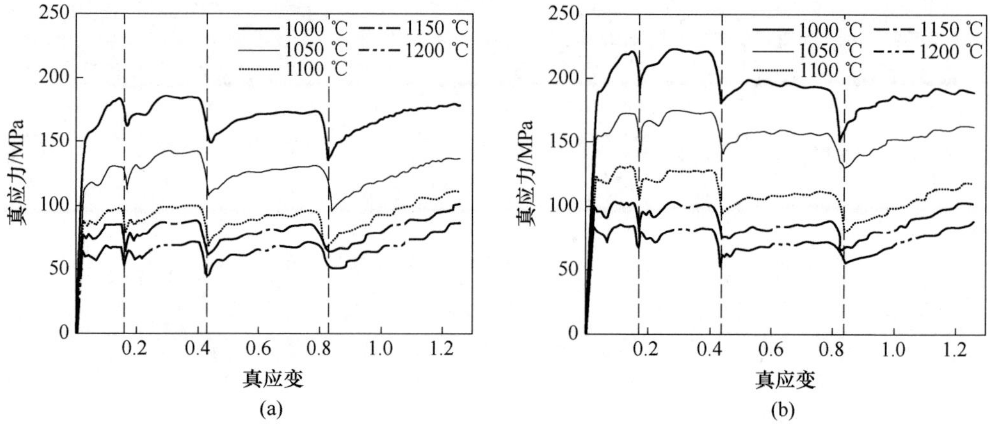

图 4-26 2101 钢和 2205 钢不同温度热压缩后的真应力应变曲线

（a）2101 钢；（b）2205 钢

以 10 s^{-1}的应变速率进行 4 道次热压缩变形后，发现随变形温度升高，试验钢的峰值应力不断地减小。变形温度为 1000 ℃时，2205 钢的峰值应力远大于 2101 钢。变形温度升高时，两种钢中峰值应力的差距逐渐减小。当温度升高到 1200 ℃时，峰值应力几乎相等。2205 钢中峰值应力的下降幅度比 2101 钢大。

其中每道次的应力应变曲线分为四个阶段：加工硬化阶段、软化阶段、二次硬化阶段和二次软化阶段，如图 4-27 所示。这是由于最初变形时试样只发生弹性变形，变形集中较软的铁素体相中，应力值迅速增加。当铁素体相发生塑性变形时，内部变形和回复同时发生，应力应变曲线出现了短暂的屈服平台。变形继续增加时，铁素体相内部的变形逐渐转移到奥氏体相中，同时，这需要更大的应力使其发生塑性变形，从而引起基体发生二次加工硬化。当奥氏体内部变形和再结晶同时发生，应力应变曲线再次出现屈服平台。

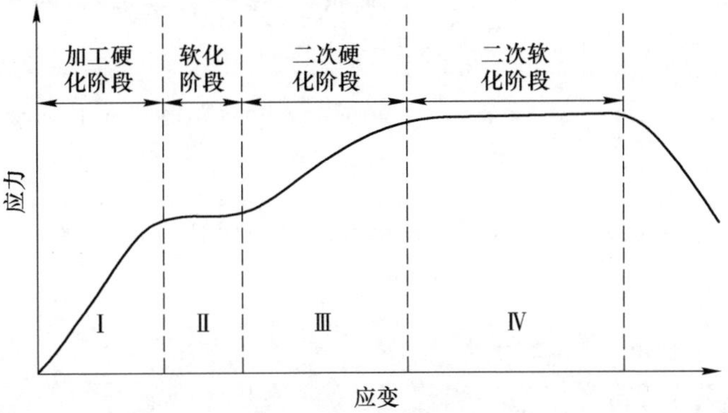

图 4-27 每道次的应力应变曲线示意图

以第二道次为例，对比两种钢中应力应变曲线的差异，结果如图 4-28 所示，图中所标记的数字是每个阶段对应的应变值。随着变形温度升高，硬化阶段缩短，而相应的软化阶段延长。但两种钢的硬化阶段和软化阶段对应的应变值存在明显差距，2101 钢中硬化阶段对应的应变值明显大于 2205 钢，同时相应的软化阶段缩短。其中两种钢第三阶段对应的应变值差距最大，2101 钢的应变值是 2205 钢的 3~4 倍。由此可知，2101 钢中铁素体内部形变较难转移到奥氏体相中，需要更大的变形才能使两相均匀变形。

此外，变形温度升高能够改善双相不锈钢的热塑性。图 4-29 为不同温度热压缩后试验钢边部的开裂情况，当变形温度为 1000 ℃时，两种钢的边部均出现裂纹，其中 2101 钢边部的裂纹已经向试样中部大量延伸（如黑轮廓标记），同时在试样内部出现的大量裂纹源也开始沿相界扩展（如圆圈标记）。而在 2205 钢中，边部裂纹很短，并且试样内部裂纹很小。变形温度升高到 1150 ℃，2101 钢的边部仍然存在细小裂纹，而 2205 钢边部裂纹在 1050 ℃时就已经消失，这表明

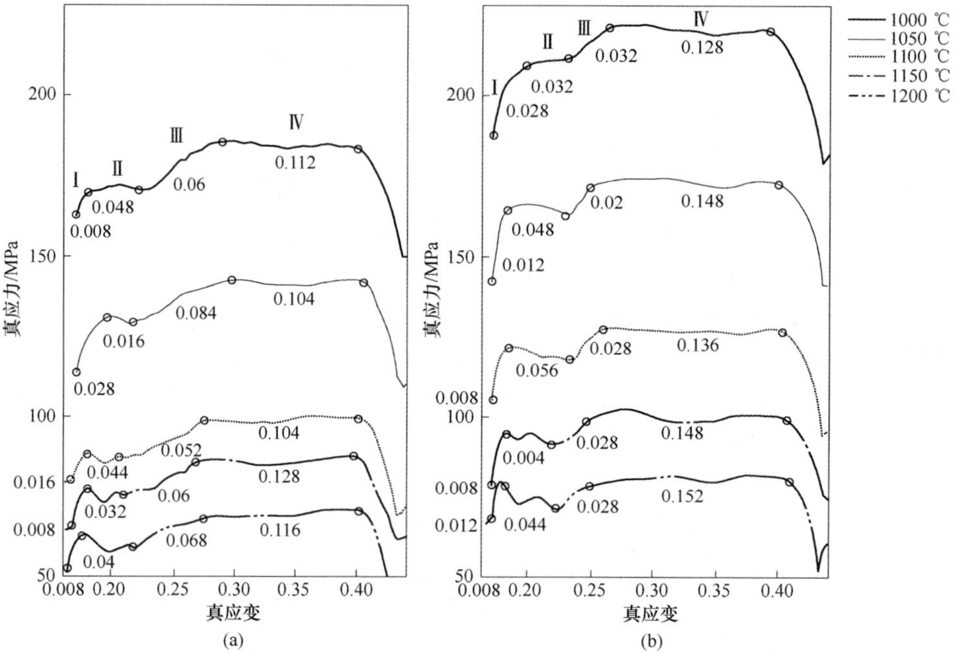

图 4-28 2101 钢和 2205 钢第二道次的真应力应变曲线

(a) 2101 钢；(b) 2205 钢

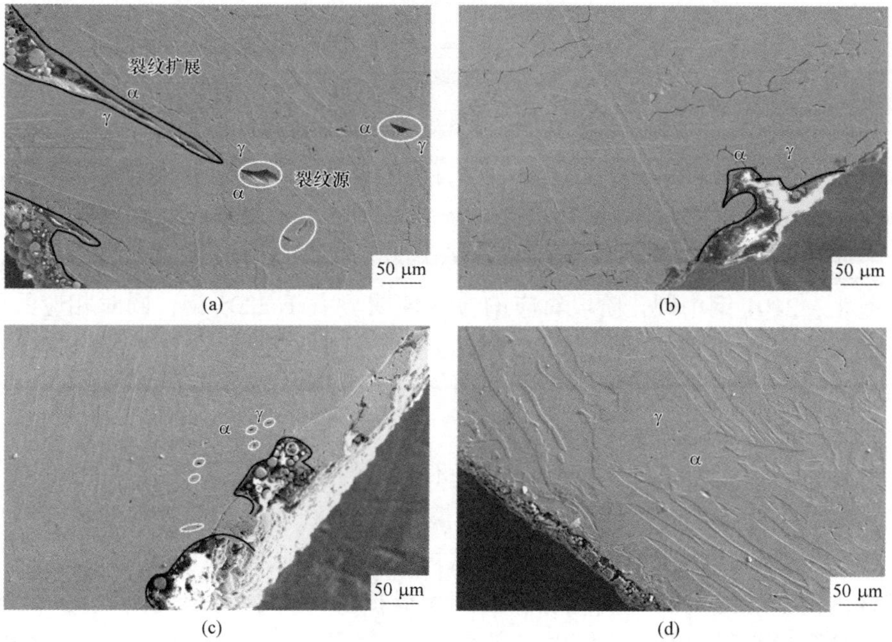

图 4-29 2101 钢(a)(b)和 2205 钢(c)(d)不同温度下热压缩的显微裂纹 SEM 图

(a)(c) 1000 ℃；(b) 1150 ℃；(d) 1050 ℃

升高变形温度能够改善双相不锈钢的热塑性，尤其是对 2205 钢，但对 2101 钢的热塑性改善不明显。

图 4-30 为两种钢不同温度热压缩后的微观组织，由图可知，1000 ℃热变形后，2101 钢中部分奥氏体相沿着变形方向被拉长，呈现条带状分布，但这些条

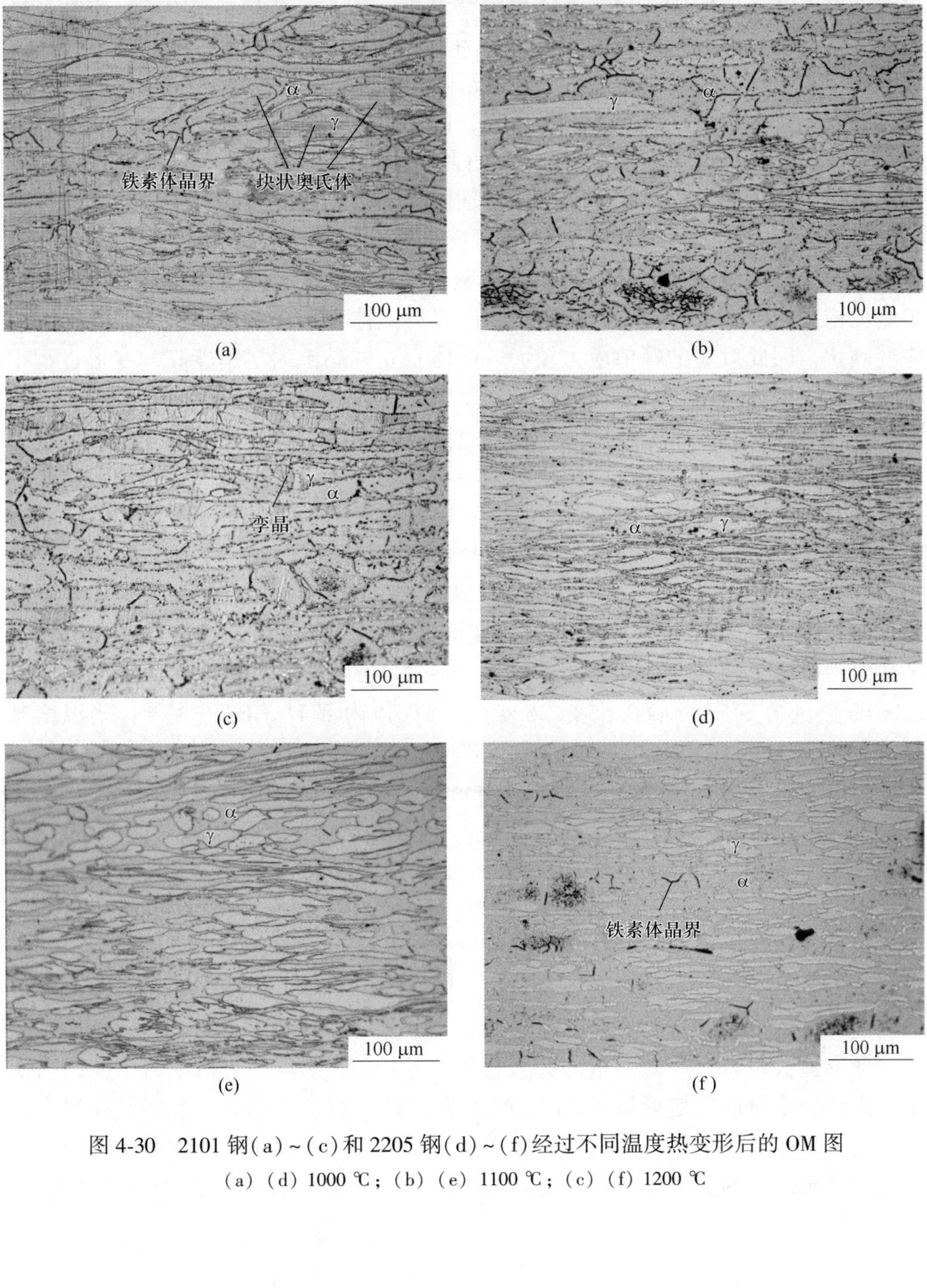

图 4-30　2101 钢(a)~(c)和 2205 钢(d)~(f)经过不同温度热变形后的 OM 图

(a)(d)1000 ℃；(b)(e)1100 ℃；(c)(f)1200 ℃

带状奥氏体之间仍然存在大量的块状奥氏体。2205 钢的组织形貌和 2101 钢相似，但奥氏体晶粒尺寸较小；当温度升高到 1100 ℃时，两种试验钢内部的奥氏体相都发生变形，大型块状奥氏体相消失，但 2101 钢内部条带状奥氏体相不均匀；温度升高到 1200 ℃时，2101 钢内部奥氏体仍然为条带状，而 2205 钢奥氏体相已沿着变形方向发生破碎。对铁素体相观察发现，1000 ℃变形后 2101 钢中铁素体内部开始产生晶界，且晶界数量随温度升高大量增加，而 2205 钢的铁素体相内部直到 1200 ℃时才观察到少量晶界。这表明相同变形条件下，2101 钢内部铁素体相的应变较大，促使其发生大量回复，内部产生大量晶界，而奥氏体相内部应变量小，即使提高变形温度，其再结晶程度仍然很小。但 2205 钢内部铁素体相的应变很快转移到奥氏体相中，所以铁素体相的回复程度相对较小，内部无大量晶界产生，而奥氏体再结晶程度较大。

应力应变曲线特征和其微观组织有密切关系。面心立方晶粒的层错能较低，扩展位错宽度较大，位错交滑移困难，所以奥氏体容易在变形过程中产生很大的应变硬化，因此对应的峰值应力较大。而体心立方晶粒的层错能高，变形过程中容易发生交滑移，所以铁素体相容易回复软化，其对应峰值应力较小。因此，变形温度较低时，2101 钢内部形变集中在铁素体相中，对应的峰值应力较低。变形温度升高，铁素体相内部的应变难以转移到奥氏体相中，奥氏体相的再结晶程度差，对应的峰值应力下降缓慢。而 2205 钢中变形在两相中分布较均匀，温度升高促使奥氏体相发生大量的再结晶，峰值应力值下降较快。

2101 钢在 0.1 s^{-1}，950 ℃、1050 ℃和 1150 ℃下等温热压缩晶界及晶粒取向差分布如图 4-31 所示。在 950 ℃较低变形温度下，奥氏体和铁素体均为 LAGBs 的数量占主导，两相内部均为小角度晶界；在 1050 ℃时，奥氏体和铁素体内部 HAGBs 数量增多，达到 60.5%、26.4%，奥氏体内部 HAGBs 占主导；当温度升高到 1150 ℃时，两相内部 HAGBs 数量进一步增加，分别为 74.1%、34.2% 。说明变形温度的升高有利于 2101 钢奥氏体和铁素体中 HAGBs 生成。

综合分析可知，变形温度升高可促进组织发生回复和再结晶，使 2101 钢和 2205 钢的热塑性均有所改善。但是由于 2101 钢应变大量集中在铁素体相中，难以转移到奥氏体相中，因此变形温度升高时，奥氏体相的再结晶程度仍然较小，这使得材料整体未得到充分软化，其热塑性改善作用不明显。

4.3.3　变形道次

变形道次及道次间变形量的配置直接影响应变/应力在两相中的分配，当变形道次越少或单道次变形量越大时，软相铁素体承担了大部分应变，较高形变储存能更容易激发铁素体发生回复及再结晶，而硬相奥氏体所协调的应变较低，难以达到其再结晶的临界应变，因此累积在奥氏体内的加工硬化进一步扩大两相间

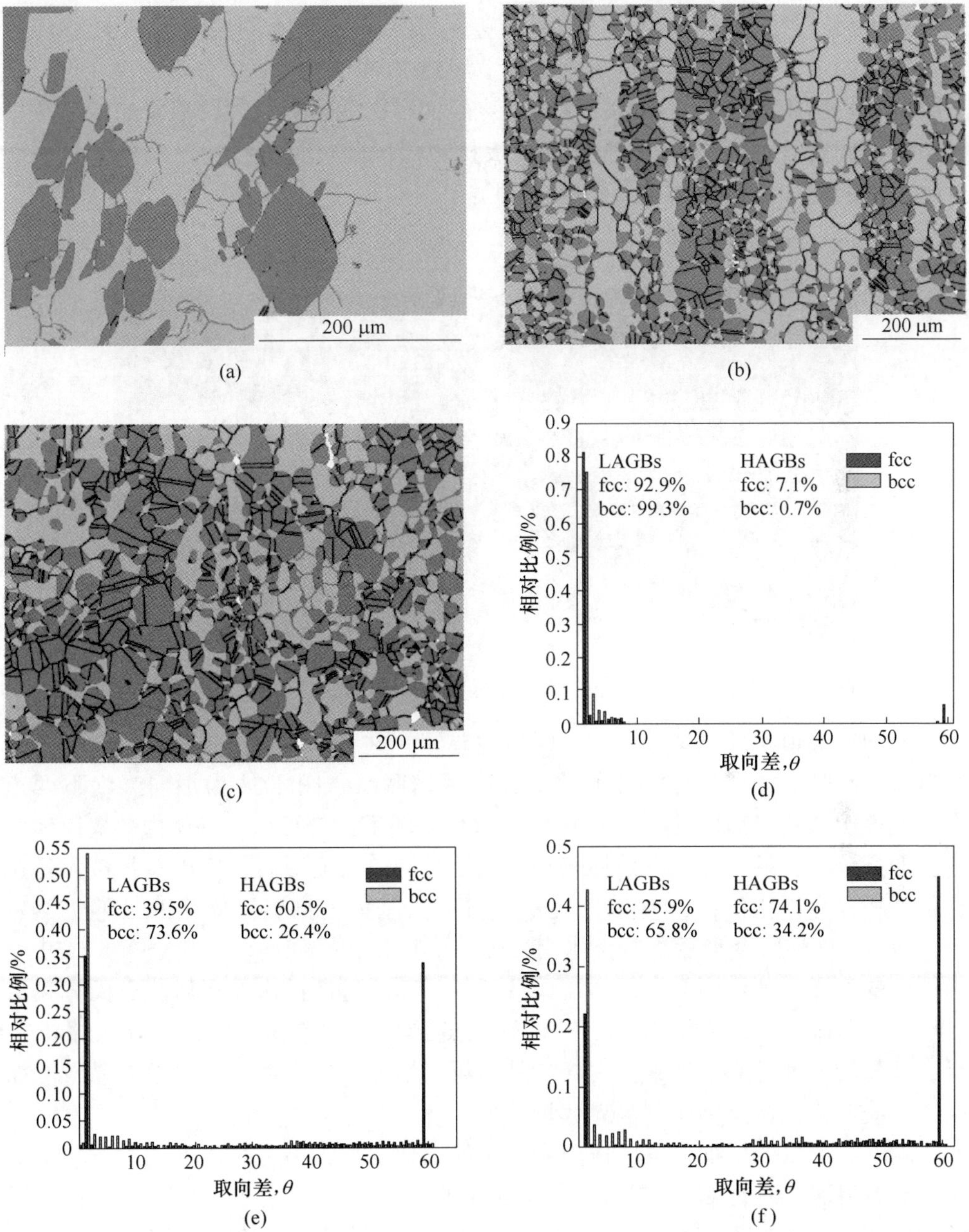

图 4-31 2101 钢在 0.1 s^{-1}，950 ℃(a)(d)，1050 ℃(b)(e)和 1150 ℃(c)(f)下等温热压缩晶界及晶粒取向差分布图

(a)~(c) 晶界图；(d)~(f) 晶粒取向差分布图

硬度差，导致铁素体内部的形变更难转移到奥氏体内，最终导致裂纹沿着相界面萌生及扩展，严重恶化双相不锈钢的热塑性。图 4-32 为不同温度下 2101 钢经过两道次和四道次热轧后边部的宏观形貌。经过 1100 ℃和 1200 ℃两道次变形，试验钢边部均出现大量裂纹，热塑性较差；经四道次变形后，裂纹数量减少，热塑性改善；温度升高到 1250 ℃变形后，板材边部肉眼可见裂纹均已消失，这说明变形道次的增加能改善 2101 钢的热塑性。

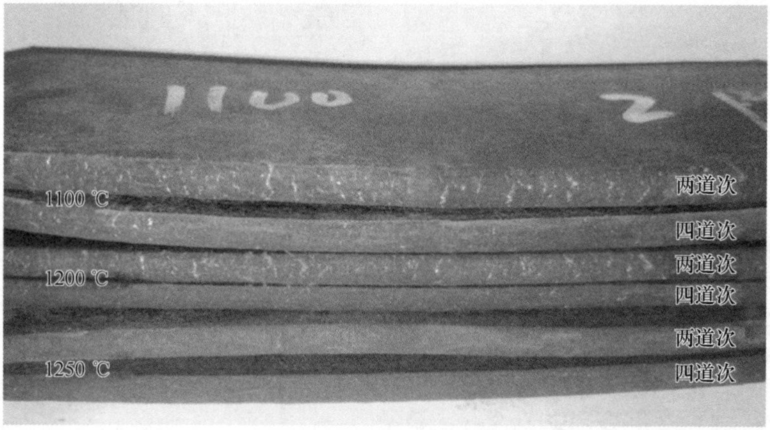

图 4-32　2101 钢在不同温度下经过两道次和四道次变形后的边部裂纹图

不同变形道次后热塑性呈现出明显的差异，这与不同道次变形时材料微观组织形貌、晶粒尺寸、晶界特征的演变存在紧密联系。图 4-33 为不同温度下两道次和四道次热变形后的 EBSD 组织图。1100 ℃两道次变形后，基体内部奥氏体相的变形量较小，沿变形方向延伸较小，而经过四道次变形后，奥氏体相被大量拉长，但相界存在扭折；1200 ℃两道次变形后，基体内部奥氏体相的延伸仍然较小，而经过四道次变形后，奥氏体相被进一步拉长，呈现均匀带状分布；1250 ℃两道次变形后，基体内部奥氏体相大量延伸，而经过四道次变形后，奥氏体相沿变形方向破碎。对于铁素体而言，两道次变形后，铁素体相内部出现大量的晶界，且随着温度升高，铁素体内部的晶界数量增多，出现大量的再结晶晶粒。而四道次变形后，铁素体内部晶界数量较少。

随着变形量的增加，奥氏体内部孪晶界出现变化，为了对比不同变形量下的晶界分布情况，统计 2101 钢内部晶粒取向差，如图 4-34 所示。热变形促使奥氏体相内部产生 Σ3 孪晶界，真应变为 0.3 时，奥氏体相 HAGBs 为 5.8%；当真应变增加至 0.4 时，奥氏体相变形程度小，HAGBs 增加至 7.9%；而真应变为 0.5 时，奥氏体相 HAGBs 降低至 2.4%，这主要是由于奥氏体相区沿孪晶界发生破碎，孪晶界逐渐转化为相界，所以孪晶界比例减小。

微观组织观察，两道次和四道次变形后，两相变形程度不同，这和应变在两

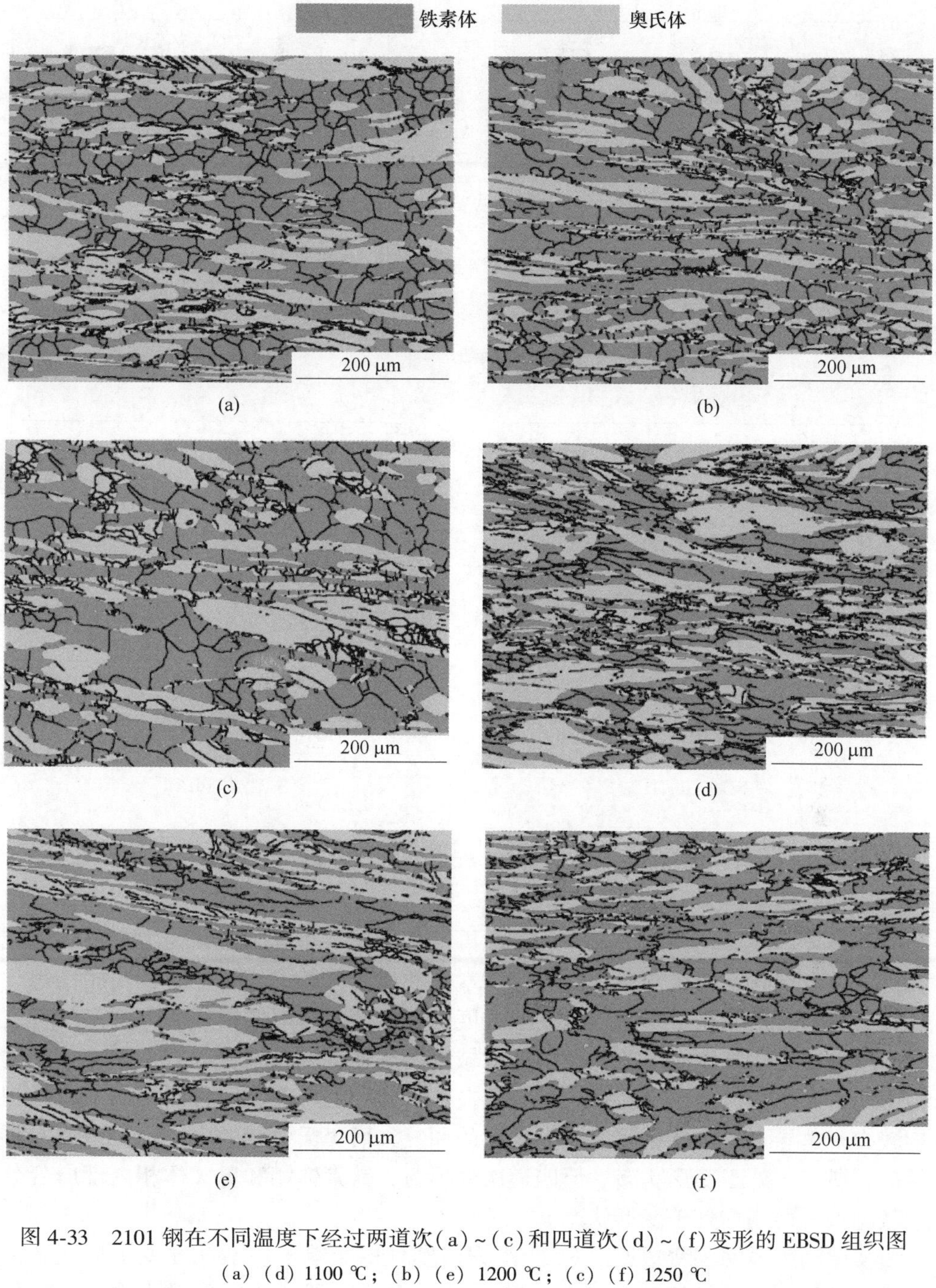

图 4-33 2101 钢在不同温度下经过两道次(a)~(c)和四道次(d)~(f)变形的 EBSD 组织图
(a)(d)1100 ℃;(b)(e)1200 ℃;(c)(f)1250 ℃

相中的分布有在密切关系。图 4-35 为不同道次变形后 2101 钢中铁素体相和奥氏体相内部的应变的分配情况，其中，由图可知，两道次变形后，应变在两相中分

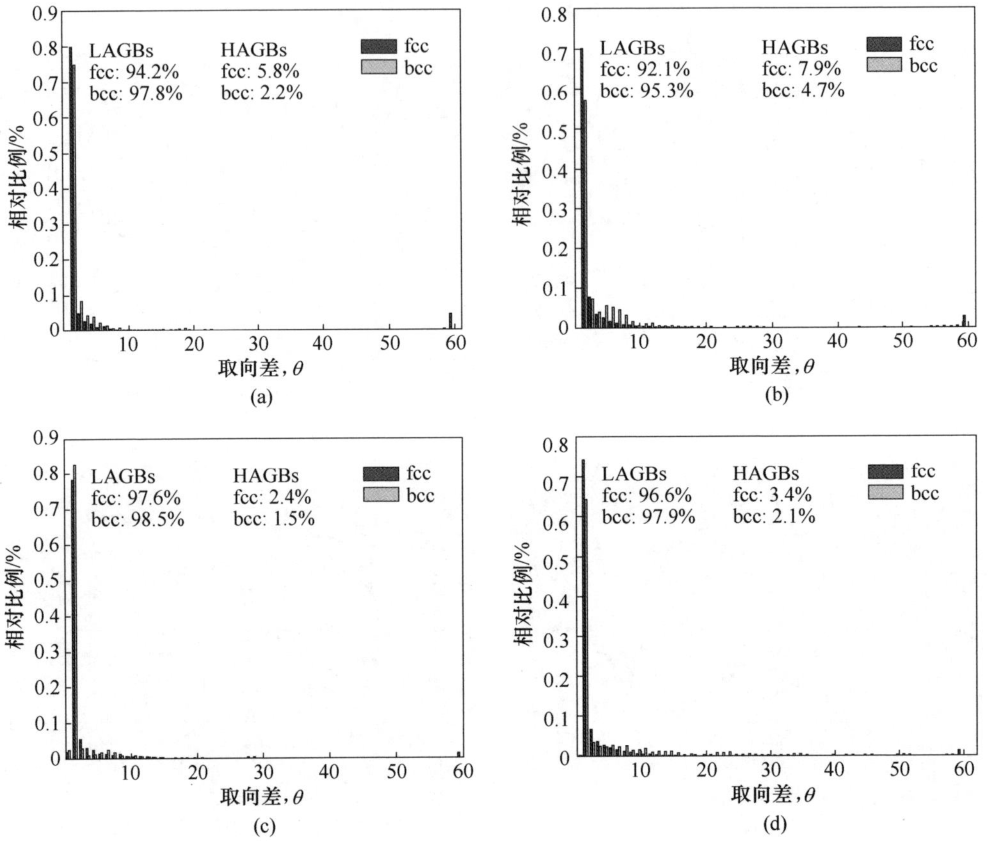

图 4-34　2101 钢在 1 s^{-1}、1050 ℃不同真应变条件下等温热压缩晶粒取向差分布图
(a) 0.3; (b) 0.4; (c) 0.5; (d) 0.6

布差异很大，铁素体相几乎全部为蓝色再结晶组织，而奥氏体相仍为红色畸变或黄色亚晶组织。四道次变形后，应变铁素体和奥氏体相中均匀分布，两相均为红色畸变或者黄色亚晶组织。随着变形温度升高，两相内部的回复和再结晶的程度逐渐增加，因此基体内部蓝色再结晶区域逐渐增加，红色畸变区域逐渐减小。这说明两道次变形过程中，变形大量集中在铁素体相的内部，转移到相邻奥氏体相中较少，这导致铁素体相发生很大程度的回复，而奥氏体相的应变不足以诱发再结晶，所以仍处于变形状态。但四道次变形时，铁素体相和奥氏体相内部应变分配较均匀，两相均处于变形状态。

实验结果表明，变形道次对 2101 钢热塑性的影响实质上是改变了应变在两相中的分配，其影响机理示意图如图 4-36 所示。在两道次变形过程中，由于每道次变形量较大，应变在铁素体内部的累积使其发生了很大程度回复，因此铁素体相的硬度较小。奥氏体相内部的应变较少，不足以引发再结晶，使奥氏体相内

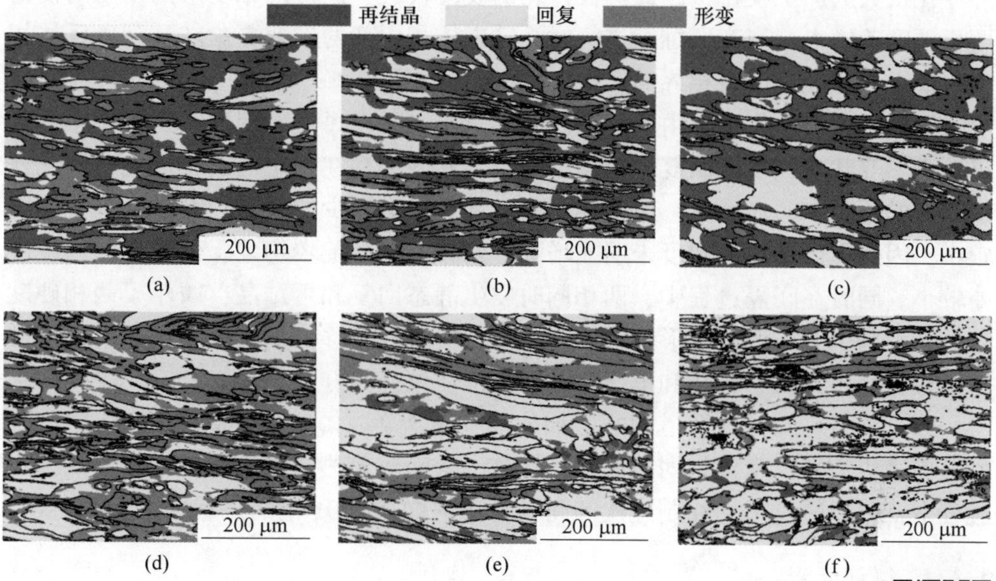

图 4-35 2101 钢在不同温度下经过两道次(a)~(c)和四道次(d)~(f)变形后应变分布图
(a)(d)1100 ℃;(b)(e)1200 ℃;(c)(f)1250 ℃

彩色原图

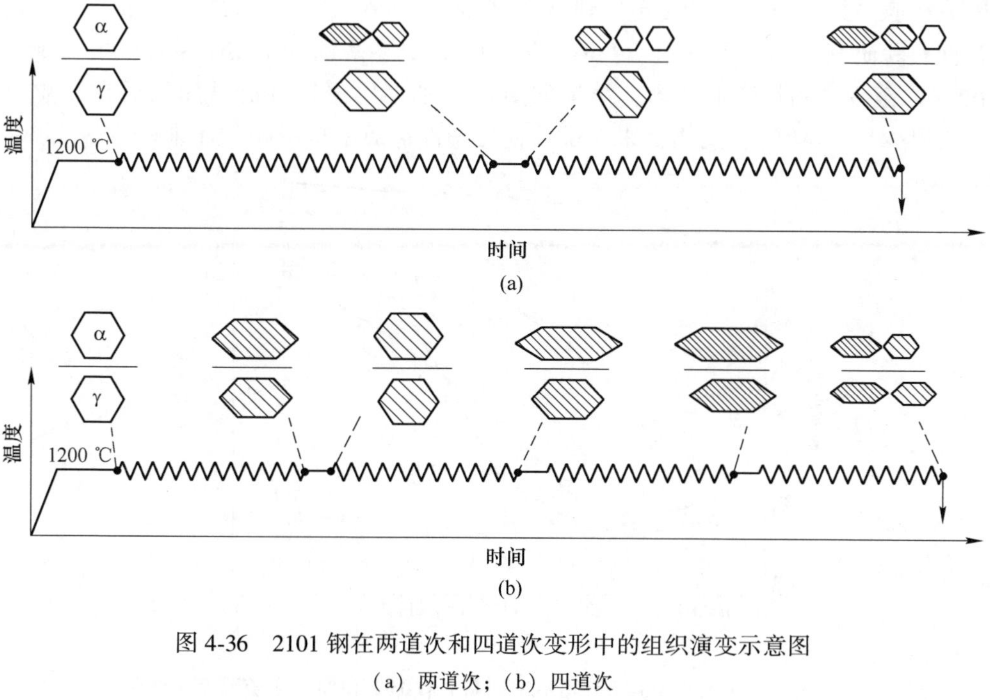

图 4-36 2101 钢在两道次和四道次变形中的组织演变示意图
(a)两道次;(b)四道次

部存在很大的加工硬化，因此奥氏体相的硬度较大。这种两相变形的不均匀使得两相硬度差增大。当变形继续进行时，铁素体相内部的形变更难转移到奥氏体相中，最终导致裂纹沿着相界面产生。

四道次变形过程中，由于每道次变形量小，所以每道次变形结束后铁素体相仍处于形变状态，动态回复软化程度较少，其内部存在一定的加工硬化，因此铁素体相的硬度未明显减少。奥氏体相的内部只发生较少的变形，其加工硬化程度较小，因此奥氏体相的硬度未明显增加。两相变形分配较均匀，使得两相的硬度差较小。同时在间隔过程中，两相同时发生静态回复和再结晶，减小了两相硬度差，这有利于下一道次变形中铁素体相内部的形变转移到奥氏体相中。所以四道次变形过程中，铁素体相和奥氏体相的变形协调性较好。

综合分析可知，变形道次的增加能够显著改善 2101 钢中应变在两相中的分配，促进应变从铁素体相向奥氏体相转移，从而改善热塑性。所以在实际热变形过程中，可以通过增加轧制道次和间隔时间来提高 2101 钢的热塑性。

4.3.4　微量元素

硫、磷及氧等元素对双相不锈钢的热塑性有重要影响，这些元素往往在钢液冷却中与 Ca、Al、Mg、Mn、稀土等净化元素结合形成夹杂物，或合金的热加工过程中发生晶界偏聚形成低熔点析出物，从而弱化晶界，在塑性加工时易在其周围造成应力集中点，降低合金的热塑性进而影响钢材表面和边部的质量。采用热拉伸实验研究了不同元素（O、N）含量的双相不锈钢 0Cr25Ni7Mo4N 在 1000～1200 ℃范围内的热变形行为，结果如图 4-37 所示，经铝和硅铁脱氧后在晶粒内部析出少量的 Al 的夹杂物，未对试验钢热塑性造成不良影响，而未经脱氧的高

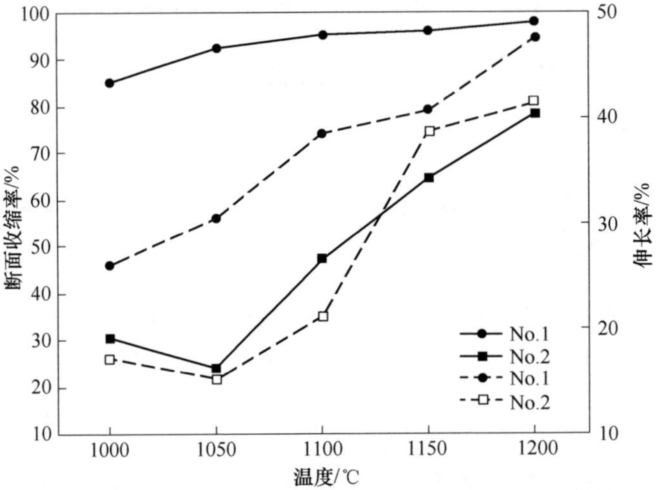

图 4-37　两种 0Cr25Ni7Mo4N 双相不锈钢断面收缩率和伸长率随温度的变化趋势

O、N 含量的试验钢在相界或晶界形成粗大的含 Cr 的氧化物夹杂，严重影响相界的结合力，降低了试验钢的热塑性，然而试验钢在 1150 ℃以上具有良好塑性，故双相不锈钢 0Cr25Ni7Mo4N 的热加工过程中应该控制温度在 1150 ℃以上适宜。

对不同 O、N 和 Ni 含量的 0Cr25Ni7Mo4N 双相不锈钢在 1200 ℃进行了四道次热轧实验，发现低 O、N 和 Ni 含量的试验钢热轧塑性良好，这与夹杂物类型及分布位置有关。如图 4-38～图 4-40 所示，0.0059%O 钢中夹杂物主要为 Al_2O_3

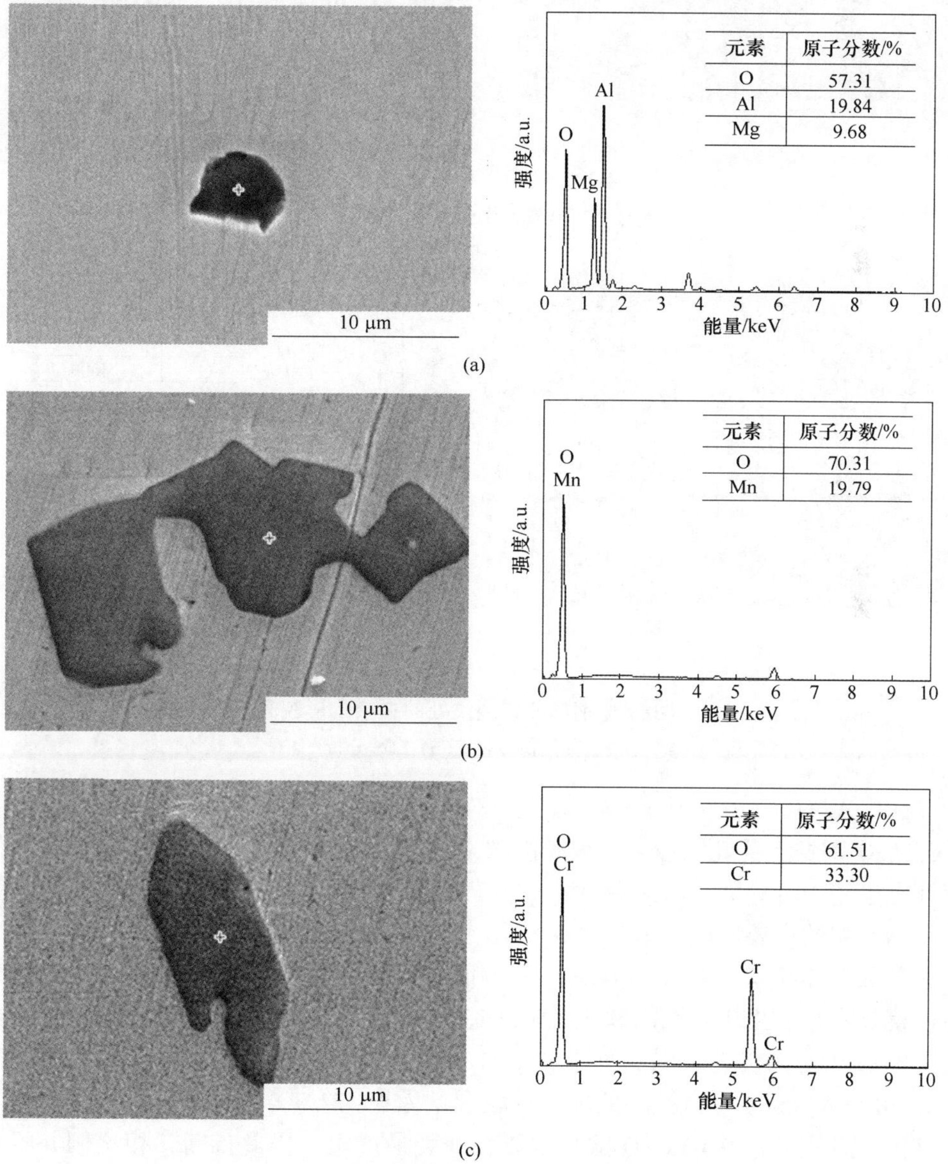

图 4-38 实验钢中夹杂物 SEM 像及 EDS 分析

(a) 0.0059%O 钢；(b) 0.038%O 钢；(c) 0.046%O 钢

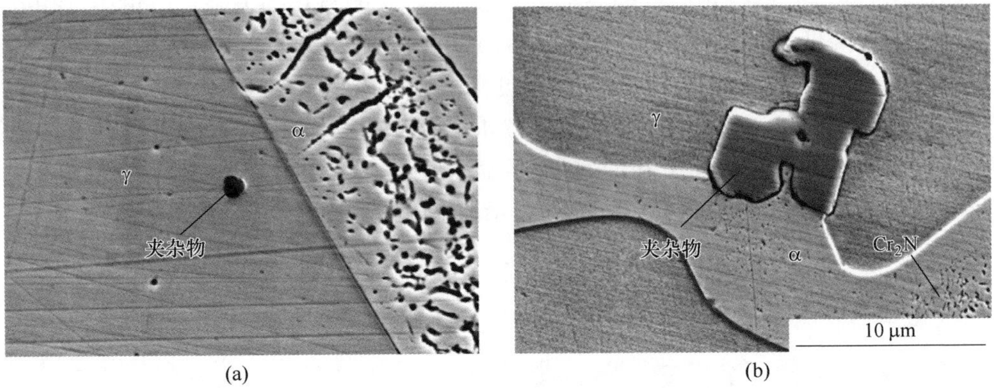

图 4-39　实验钢种夹杂物的位置

(a) 0.0059%O 钢；(b) 0.038%O 钢

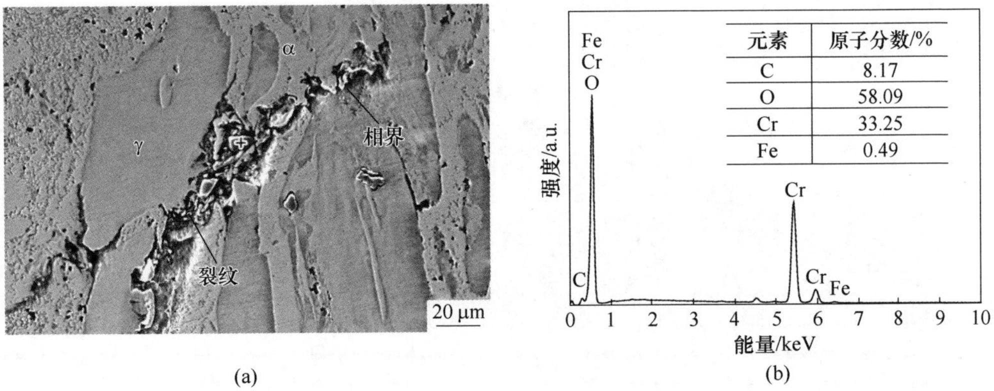

图 4-40　0.038%O 钢热轧板裂纹处的夹杂物形貌和 EDS 分析

(a) 夹杂物形貌；(b) EDS 分析

和 $MgO \cdot Al_2O_3$，分布于晶粒内部，未对热塑性造成不良影响；0.038%O 钢与 0.046%O 钢发生了轧制边裂，裂纹沿铁素体/奥氏体相界形成并扩展，在裂纹处存在大量约 10 μm 的 Cr_2O_3 和 MnO_2 夹杂物颗粒，因此界面处氧化物夹杂是造成试验钢开裂的主要原因。另外 0.038%O 钢中 N 和 Ni 含量过高，使钢中奥氏体相体积分数在热轧状态时高达 60%。过多的奥氏体相降低了其晶粒内部的总应变量，使其不足以发生再结晶软化，最终造成更严重的热轧开裂。0.0059%O 钢热轧前 γ/α 相比例接近 1∶1，处于图 4-41 中热塑性最差区域，然而其热轧表面完好。相反，0.038%O 试验钢的轧前 γ 相含量为 63.77%，处于图 4-41 所述的低热塑性区，且实验中 0.038%O 试验钢热轧开裂最严重。因此推断，相比例并不是影响双相不锈钢热塑性的关键因素。

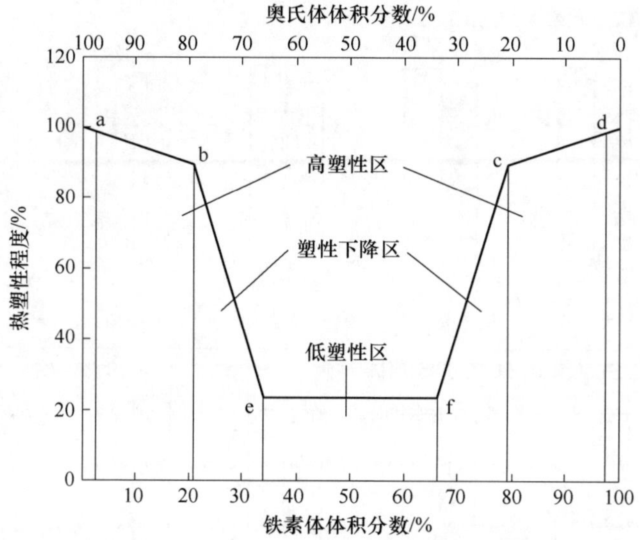

图 4-41　双相不锈钢 α/γ 相对热塑性的影响[24]

4.3.5　N 迁移

4.3.5.1　升温过程中氮迁移对热塑性的影响

间隙原子 N 溶解到基体中会使基体发生晶格畸变，所以 N 在两相中含量不同会影响两相的硬度。图 4-42 为试验钢经过不同温度保温后两相硬度的测量结果。由图可知，升温过程中，铁素体相的硬度逐渐增加，当温度超过 1150 ℃时，2205 钢中铁素体相硬度甚至比奥氏体相大，但奥氏体相的硬度几乎未发生变化，2101 钢中两相的硬度差值大于 2205 钢。2205 钢中铁素体相的硬度大量增加，这和升温促使其 N 迁入铁素体相数量多的现象吻合。由此可知，升温过程中 N 迁移导致了铁素体相 N 含量增加，硬度上升，而 2205 钢中 N 迁移更多，所以升温过程中铁素体相硬度的增加更大。由于 N 在奥氏体相中的固溶度较大，N 迁移对奥氏体相硬度的影响较小。

双相不锈钢中两相硬度差值会影响变形在两相中的分配，通过 EBSD 对比热轧后 2101 钢和 2205 钢组织形貌和应变分配，结果如图 4-43 所示。对组织形貌观察可知，热变形促使奥氏体相沿着变形方向被拉长，2101 钢中同时存在细长带状和粗大块状的奥氏体相区，而 2205 钢中奥氏体相沿轧制方向均匀分布，2101 钢内部细长带状奥氏体的宽度和 2205 钢相等，但块状奥氏体的尺寸是 2205 钢的 1~5 倍。对应变在两相中的分配观察可知，2101 钢中部分带状奥氏体相为变形组织（红色），而大块状奥氏体相的边部发生少量再结晶（蓝色），但这种再结晶软化极为不均匀，只在相界面附近存在大量散乱不均的蓝色再结晶颗粒，并且

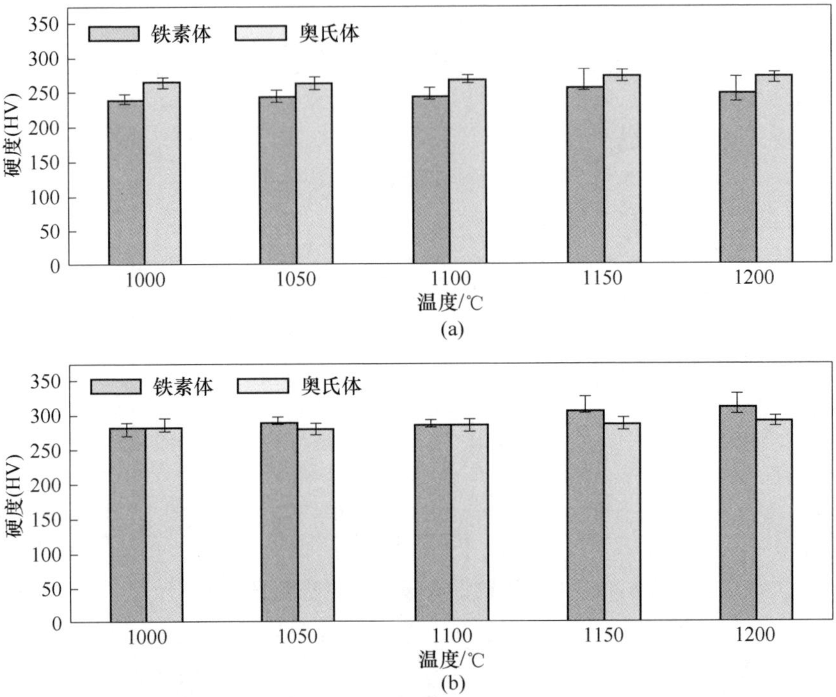

图 4-42　2101 钢和 2205 钢经过不同温度保温后 α/γ 两相的显微硬度

（a）2101 钢；（b）2205 钢

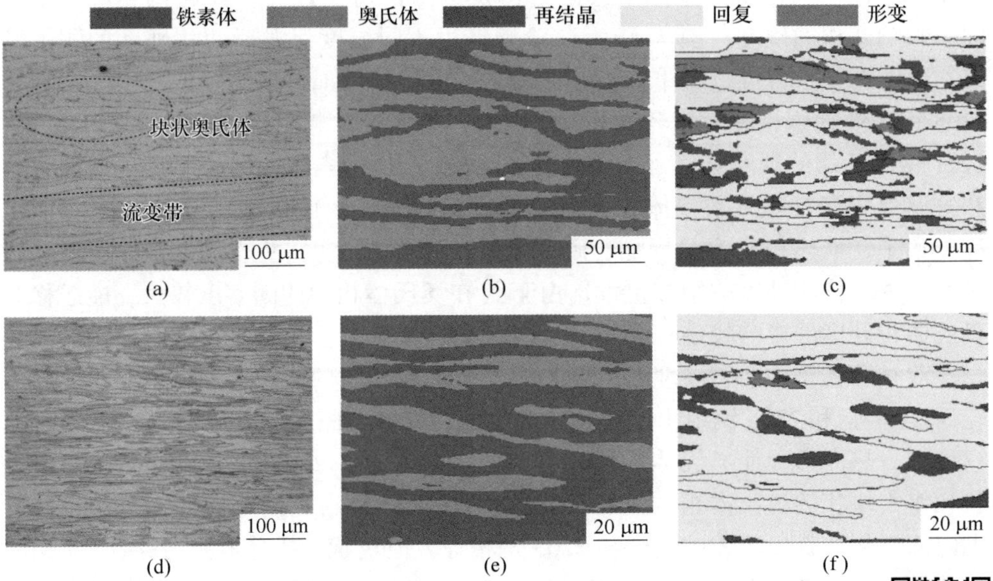

图 4-43　2101 钢(a)～(c)和 2205 钢(d)～(f)热轧板侧面的微观组织图

（a）（d）OM 图；（b）（e）相分布图；（c）（f）变形分布图

彩色原图

这种散乱的再结晶颗粒使得相界面发生扭曲。而 2205 钢热轧后两相组织均已基本发生回复或再结晶。

图 4-44 为热轧后两相内部的晶界分布及相邻晶粒之间的取向差，其中黑色粗线条表示大角度晶界（$\theta>15°$），细的灰色线条代表小角度晶界（$\theta\leqslant15°$）。由图可知，热变形后原始的铁素体相和奥氏体相均已碎化，被内部新生晶界分割成了细小的晶粒。2101 钢中奥氏体相内部的大角度晶界分布不均匀，大部分集中在相界处，而心部数微米至数十微米范围内没有晶界，表明这些区域的变形程度较低。晶界角度的统计结果显示，2101 钢中的大角度晶界数量高于 2205 钢，铁素体相和奥氏体相分别为 5.5%、9.9%，这与大块奥氏体晶粒的边界处发生的再结晶有关。2205 钢中铁素体和奥氏体的大角度晶界比例分别为 3.9%、3.2%，并且都集中在 15°~20°范围内。这主要由于该统计结果未包含相界，2205 钢在热轧过程中铁素体和奥氏体相均是边软化边变形，组织已得到极大细化，相界比例远高于晶界。

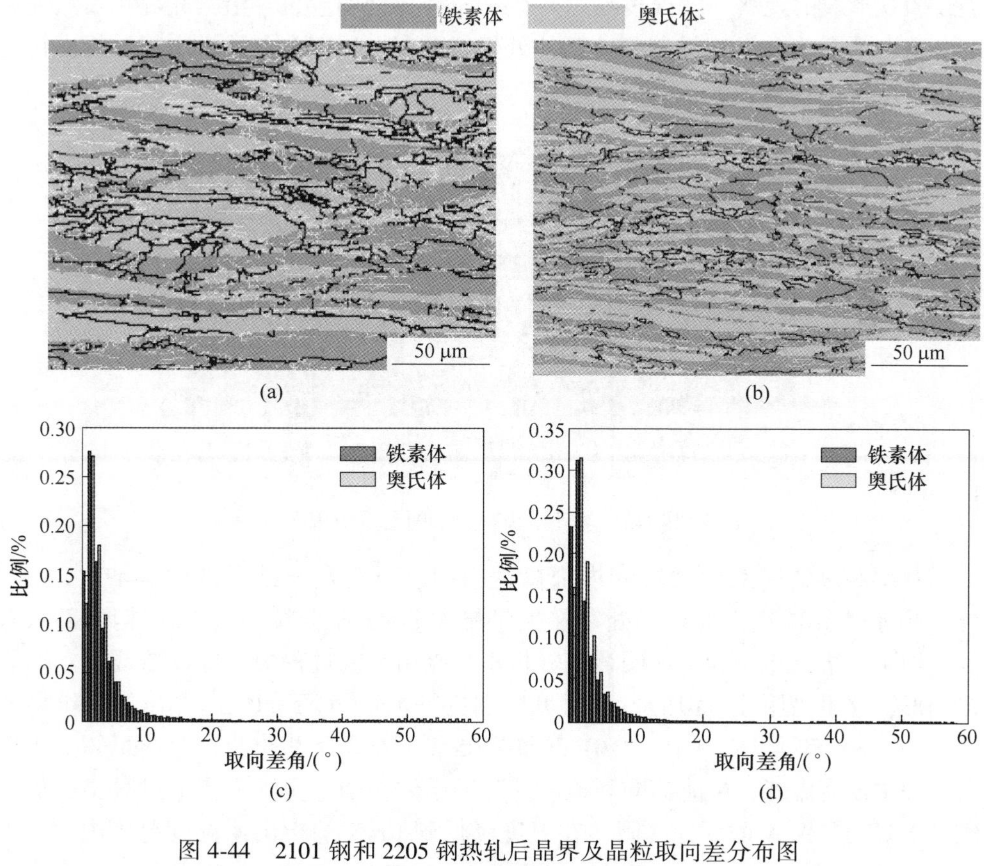

图 4-44 2101 钢和 2205 钢热轧后晶界及晶粒取向差分布图

热轧晶界：(a) 2101 钢；(b) 2205 钢。取向差分布：(c) 2101 钢；(d) 2205 钢

实验结果表明，2101 钢变形集中在铁素体相中，块状奥氏体相边部聚集的大量应变未能渗透至心部，所以奥氏体相心部的变形程度未达到其发生再结晶所需要的临界应变量，没有发生软化。而 2205 钢中铁素体相的变形较容易渗透到较软、较细小的奥氏体相中，使之发生均匀变形。由此可知，两相的硬度差很大程度上影响应变在基体中的分布，2101 钢中两相硬度差大，所以变形过程中，应变不容易从软的铁素体相向硬的奥氏体相转移，导致应力在相界处大量集中，促进显微裂纹沿着相界生成。

4.3.5.2 冷却过程中氮回迁对热塑性的影响

2101 钢在缓冷过程中 N 的回迁受阻，导致 Cr_2N 沿着相界析出。在实际热轧过程中板材温度会发生下降，如果轧制过程中 Cr_2N 沿着相界析出，材料的热塑性会受到影响。为了证明这个推测，对比两种试验钢热轧后板材边部开裂情况。首先对比了 2101 钢和 2205 钢热轧板边部宏观形貌，结果如图 4-45 所示。2205 钢表面良好无裂纹，而 2101 钢边部出现明显裂纹。通过对图 4-46 中 2101 钢边部裂纹微观形貌的观察，发现裂纹主要在 α/γ 相界处萌生，并沿着相界扩展。通过 SEM 进一步放大，发现沿着裂纹延伸处仍然存在少量亮白色的析出物，析出物与周围基体发生分离。

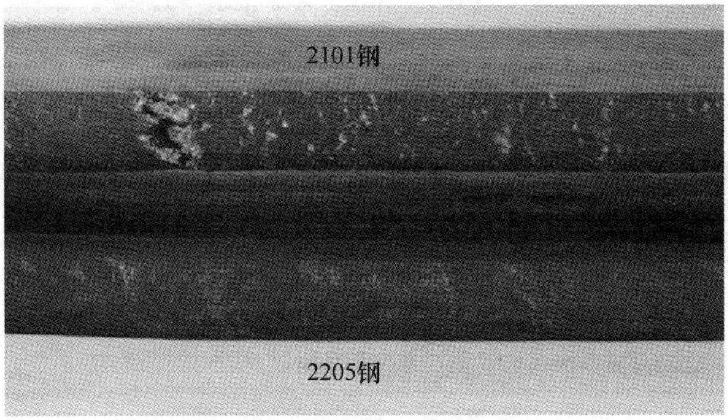

图 4-45 热轧后板材边部的宏观形貌图

其次对热轧后两种试验钢内部微观组织进行观察，结果如图 4-47（a）和（b）所示。2101 钢内部相界处存在大量粗大的 Cr_2N 颗粒，而 2205 钢内部只有少量细小的析出物。为了证明该相界析出物是由轧制过程中的冷却造成的，而非热变形，这里采用热模拟的方法对试验钢进行 1200 ℃下的恒温热压缩，结果如图 4-47（c）和（d）所示，2101 钢和 2205 钢内部均无析出物。由此可知，当变形过程中没有温降，N 能够顺利地回迁到奥氏体相中。实际热变形过程中，板材温度下降会导致 N 的回迁受阻，在温度降低到 Cr_2N 的析出物温度范围内时，大量的 Cr_2N 沿着相界生成。尤其是板材边部的冷却速度快，更容易析出大量 Cr_2N。

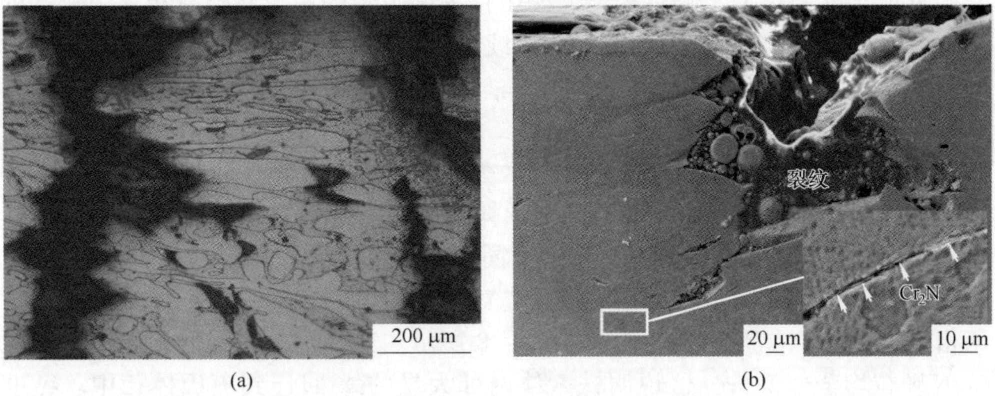

图 4-46 2101 钢热轧板边部的裂纹形貌图

(a) OM 图；(b) SEM 图

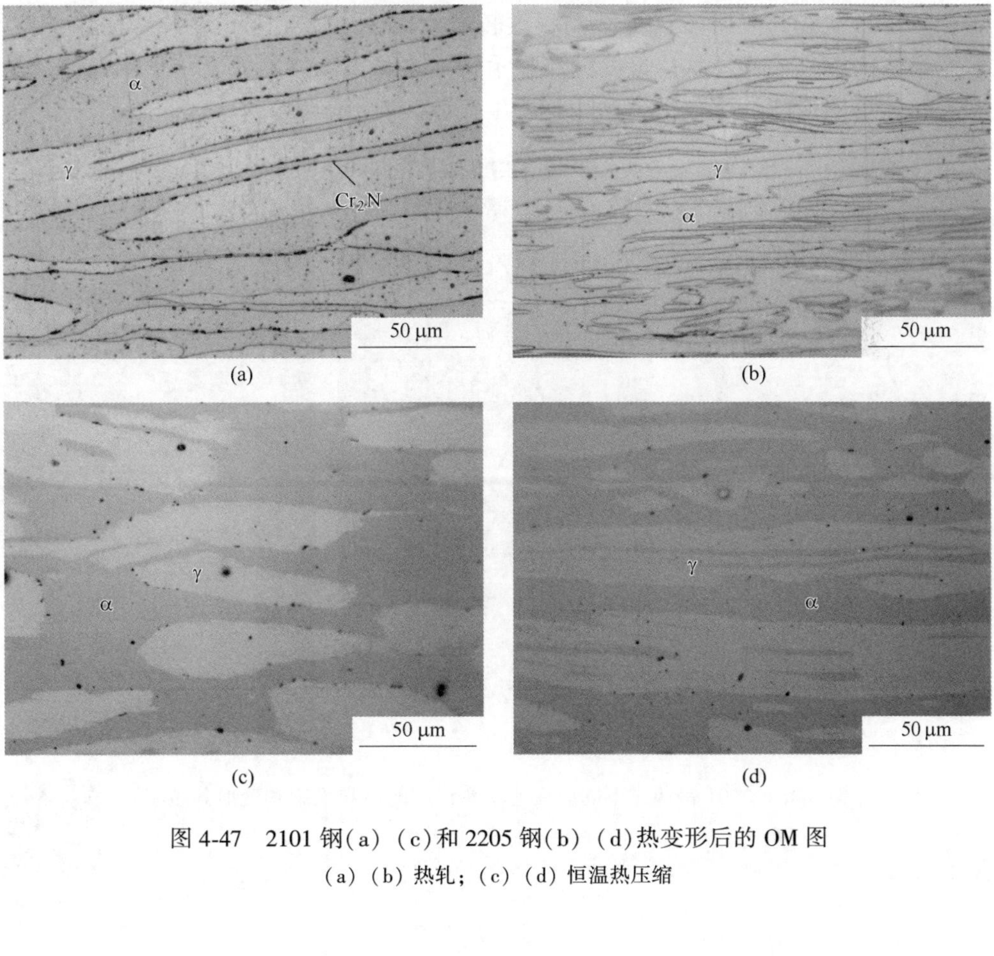

图 4-47 2101 钢(a) (c)和 2205 钢(b) (d)热变形后的 OM 图

(a) (b) 热轧；(c) (d) 恒温热压缩

由此可知，短时间冷却会导致 2101 钢内部大量的析出物沿着相界生成。析出物容易和基体分离，破坏了基体的连续性，导致显微裂纹产生，影响材料的进一步变形。因此，适当地降低变形速率，促进 N 顺利回迁到奥氏体相中，改善 2101 钢的热塑性。

4.3.5.3　热变形过程中氮回迁对热塑性的影响

热形变使 N 从铁素体相回迁到奥氏体相中。由于 N 溶解在基体中会引起晶格畸变，从而影响 α/γ 两相的硬度差，同时两相的硬度也受其回复和再结晶程度及 N 在两相中的相对分布的影响。首先对比 1 s^{-1} 和 10 s^{-1} 两个应变速率下 α/γ 两相的回复和再结晶情况，结果如图 4-48 所示。热变形后铁素体相内部的黑色 Cr_2N 颗粒均全部消失，这说明铁素体内部大量的 N 回迁到奥氏体相中。经过 10 s^{-1} 变形后奥氏体相为长条状，两相应变分布显示铁素体区域出现大量蓝色再结晶区域，而奥氏体内部仍然处于黄色回复状态，甚至存在红色畸变区，这说明铁素体已发生充分变形，引发显著的回复软化，而奥氏体相内部的变形较小，使其仍处于形变或回复阶段，再结晶程度较差。而经过 1 s^{-1} 变形后，奥氏体相沿着变形方向细化成椭球状。应变分布显示铁素体和奥氏体同处于回复或者再结晶状态，这说明该应变速率下，两相均发生充分的变形。

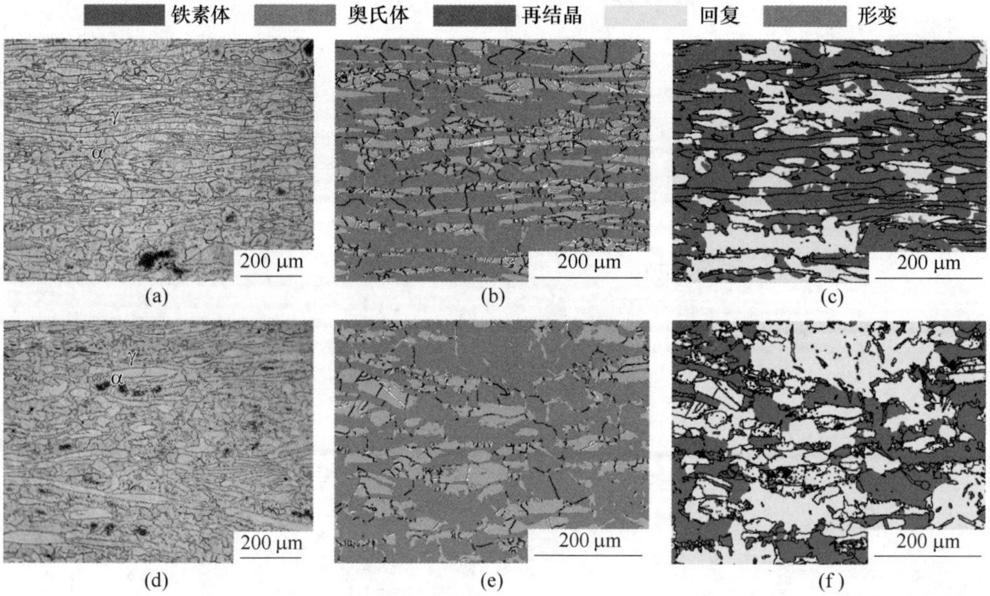

图 4-48　2101 钢经过不同应变速率变形后的微观组织和变形分布图

(a) OM 图，10 s^{-1}；(b) 两相分布图，10 s^{-1}；(c) 变形分布图，10 s^{-1}；(d) OM 图，1 s^{-1}；(e) 两相分布图，1 s^{-1}；(f) 变形分布图，1 s^{-1}

彩色原图

其次对比 1 s^{-1}和 10 s^{-1}两个应变速率下 α/γ 两相的硬度，结果如表 4-6 所示。热变形后铁素体相和奥氏体相的硬度均显著增加，高应变速率（10 s^{-1}）热变形后两相的硬度增加更大，但两种应变速率变形后两相的硬度差值几乎相等。通过微观组织观察可知，应变速率为 10 s^{-1}变形后，两相的回复和再结晶程度较小，同时两相的软化程度出现显著差异，所以理论上该应变速率下变形后两相的硬度较大，并且两相硬度差值也较大，这和实际测量结果存在一定差异。由此可知，两相回复和再结晶程度不同对其硬度差值的影响较小的主要原因是，变形促进 N 从铁素体相回迁到奥氏体相中，导致 N 在两相分布差异增大，硬度差值随之增大。两相硬度差的增加会使双相不锈钢的热塑性变差。

表 4-6 2101 钢变形前后铁素体和奥氏体相硬度

HV	固溶态	1 s^{-1}	10 s^{-1}
铁素体（α）	249	260	270
奥氏体（γ）	274	296	309
$\Delta HV_{\gamma\text{-}\alpha}$	25	36	39

参 考 文 献

[1] Srinivasan N, Prasad Y V R K. Hot working characteristics of nimonic 75, 80A and 90 superalloys: A comparison using processing maps [J]. Journal of Materials Processing Technology, 1995, 51: 171-192.

[2] Konas J J, Sellars C M, Tegart W J M G. Strength and structure under hot-working conditions [J]. Metallurgical Reviews, 2013, 14 (1): 1-24.

[3] Zener C, Hollomon J H. Effect of strain rate upon plastic flow of steel [J]. Journal of Applied Physics, 1944, 15 (1): 22-32.

[4] Kang F W, Sun J F, Zhang G Q, et al. Hot deformation of spray-formed nickel base superalloy characteristics and microstructure changes [J]. Acta Metallurgica Sinica, 2007, 43 (10): 103-107.

[5] Lee H W, Kown H C, Awais M, et al. Instability map based on specific plastic work criterion for hot deformation [J]. Journal of Mechanical Science and Technology, 2007, 21 (10): 1534-1540.

[6] Li H Z, Wang H J, Li Z, et al. Flow behavior and processing map of as-cast Mg-10Gd-4. 8Y-2Zn-0. 6Zr alloy [J]. Materials Science and Engineering: A, 2010, 528 (1): 154-160.

[7] Prasad Y V R K, Sasidhara S. Hot working guide: A compendium of processing maps [M]. Metals Park, Ohio: American Society for Metals, 2015.

[8] Raj R. Development of a processing map for use in warm-forming and hot-forming processes [J]. Metallurgical Transactions A, 1981, 12 (6): 1089-1097.

[9] 陈文雄．单相和双相合金热变形及再结晶行为的微观机理研究［D］. 安徽：中国科学技术

大学，2020.

[10] Humphreys J, Rohrer G S, Rollett A. Recrystallization and related annealing phenomena [M]. 2nd edition, Elsevier, 2004.

[11] Sakai T, Belyakov A, Kaibyshev R, et al. Dynamic and post-dynamic recrystallization under hot, cold and severe plastic deformation conditions [J]. Progress in Materials Science, 2014, 60 (1): 130-207.

[12] Fang Y L, Liu Z , Song H M, et al. Hot deformation behavior of a new austenite-ferrite duplex stainless steel containing high content of nitrogen [J]. Materials Science and Engineering: A, 2009, 526 (1): 128-133.

[13] Liu Y, Yan H, Wang X, et al. Effect of hot deformation mode on the microstructure evolution of lean duplex stainless steel 2101 [J]. Materials Science and Engineering: A, 2013, 575: 41-47.

[14] Haghdadi N , Cizek P , Beladi H , et al. Dynamic restoration processes in a 23Cr-6Ni-3Mo duplex stainless steel: Effect of austenite morphology and interface characteristics [J]. Metallurgical and Materials Transactions: A, 2017, 48 (10): 4803-4820.

[15] Haghdadi N, Cizek P, Beladi H, et al. A novel high-strain-rate ferrite dynamic softening mechanism facilitated by the interphase in the austenite/ferrite microstructure [J]. Acta Materialia, 2017, 126: 44-57.

[16] Nh A, Zh B, Ef A, et al. Strain rate dependence of ferrite dynamic restoration mechanism in a duplex low-density steel [J]. Materials & Design, 2017, 132: 360-366.

[17] Calcagnotto M, Ponge D, Demir E, et al. Orientation gradients and geometrically necessary dislocations in ultrafine grained dual-phase steels studied by 2D and 3D EBSD [J]. Materials Science and Engineering: A, 2010, 527 (10/11): 2738-2746.

[18] Tikhonova M, Kaibyshev R, Belyakov A. Microstructure and mechanical properties of austenitic stainless steels after dynamic and post-dynamic recrystallization treatment [J]. Advanced Engineering Materials, 2018: 1700960.

[19] Wu Y, Kou H, Wu Z, et al. Dynamic recrystallization and texture evolution of Ti-22Al-25Nb alloy during plane-strain compression [J]. Journal of Alloys and Compounds, 2018, 749: 844-852.

[20] Cizek P, Wynne B P. A mechanism of ferrite softening in a duplex stainless steel deformed in hot torsion [J]. Materials Science and Engineering: A, 1997, 230 (1/2): 88-94.

[21] Gourdet S, Montheillet F. A model of continuous dynamic recrystallization—Science Direct [J]. Acta Materialia, 2003, 51 (9): 2685-2699.

[22] Yanushkevich Z, Belyakov A, Kaibyshev R. Microstructural evolution of a 304-type austenitic stainless steel during rolling at temperatures of 773-1273 K [J]. Acta Materialia, 2015, 82: 244-254.

[23] Miura H, Sakai T, Mogawa R, et al. Nucleation of dynamic recrystallization at grain boundaries in copper bicrystals [J]. Scripta Materialia, 2004, 51 (7): 671-675.

[24] 吴玖 . 双相不锈钢 [M]. 北京：冶金工业出版社，1999.

5　冷变形工艺对组织及性能的影响

工业上生产的双相不锈钢在经过热轧之后，需要经过固溶处理、冷轧变形及最终的退火处理工艺。在冷轧工艺之前的固溶处理对双相不锈钢最终的性能有着至关重要的作用。因此，本章重点围绕冷轧前的固溶处理工艺、冷轧压下率及最终的退火工艺三个方面研究其对双相不锈钢组织演变、变形机制、断裂机制、力学性能和耐腐蚀性能的影响。

5.1　固 溶 温 度

5.1.1　固溶温度对微观组织的影响

不同温度固溶处理的试样金相显微组织如图 5-1 所示，在 1270℃下奥氏体晶粒尺寸明显大于其他温度下的，当温度达到1100℃后，如图5-1（f）所示，在铁素体内部又出现了大量较小的二次奥氏体晶粒，而这些较小的二次奥氏体由于晶粒尺寸远小于正常的奥氏体晶粒。根据霍尔佩奇公式，细小的二次奥氏体将会拥有更高的强度，奥氏体强度的不均匀会使双相不锈钢在室温条件下变形时，有可能出现两相承担变形不均匀的情况。

对材料的平均晶粒尺寸进行统计，统计结果如图 5-2（b）所示。从 950～1100 ℃晶粒尺寸随固溶温度升高而明显增大。值得注意的是，在 1100～1270 ℃晶粒尺寸随温度的增加而减小，这是由于在 1200～1270 ℃的区间内，铁素体内部产生大量细小的奥氏体晶粒，细小的奥氏体晶粒严重地影响了晶粒的平均尺寸。众多学者认为，晶粒的尺寸会影响奥氏体的层错能，晶粒尺寸增加，奥氏体的层错能减小[1-2]，说明在 1050～1100 ℃与其他温度相比，奥氏体将会拥有更低的层错能。

图 5-2（a）显示了在 950 ℃固溶后的样品中淬火马氏体的 TEM 图像。相应的所选区域衍射图案（SADP）显示奥氏体与淬火马氏体符合 $(111)_{\gamma}//(110)_{\alpha'}$ 的取向关系，揭示了这些淬火马氏体遵循 Kurdjumov-Sachs（K-S）关系，说明材料在淬火的过程中一部分奥氏体转变成淬火马氏体。

对 TOPAS 全谱拟合 XRD 测得的固溶处理后试样中奥氏体的含量进行分析，获得不同温度固溶处理奥氏体的含量。如图 5-3（a）所示，带圆圈线条表示的是

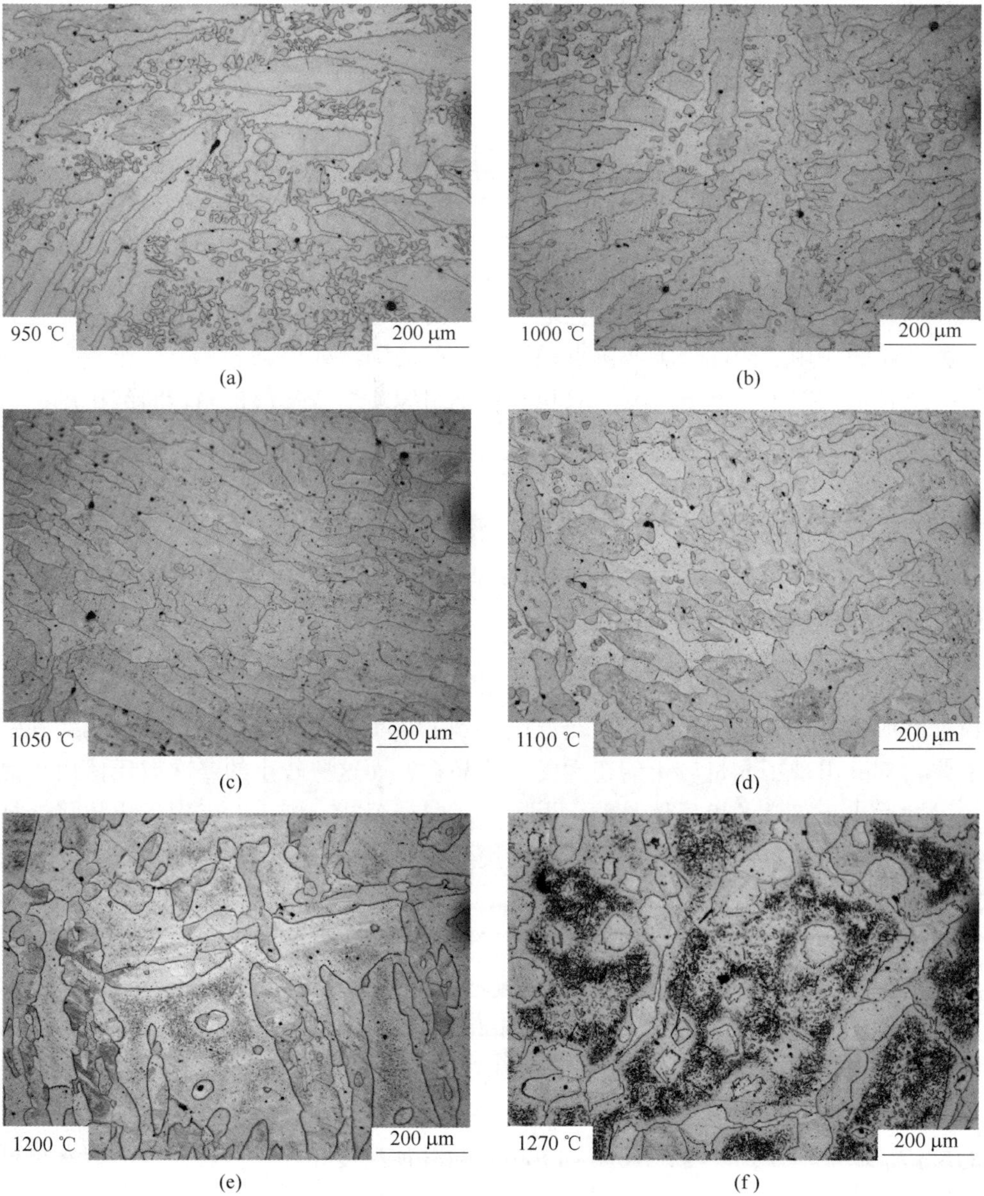

(a)　(b)　(c)　(d)　(e)　(f)

图 5-1　不同温度固溶处理后材料的显微组织

实际测量的固溶处理后奥氏体含量，黑色线条表示使用 Thermo-Calc 计算出的不同温度下奥氏体含量，尽管在高温下实际测得的数值与理论计算较为接近，但在较低温度下，这些值之间的差异却很大，表明淬火过程中一些奥氏体转变为 α′-马氏体，这与图 5-2（a）透射电镜（TEM）观察到的结果一致。使用平衡状态下奥氏体的含量与固溶处理后测得的奥氏体含量作差，获得该温度固溶处理后马

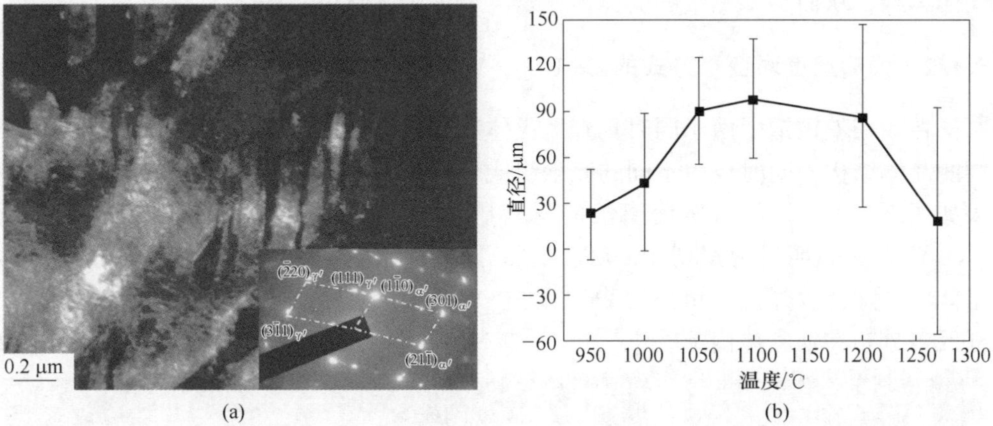

图 5-2 950 ℃固溶后 TEM 及不同温度的平均晶粒尺寸统计图

(a) TEM 图；(b) 尺寸统计图

氏体含量的估计值，如图 5-1（a）所示为估算出的马氏体的含量，可以明显观察到随着固溶温度的提高，淬火产生的 α′-马氏体明显降低，值得注意的是，1200 ℃理论计算的奥氏体含量与实际测得的奥氏体含量十分接近。在 1270 ℃实际测得的奥氏体含量甚至高于理论上该温度下的奥氏体含量，观察 1270 ℃温度下固溶处理后的金相组织如图 5-1（f）所示，在铁素体内发现大量的黑色物质，实验表明这种黑色物质是在快速降温的过程中，由于铁素体中氮的溶解度低，呈过饱和状态，快速冷却导致 Cr_2N 在铁素体的晶界和晶内析出[3]，导致材料中铁素体的稳定性降低，使得材料在快速降温过程中铁素体内部产生大量的细小的二次奥

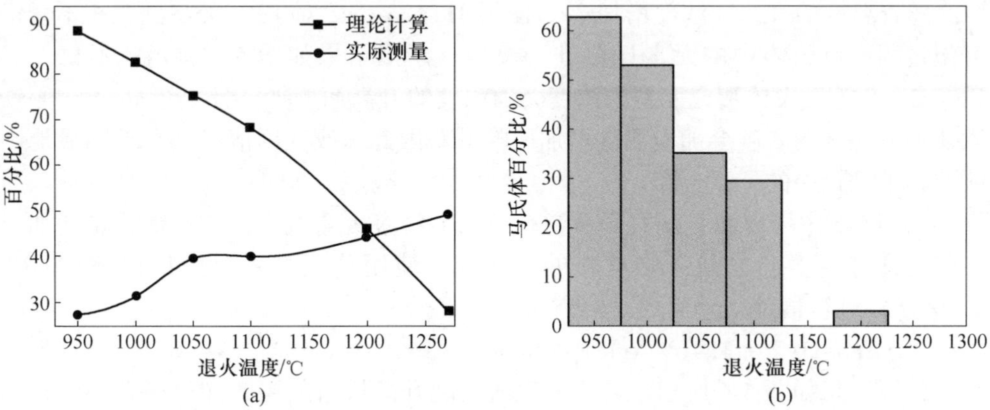

图 5-3 不同温度固溶后测得的奥氏体相百分比和平衡奥氏体相的百分比及在 950~1270 ℃固溶后的淬火合金中的马氏体相百分比

(a) 奥氏体相百分比和平衡奥氏体相的百分比；(b) 马氏体相百分比

氏体组织，从而实际测量的奥氏体含量大于理论计算值。

5.1.2 固溶温度对变形方式的影响

在双相不锈钢中由于同时具有奥氏体和铁素体两种不同的相，两种相具有不同的晶体结构，同时也由不同的元素组成。使用 EPMA 对材料进行测试，测试结果如图 5-4 所示。经过轻度腐蚀的材料中可以明显看到相的分布。结合图 5-4（b）（c）可以明显观察到 Mn 元素主要分布在奥氏体内，Cr 元素主要分布在铁素体内。除此以外，大量研究表明，C、N 等元素主要分布在奥氏体内部，Mo、Si 元素分布在铁素体内部[4]。

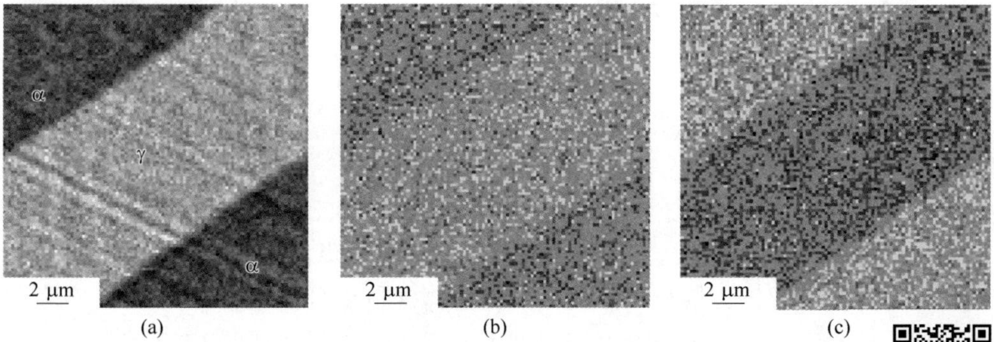

彩色原图

图 5-4 EPMA 测试中材料元素的分布情况

（a）相分布；（b）Mn；（c）Cr

研究表明，在双相不锈钢中随着温度的变化，双相不锈钢中两相之间的元素分配会发生明显的变化。在 700～1300℃ 阶段温度升高，奥氏体含量明显减少，C、N 会随着温度的升高而浓度增加[5]。使用 Thermo-Calc 对 18Cr 经济型双相不锈钢升温过程中奥氏体中的元素迁移进行模拟，模拟结果如图 5-5 所示。不仅 Mn、Cu、C、N 等奥氏体形成元素的浓度会随温度的升高而增加，且 Cr、Mo、Si 等铁素体形成元素的浓度会随着温度增加而降低。因此，改变固溶温度会很明显地影响双相不锈钢中的元素分布。

从图 5-5 中可以明显观察到从 900～1300 ℃ N 元素在奥氏体内的含量增加了一倍，这将会很明显地影响材料的层错能。使用公式对材料中奥氏体的 *SFE*（mJ/m^2）进行估计，计算式（5-1）如下[6]。

$$SFE = 1.2 + 1.4(\%Ni) + 0.6(\%Cr) + 7.7(\%Mn) - 44.7(\%Si) \quad (5\text{-}1)$$

计算结果如图 5-6 所示，可以发现随温度升高材料的层错能逐渐升高。普遍认为，当奥氏体层错能 $\gamma_{SFE}>50\ mJ/m^2$ 时变形以位错滑移为主，当 $50\ mJ/m^2>\gamma_{SFE}>20\ mJ/m^2$ 变形以变形孪晶为主，当 $\gamma_{SFE}<20\ mJ/m^2$ 时应变诱导马氏体的形成逐渐取代了形变孪晶[7-9]。对于该种经济型双相不锈钢而言，由图 5-6 可知，

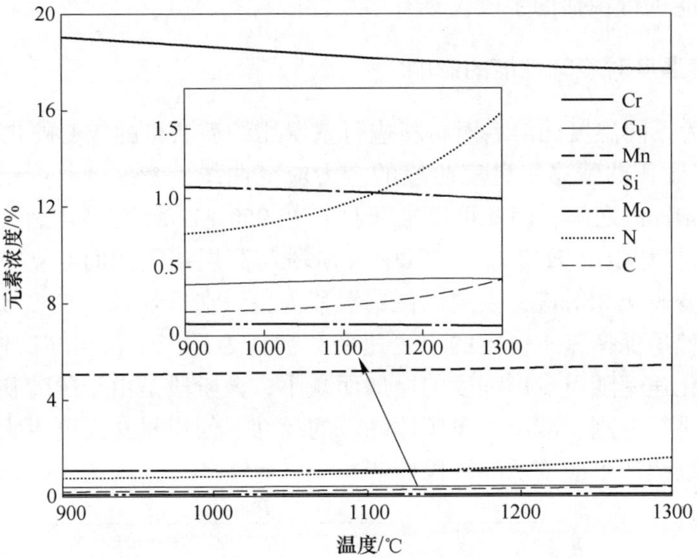

图 5-5 不同固溶温度奥氏体中的元素浓度

虽然温度上升层错能增加，但是层错能的值远低于 25 mJ/m^2，因此，可以推测 5Mn 材料固溶后，奥氏体中的变形应当以相变诱导塑性为主。而温度越高，材料的层错能越高，材料产生马氏体相变越难发生，这也是在图 5-3（b）中随着温度升高淬火马氏体减少的原因。值得注意的是，对材料层错能进行计算的公式，往往很难具有广泛性，每种计算公式往往有其特定的适用条件[10]。而且奥氏体内部的元素也具有不均匀性[10-11]。除此以外，C、N 两种元素对材料层错能的存在巨大的影响，但是对于其对层错能的具体影响方式还存在巨大的争议[12-13]，

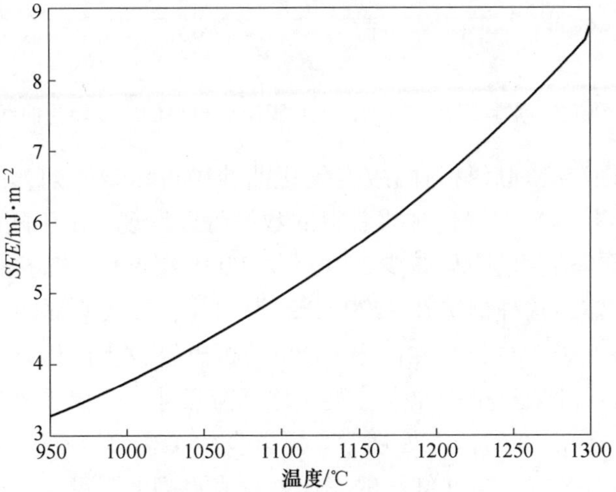

图 5-6 奥氏体层错能的估算

这种对层错能进行预估的手段仅具有参考性。

5.1.3　固溶温度对冷轧性能的影响

图 5-7 为不同温度固溶后对材料进行室温压缩后获得的应变硬化曲线。950~1200 ℃加工硬化曲线是一种三阶段的应力应变曲线，考虑到对层错能的预估主要在 0~15 mJ/m^2 之间，因此可以推断材料在 950~1200 ℃固溶后，奥氏体主要的变形机制是以 TRIP 效应为主。其中 A 阶段与高层错能的面心立方结构金属的第三阶段应变硬化相对应，主要以位错滑移为主。在 B 阶段，应变硬化速率发生明显增加，然后保持基本恒定的应变速率，被认为是产生初生马氏体的阶段。C 阶段应变硬化速率随着变形程度的增加而减小，该阶段是由于随着初生马氏体对奥氏体晶粒进行分割，减小了奥氏体晶粒的尺寸，使得材料需要更大的应力才能使奥氏体中继续产生应变诱导马氏体[14]。

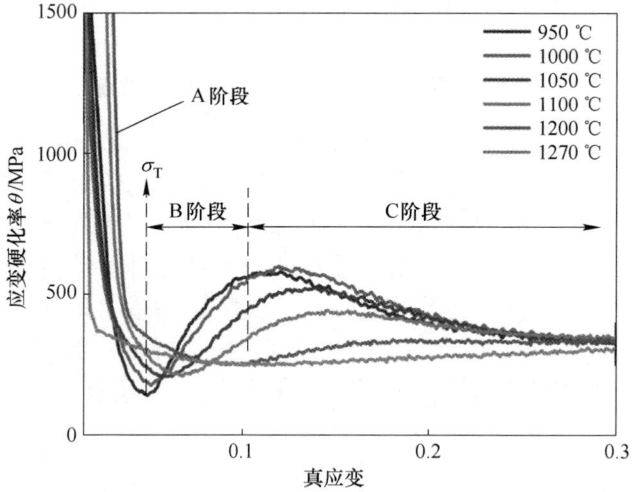

彩色原图

图 5-7　实验钢在 950~1270 ℃固溶后材料的应变硬化曲线

从 1200 ℃固溶处理后材料的应变硬化曲线中可以观察到，加工硬化现象逐渐减弱。由图 5-3（a）中理论计算获得的数据可以发现，由于随着固溶温度的升高，材料中奥氏体的含量明显减少，并且从 1200 ℃开始，在材料中产生了一些细小的二次奥氏体，这种情况在 1270 ℃最为明显，1270℃固溶处理后奥氏体的理论含量值已经低于 30%，虽然由于 Cr_2N 的析出导致奥氏体含量增加，但新产生的奥氏体晶粒尺寸明显小于原有的奥氏体晶粒尺寸，需要更大应力才能使其发生变形。因此，在 1270 ℃固溶处理后，可能发生 TRIP 效应的奥氏体晶粒明显减少，根据霍尔佩奇公式，这些细小的奥氏体具有更高的强度，在变形时基本不承担变形，使得在 1270 ℃很难观察到加工硬化现象。

对不同温度固溶的材料进行30%和60%变形量的轧制处理。图5-8为部分材料变形量为60%时的轧制材料。可以观察到在1050 ℃固溶处理后材料展现出了最优异轧制性能，1270 ℃固溶处理的材料在变形后便面产生大量的裂纹，950 ℃固溶处理的材料表面也有少量裂纹产生。

图5-8 不同温度固溶处理后轧制变形为60%时边部的开裂情况

图5-9为950~1270 ℃不同变形量的X射线衍射测试结果，通过衍射峰可以明显观察到在950~1050 ℃情况下，代表奥氏体的FCC结构的衍射峰随着变形量增加逐渐变弱，在变形量达到60%时，面心立方的奥氏体的衍射峰已经基本无法观察，只能观察到体心立方结构的相。而1270 ℃的材料在变形量达到60%后还能明显地观察到奥氏体的衍射峰，这是由于淬火过程中产生的细小奥氏体具有更好的稳定性，在变形的过程中细小的二次奥氏体很难发生相变诱导塑性的现象。

如表5-1所示，为了更好地统计不同温度下固溶的试样在变形过程中形成的α′-马氏体的情况，使用TOPAS全谱拟合计算奥氏体的含量变化趋势，通过计算变形前后奥氏体相含量的差值，并用该差值除以变形前奥氏体的含量，获得马氏体的转化率，如表5-2所示。

通过表5-2可以明显发现材料的变形诱发的马氏体转变（DIMT）主要发生在30%的工程应变之前，在工程应变的变形量为30%时，随着固溶温度的提高，奥氏体向马氏体的转变率降低，结合图5-6可以说明，随着温度升高，奥氏体的稳定性增加，发生应变诱发马氏体的转变难度增加，在950~1100 ℃固溶后，60%工程应变之后奥氏体基本全部转化成了α′-马氏体。1200 ℃固溶后奥氏体的转化率明显降低，在1270 ℃这种现象最为明显，这是因为如图5-9（f）所示铁素体内部出现了大量细小的奥氏体晶粒，细小的奥氏体往往需要更大应力使其产生应力诱导马氏体。因此在早期发生变形的阶段发生相变诱导塑性的程度明显低于其他材料。

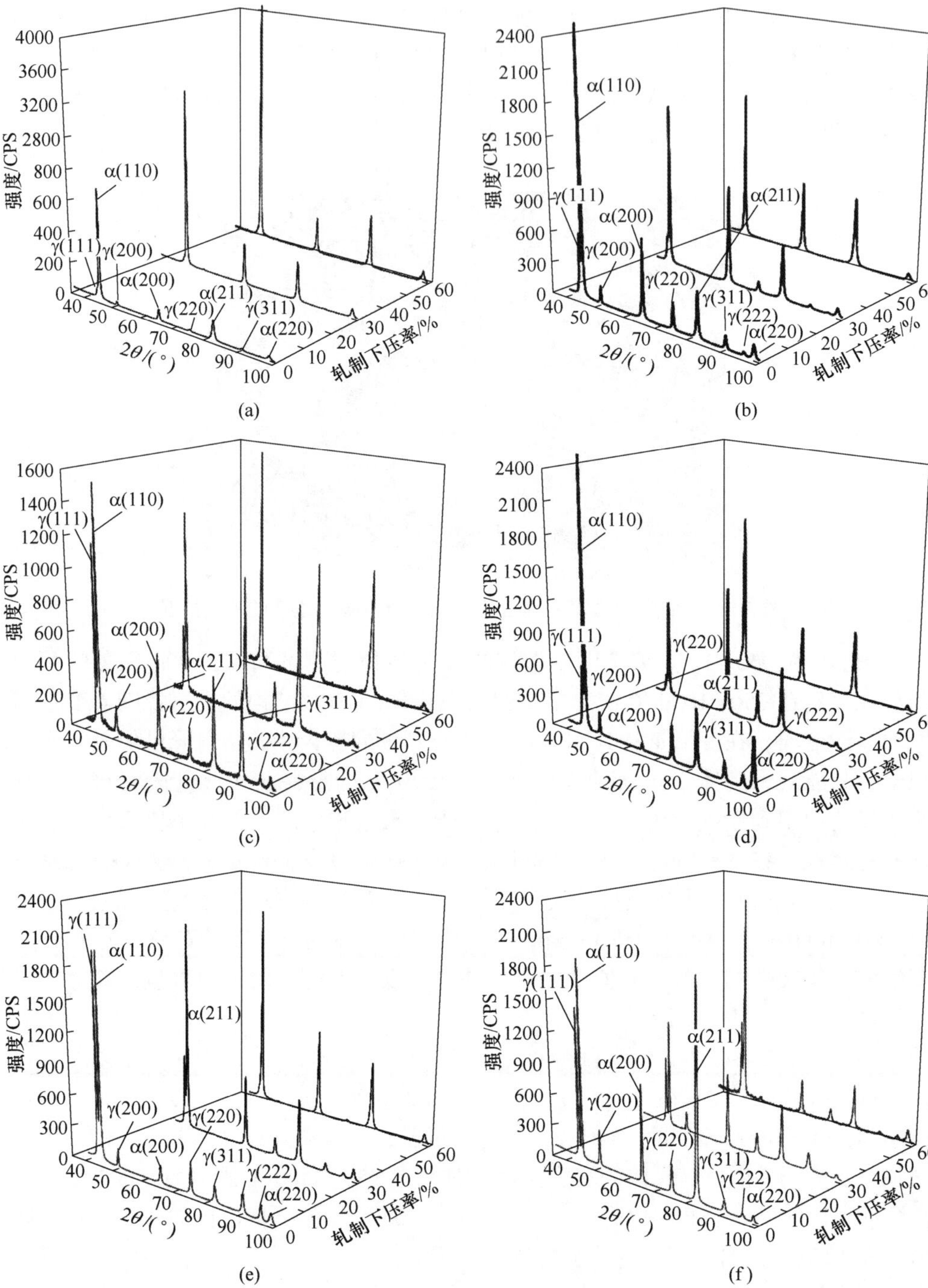

图 5-9　不同变形量材料 X 射线衍射测试结果

(a) 950℃；(b) 1000℃；(c) 1050℃；(d) 1100℃；(e) 1200℃；(f) 1270℃

表 5-1 不同温度固溶后在不同变形量下奥氏体的含量 (%)

固溶温度/℃	轧制变形量		
	0%	30%	60%
950	27.16	8.33	0
1000	29.92	10	0
1050	39.05	14.98	0
1100	41.04	16.78	1.95
1200	44.19	18.88	8.53
1270	49.23	28.42	18.92

表 5-2 不同温度固溶后在不同变形量下马氏体占变形前奥氏体含量的百分比 (%)

固溶温度/℃	轧制变形量		
	0%	30%	60%
950	0	69.32	100
1000	0	66.57	100
1050	0	61.63	100
1100	0	59.11	94.05
1200	0	57.27	82.95
1270	0	37.03	69.53

5.2 冷轧压下率

为了避免 LDX2101 在热轧过程中开裂，可采用铸坯固溶处理后进行直接冷轧的短流程工艺。为避免在冷轧过程中损坏轧机设备并造成开裂，采用中间短时间退火来解决加工硬化问题。

5.2.1 微观组织演变

双相不锈钢 LDX2101 在经不同冷轧压下率轧制后的 SEM 微观组织如图 5-10 所示。可以看出，当冷变形较小时（12.5%～16.7%），奥氏体中产生了许多平行剪切带（SBs）和少量马氏体，如图 5-10（a）（b）所示。当冷变形增加到 35%时，最明显的特征是铁素体开始形成大量的平行剪切带，如图 5-10（c）所示。此外，随着冷变形的增加，铁素体中平行剪切带的数量增加，而奥氏体中观察到大量的变形孪晶（DTs）和马氏体，说明铁素体与奥氏体之间的变形机制存在很大差异。铁素体主要通过位错滑移变形，奥氏体主要通过应变诱导马氏体相变和孪生变形。

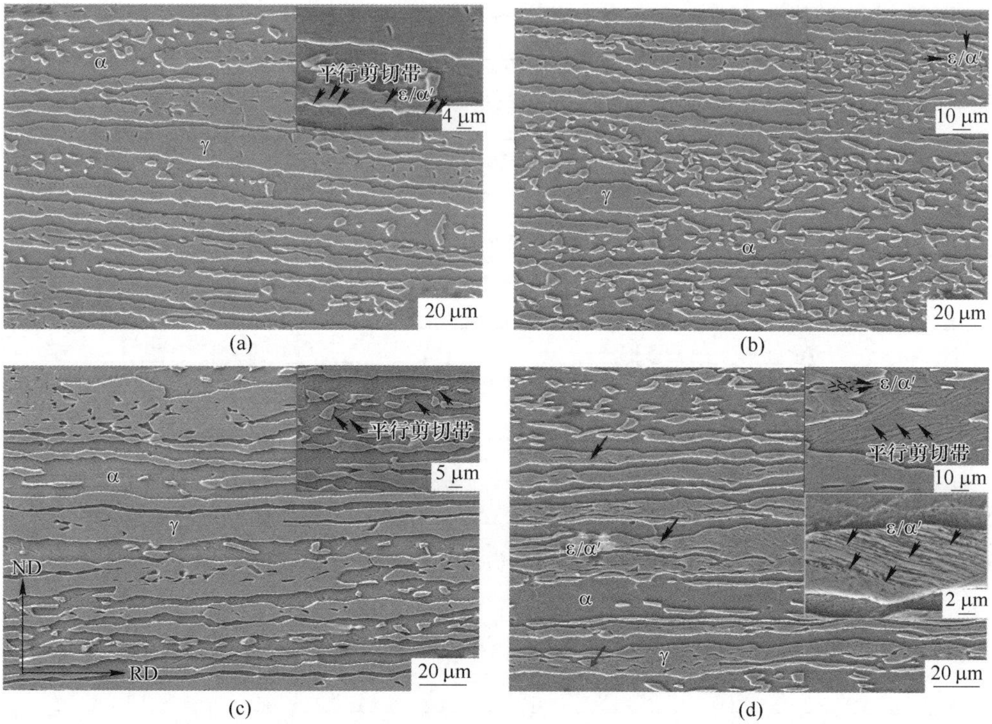

图 5-10　双相不锈钢 LDX2101 在不同冷轧压下率下的 SEM 图

(a) 12.5%；(b) 16.7%；(c) 35%；(d) 50%

图 5-11 为 LDX2101 通过 EBSD 采集的不同压下率的相图。红颜色代表 FCC 相，绿色代表 BCC 相，蓝色代表应变诱导产生的ε-马氏体，白色线代表变形孪晶。冷轧态组织由奥氏体（γ）和铁素体（α）组成，且沿轧制方向（RD）呈带状结构。观察发现，当压下率较小时（12.5%~16.7%），在奥氏体晶界处发现少量 HCP 结构的ε-马氏体晶核，在部分奥氏体晶粒中出现少量变形孪晶。当压下率增大到 35%时，在（101）取向的晶粒内部发现大量变形孪晶，而与之相邻的（001）取向的奥氏体晶粒基本未产生变形孪晶（图 5-11（c）），说明当晶粒的（001）方向与拉伸轴平行时，该晶粒不易产生变形孪晶，这与之前的报道结果一致。奥氏体的初始平均晶粒尺寸分别为 3.39 μm、3.5 μm、3.18 μm 和 2.42 μm。随着压下率的增大，大部分奥氏体被具有 BCC 结构的 α'-马氏体和具有 HCP 结构的ε-马氏体吞噬，这些奥氏体晶粒被分割成许多细小的单元（图 5-11（d））。

为了详细说明 LDX2101 在 γ 相的 DTs 和 SIM 转变行为，在 35%和 50%冷轧压下率下的高倍率 EBSD 图如图 5-12 所示。从图 5-12（a_1）（a_3）可以看出，在 γ 相中产生了大量的变形孪晶，在铁素体中形成了大量的剪切带。同时，变形孪

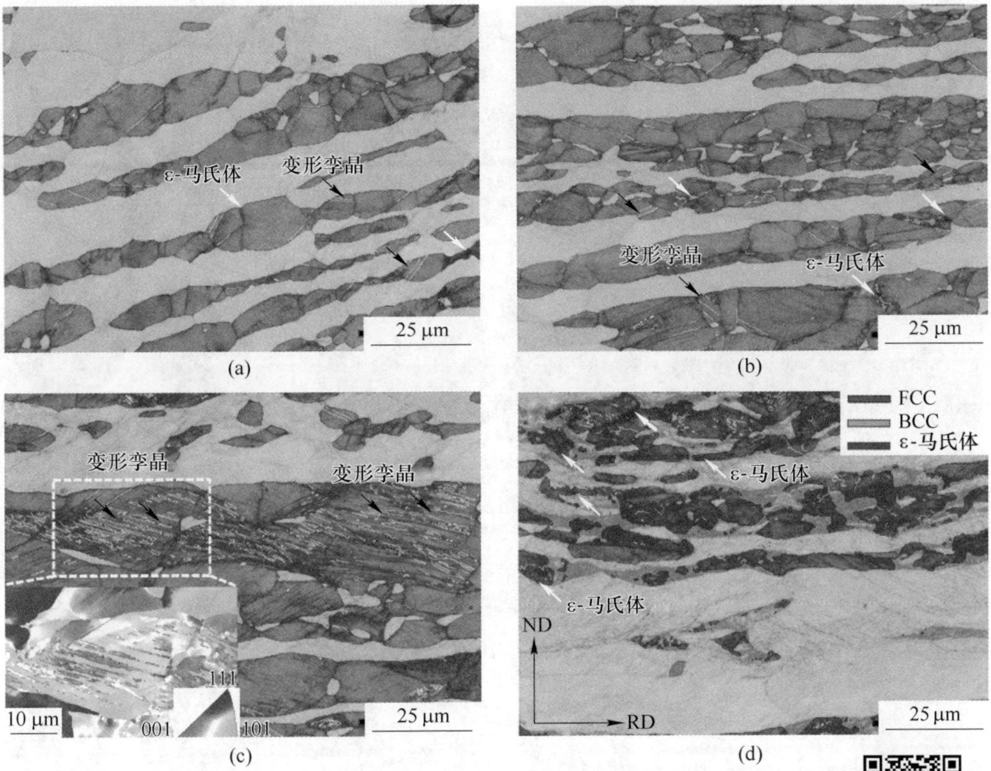

图 5-11 双相不锈钢 LDX2101 在不同冷轧压下率下的 EBSD 图
(a) 12.5%;(b) 16.7%;(c) 35%;(d) 50%

彩色原图

晶和剪切带处的 KAM 值明显高于其他地方（图 5-12（a_4））。从图 5-12（a_1）可以观察到，在 DTs 附近产生了大量细小的ε-马氏体核。一般认为，DTs 是由相同的 Schockley 部分位错（SPDs）在连续 {111} 密排面上的高度协调滑动形成的，而ε-马氏体则是由 {111} 平面上的部分位错在每个间隔上产生的，这些部分位错通常是由特定的位错反应产生的[15]。同时，奥氏体和ε-马氏体之间建立了 Shoji-Nishiyama（S-N）取向关系，即 $\{111\}_\gamma // \{0001\}_\varepsilon$ 和 $\langle 10\bar{1}\rangle_\gamma // \langle 11\bar{2}0\rangle_\varepsilon$，如图 5-12（$b_2$）所示，ε-马氏体的 $\{0001\}_\varepsilon$ 极点与奥氏体的其中一个 $\{111\}_\gamma$ 极点明显重叠。

冷轧压下率 50%时，在 γ 中观察到应变诱导马氏体的产生遵循两个经典序列 γ→ε→α 和 γ→α，如图 5-12（c_1）中 P1 和 P2 点处所示。在ε-马氏体和 γ 之间可以观察到典型的 Shoji-Nishiyama（S-N，$\{111\}_\gamma // \{0001\}_\varepsilon$ 和 $\langle 10\bar{1}\rangle_\gamma // \langle 11\bar{2}0\rangle_\varepsilon$）取向关系（如图 5-12（$c_1$）（$c_2$）所示）。ε-马氏体的形成是 α′-马氏体形成的一个中间过程，在大多数情况下，α′-马氏体在两条ε-马氏体板条的交点处成核，其

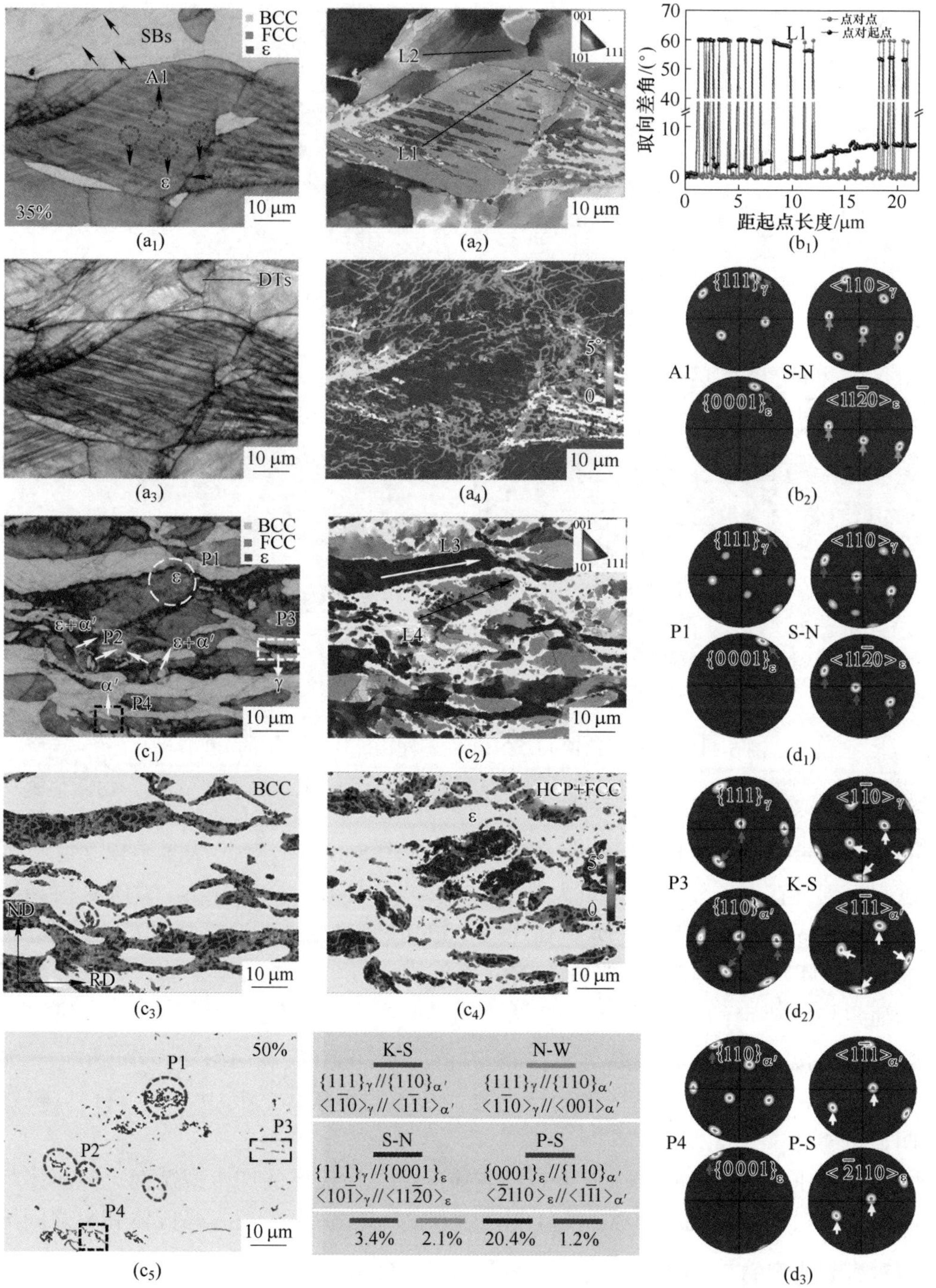
BCC
FCC
ε
SBs
A1
35%
10 μm
(a1)
L2
L1
001
101
111
(a2)
取向差角/(°)
距起点长度/μm
点对点
点对起点
(b1)
DTs
(a3)
5°
0
(a4)
A1
S-N
(b2)
P1
P2
P3
P4
ε+α′
α′
γ
(c1)
L3
L4
(c2)
(d1)
BCC
ND
RD
(c3)
HCP+FCC
(c4)
K-S
(d2)
50%
(c5)
K-S
N-W
{111}γ//{110}α′
<1$\bar{1}$0>γ//<$\bar{1}$11>α′
{111}γ//{110}α′
<1$\bar{1}$0>γ//<001>α′
S-N
P-S
{111}γ//{0001}ε
<10$\bar{1}$>γ//<11$\bar{2}$0>ε
{0001}ε//{110}α′
<$\bar{2}$110>ε//<1$\bar{1}$1>α′
3.4%
2.1%
20.4%
1.2%
P-S
(d3)

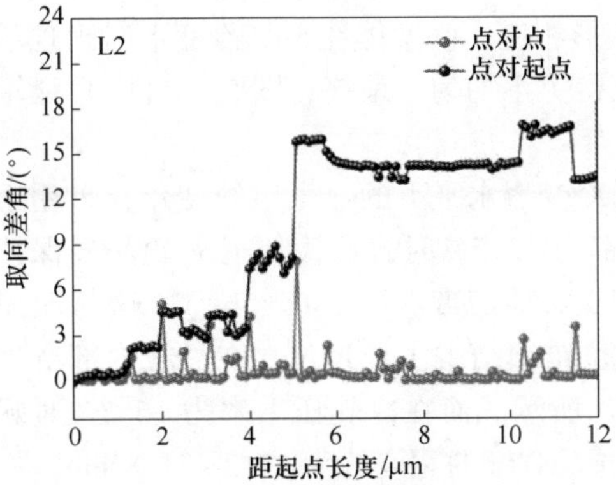

(b₃)

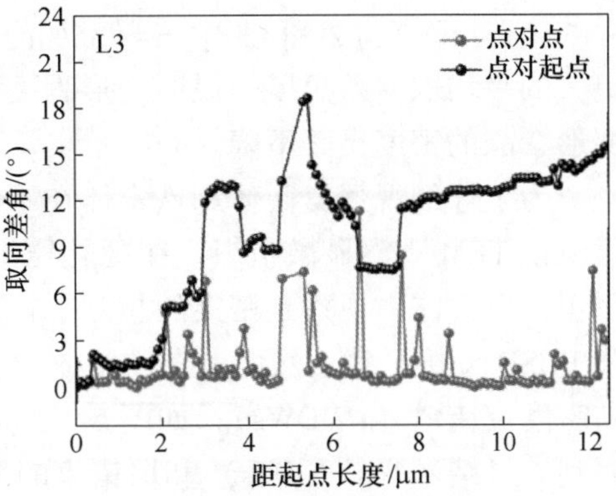

(b₄)

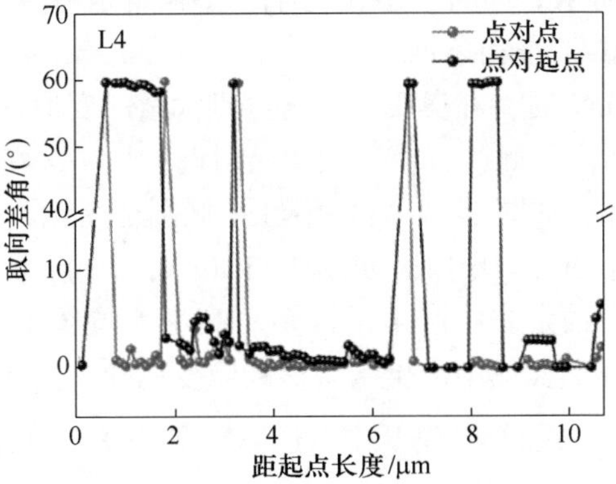

(b₅)

彩色原图

图 5-12 压下率为 35%(a_1)~(a_4)和 50%(c_1)~(c_5)的冷轧压下率下的 EBSD 图

(a_1),(c_1) 相图;(a_2),(c_2) IPF 图;(a_3) 菊池带衬度(Band Contrast)分布图;(a_4) KAM 图(α + γ)相;(c_3) KAM 图(α +α')相;(c_4) KAM 图(γ)相;(c_5) 组成相之间的取向关系图;(b_1)~(b_5) 沿线 L1~L4 的平均取向差;(d_1)~(d_3) 点 P1, P3, P4 的极图

形成机理是相当明确的。此外,变形孪晶和ε-马氏体总是混合在一起。同时,γ和α′-马氏体的取向关系遵循 Kurdjumov-Sachs(K-S, $\{111\}_{\gamma}//\{0001\}_{\varepsilon}//\{110\}_{\alpha'}$ 和 $\langle 10\bar{1}\rangle_{\gamma}//\langle 11\bar{2}0\rangle_{\varepsilon}//\langle 1\bar{1}1\rangle_{\alpha'}$,红线表示)和 Nishiyama-Wassermann(N-W, $\{111\}_{\gamma}//\{110\}_{\alpha'}\langle 1\bar{1}0\rangle_{\gamma}//\langle 001\rangle_{\alpha'}$,绿线表示),如图 5-12($c_5$)中点 P3 所示。部分ε-马氏体与周围的 α′-马氏体保持 Pitsch-Schrader(P-S, $\{0001\}_{\varepsilon}//\{110\}_{\alpha'}$ $\langle\bar{2}110\rangle_{\varepsilon}//\langle 1\bar{1}1\rangle_{\alpha'}$)的取向关系,如图 5-12($c_5$)中的 P2 和 P4 所示。此外,在α′-马氏体周围处产生明显的高应变区,而ε-马氏体处的 KAM 值明显较小,这是由于ε-马氏体较 α′-马氏体较软所致。

沿 L1 方向的平均取向差清晰地显示出许多孪晶边界,如图 5-12(b_2)所示。

孪晶区域的点-起点的平均取向差的峰宽度在 2~3 μm 量级，对应于 DTs 束（图 5-12（a_3））。在 L2 和 L3 中，与 35%冷变形相比，铁素体在 50%冷变形时出现了更大的平均取向差角度，说明变形程度变得更不均匀。最终，图 5-12（b_5）显示变形孪晶的密度显著下降。

为了仔细观察奥氏体和铁素体在不同冷变形水平下的显微组织变化，采用透射电镜 TEM 观察显微组织。在冷轧压下率为 12.5%时，奥氏体退火孪晶界保持平坦，奥氏体中观察到密集的相互平行和交叉剪切带（图 5-13（b）），这与 SEM 和 EBSD 分析一致。然而，在铁素体中，位错缠结占主导地位，在晶粒内部产生高密度位错壁（HDDWs），如图 5-13（c）所示。而在冷轧压下率为 16.7%时观察到大量纳米孪晶（DTs）和层错束的形成，DTs 的宽度约为 17.2~31.8 nm，如图 5-13（d）~（f）所示。同时，层错与纳米 DTs 相互作用，大量层错束的形成为纳米 DTs 的生成提供了有利条件。

冷轧压下率为 35%时，在奥氏体中观察到大量的变形孪晶，进一步验证了此时孪晶界的比例达到最高。此外，在一次孪晶附近，与一次孪晶成一定的角度产生了许多细小的二次孪晶，如图 5-13（g）中红色椭圆框所示。同时，在一次孪晶附近也观察到明显的孪晶和脱孪现象，如图 5-13（g）、（h）中黄色和蓝色框所示。当冷轧压下率 50%时，铁素体中产生了许多由高密度位错组成的微带结构和位错胞（图 5-13（j））。而在奥氏体中产生了明显的应变诱导马氏体，根据选区电子衍射图（SADP）分析，α′-马氏体与奥氏体符合典型的 K-S 取向关系，即 $[01\bar{1}]_{\gamma}//[1\bar{1}\bar{1}]_{\alpha'}$。因此，进一步证实了铁素体和奥氏体在变形过程中的变形行为是截然不同的，位错滑移是铁素体的主要特征，导致了位错缠结、高密度位错墙和变形的微带。而奥氏体的变形机制主要是孪生和应变诱导马氏体相变。此外，脱孪生过程与孪生过程同时发生，两者相互作用。正如 Chen 等人[16]所报道的，奥氏体相中的孪生和脱孪生仍然活跃，这有助于拉伸过程中的加工硬化行为。

5.2.2　微观织构演变

图 5-14 和图 5-15 显示了不同冷轧压下率下的微观织构演变。微观织构以 XRD 测定的取向分布函数（ODF）的形式呈现，图 5-15 和图 5-16 显示了取向密度 $f(g)$ 沿代表性取向线的变化。两相的织构一般分布在 $\varphi_2=0°$ 和 45°的 ODF 图上，另外 γ 相的部分织构也分布在 $\varphi_2=65°$ 的 ODF 图上。α(+α′) 相的织构成分主要集中在α-fiber（⟨110⟩ // RD）和 γ-fiber（⟨111⟩ //ND）上，包括 {115}⟨110⟩、{111}⟨112⟩、{111}⟨110⟩ 和 {110}⟨001⟩。随着冷轧压下率的增加，{111}⟨112⟩ 织构的密度从 12.5%时的 2.4 增加到 50%时的 5.1。同时，{111}⟨110⟩ 织构的密度从 12.5%时的 1.8 增加到 50%时的 3.1，如图 5-15（a）所示。而随着冷轧压下率的增加，GOSS 织构（{110}⟨001⟩）的密度明显降低（图 5-14）。

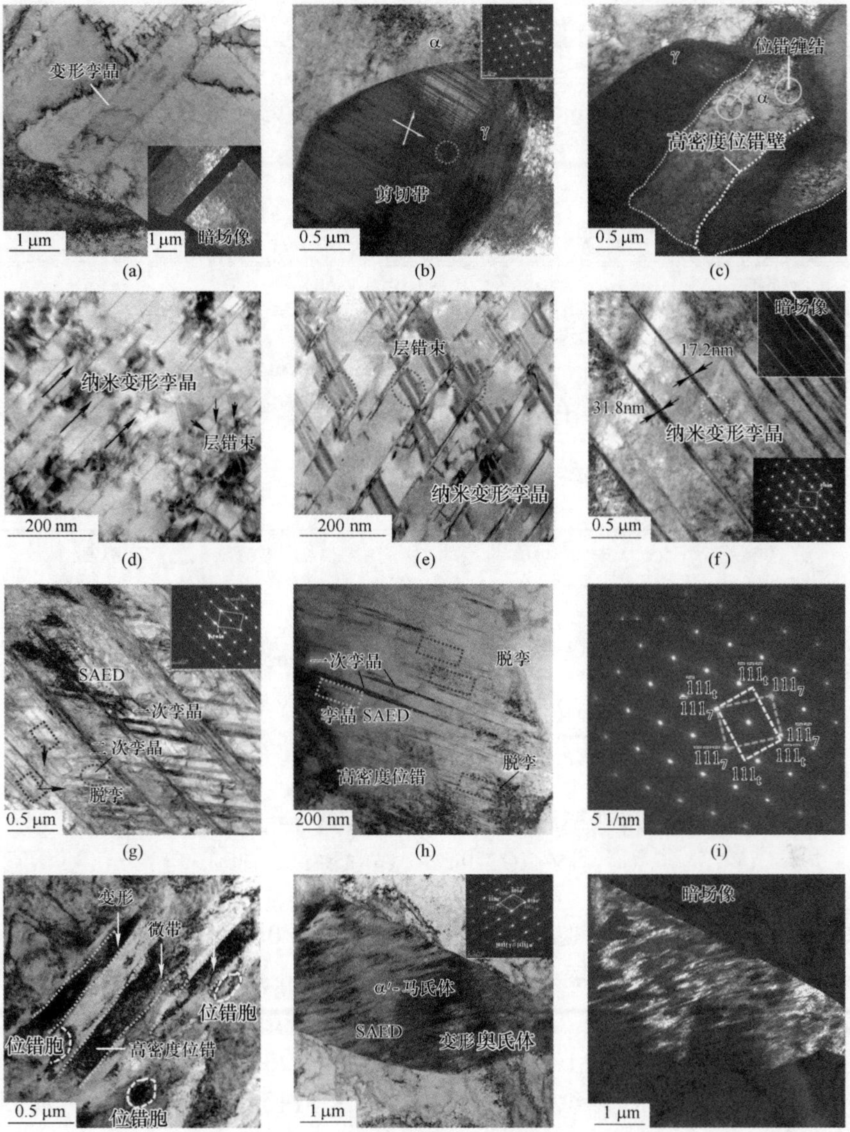

图 5-13 在不同冷轧压下率下铁素体和奥氏体的典型 TEM 形貌

(a)~(c) 12.5%，(d)~(f) 16.7%，(g)~(i) 35%，(j)~(l) 50%

(a) 奥氏体相中的退火孪晶；(b) 奥氏体相中的剪切带；
(c) 铁素体中的高密度位错墙；(d) 奥氏体相中的纳米孪晶和层错；
(e) 奥氏体相中的层错束；(f) 奥氏体相中高密度的纳米孪晶；
(g) 奥氏体相中的一次孪晶和二次孪晶；(h) 奥氏体的孪晶和去孪晶现象；
(i) 孪晶的衍射斑点；(j) 铁素体中的位错胞和变形微带；(k) 奥氏体中产生的应变诱导马氏体的明场像；
(l) 奥氏体中产生的应变诱导马氏体的暗场像

彩色原图

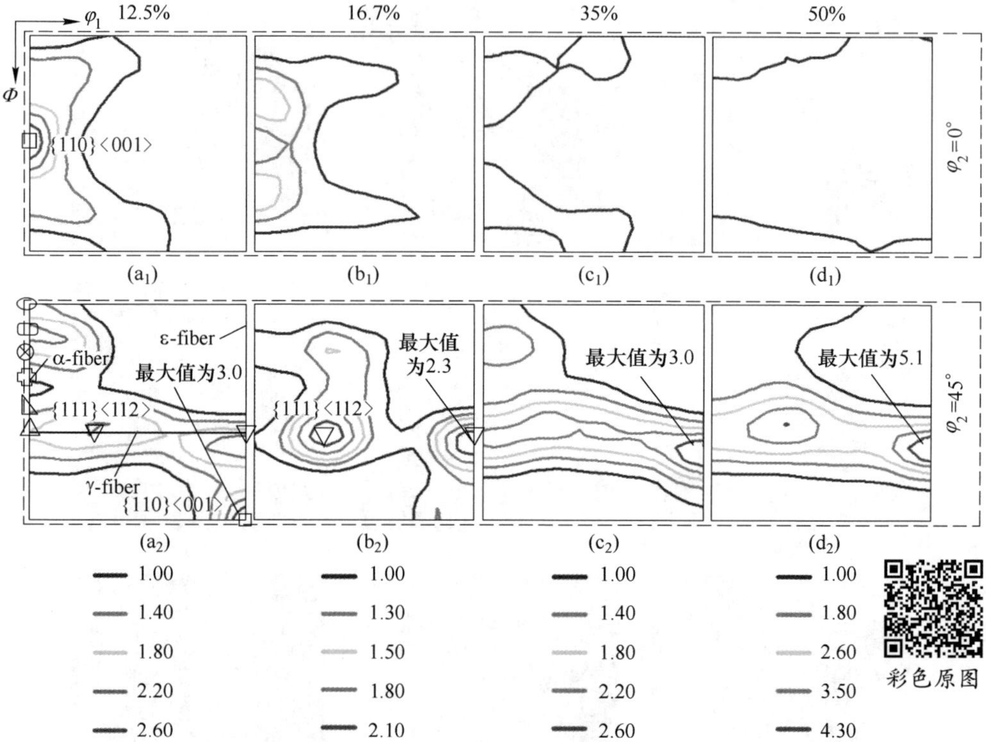

图 5-14　不同冷轧压下率下铁素体(马氏体)相的 $\varphi_2=0°$ 和 $\varphi_2=45°$ 的 ODF 图

(a) 12.5%；(b) 16.7%；(c) 35%；(d) 50%

图 5-16 给出了不同冷变形条件下 γ 相在 $\varphi_2=0°$、45°、65°剖面的 ODF，其典型织构分量可以明显展示出来。取向密度 $f(g)$ 沿 α、ε 和 ξ 纤维的变化如图 5-17 所示。由图 5-16（a_1）（a_2）和（b_1）（b_2）可以看出，12.5%和 16.7%的冷变形导致了｛110｝〈111〉、｛100｝〈223〉和｛112｝〈111〉Cu 织构的形成。｛112｝〈031〉织构逐渐向｛112｝〈111〉Cu 织构偏转，如图 5-16（a_2）~（c_2）所示；但当冷轧压下率超过 35%时，｛112｝〈111〉Cu 织构强度开始减弱（图 5-16（d_2））。此外，当冷轧压下率增加到 35%时，Cu 织构在广泛变形孪晶的辅助下进一步转化为｛110｝〈001〉Goss 织构和｛110｝〈112〉Brass 织构，如图 5-16（c_1）（c_2）和（d_1）（d_2）中红色点箭头所示，这与 Tewary 等[17]的报道的一致。众所周知，Cu 织构向 Goss 和 Brass 织构的转变是通过生成中间织构成分，即 Cu-T 成分来实现的[18-20]。综上所述，随着冷轧压下率从 35%增加到 50%，Goss 织构和 Brass 织构得到加强。同时，随着冷变形的增加，｛110｝〈111〉、｛100｝〈223〉、｛100｝〈112〉和

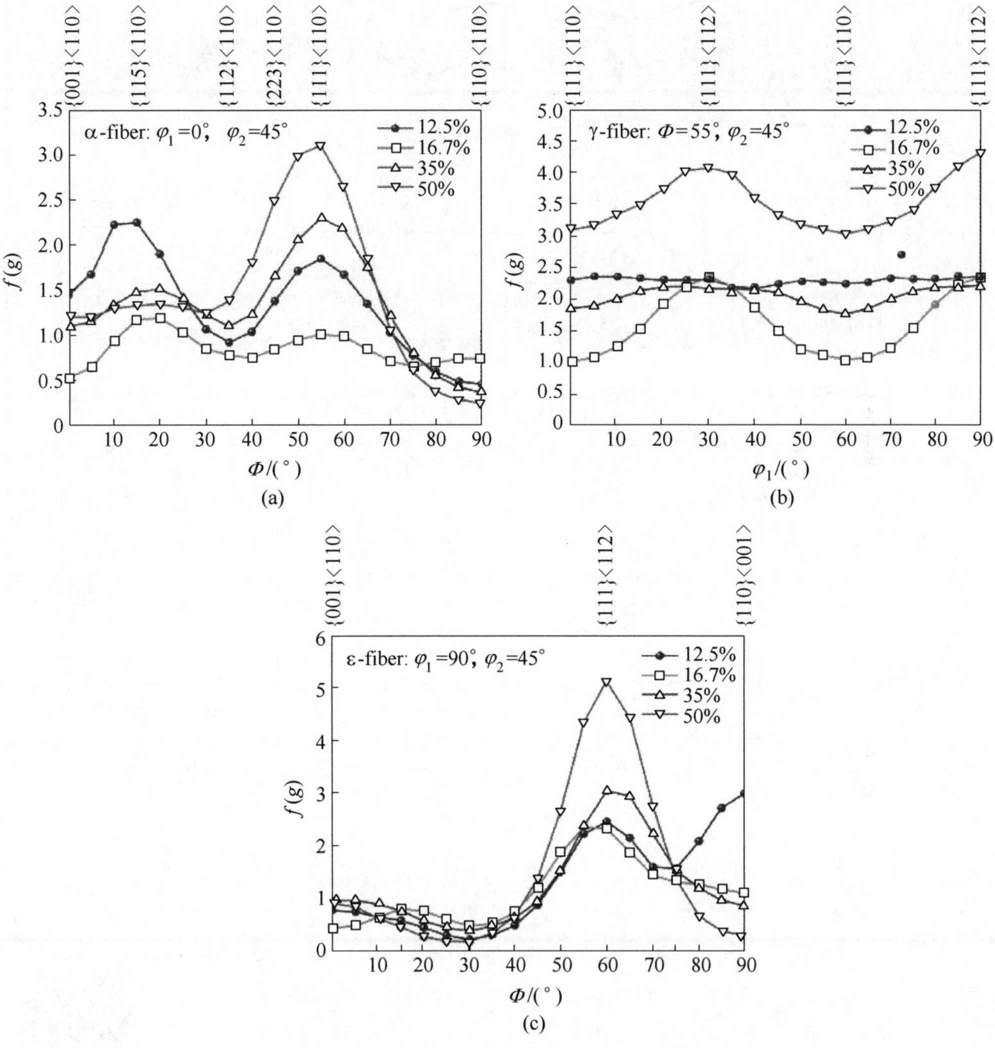

图 5-15 不同冷轧压下率下铁素体(马氏体)的冷轧织构演变规律的取向线分析
(a) α-取向线；(b) γ-取向线；(c) ε-取向线

Goss 织构的密度增加，从 ζ-纤维可以看出（图 5-15（c））。{100}〈112〉织构的密度从 12.5%时的 1.4 增加到 50%时的 4.5。此外，{110}〈111〉织构逐渐向 {110}〈112〉黄铜织构偏转，如图 5-16（a_1）~（d_1）所示。因此，对于 γ 相，ζ-纤维在冷变形过程中得到强化。为方便起见，主要的织构组分列于表 5-3。

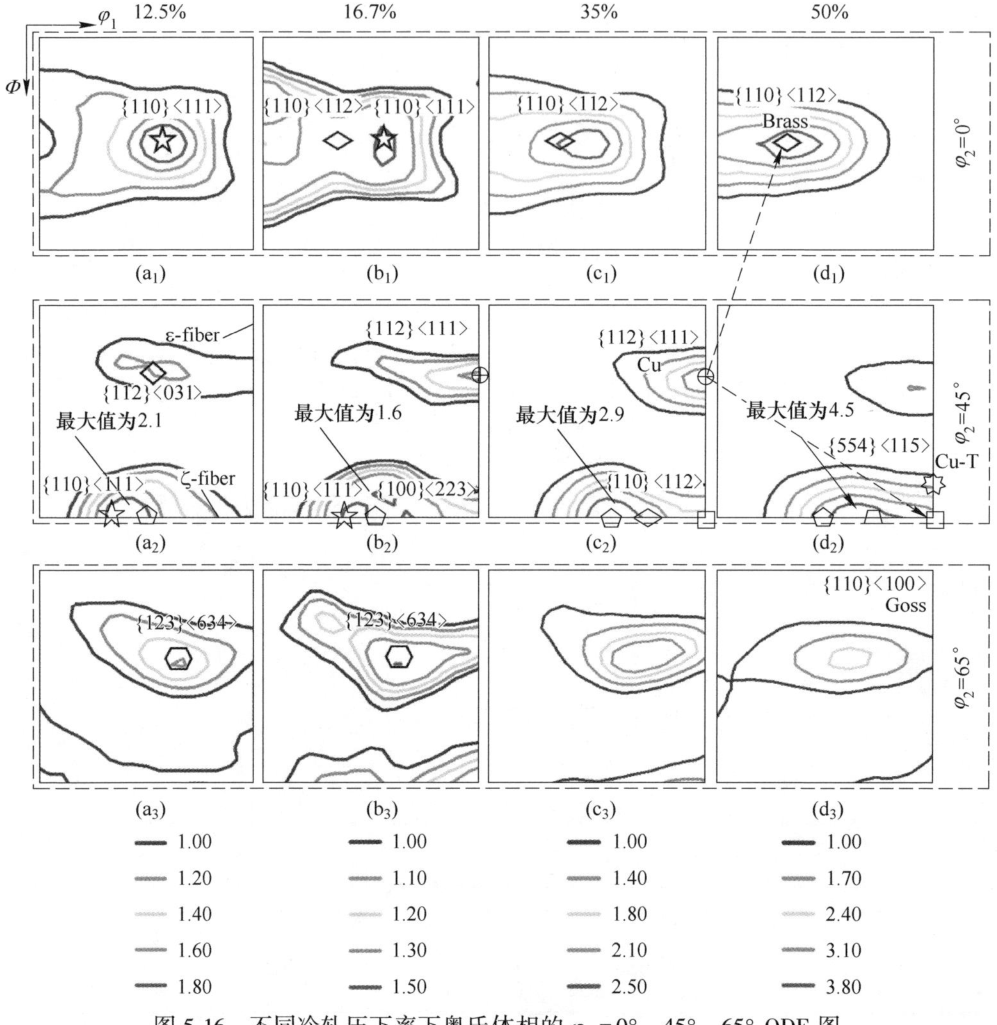

图 5-16　不同冷轧压下率下奥氏体相的 $\varphi_2=0°$，45°，65° ODF 图

（a）12.5%；（b）16.7%；（c）35%；（d）50%

彩色原图

5.2.3　变形机制及断裂机制

采用原位 EBSD 技术可以研究双相不锈钢在不同变形阶段的组织演变，图 5-18 显示了不同应变状态下原位 EBSD 的相图、奥氏体的 IPF 图和 KAM 图。在较小拉伸应变下（$\varepsilon=0.05$），部分奥氏体晶粒内就产生大量的变形孪晶，而在铁素体晶粒内出现大量剪切带。观察发现，在（111）取向奥氏体晶粒内的剪切带交叉点和晶界处萌生出具有 BCC 结构的 α′-马氏体晶核，如图 5-18 椭圆圈 A 所示；在（100）取向奥氏体晶粒的晶界处萌生出少许具有 HCP 结构的ε-马氏体晶

核，如图5-18（b_1）中B所示。同时，在（110）和近（111）取向晶粒内部形成大量纤细的变形孪晶，而在（001）取向中几乎未形成变形孪晶。

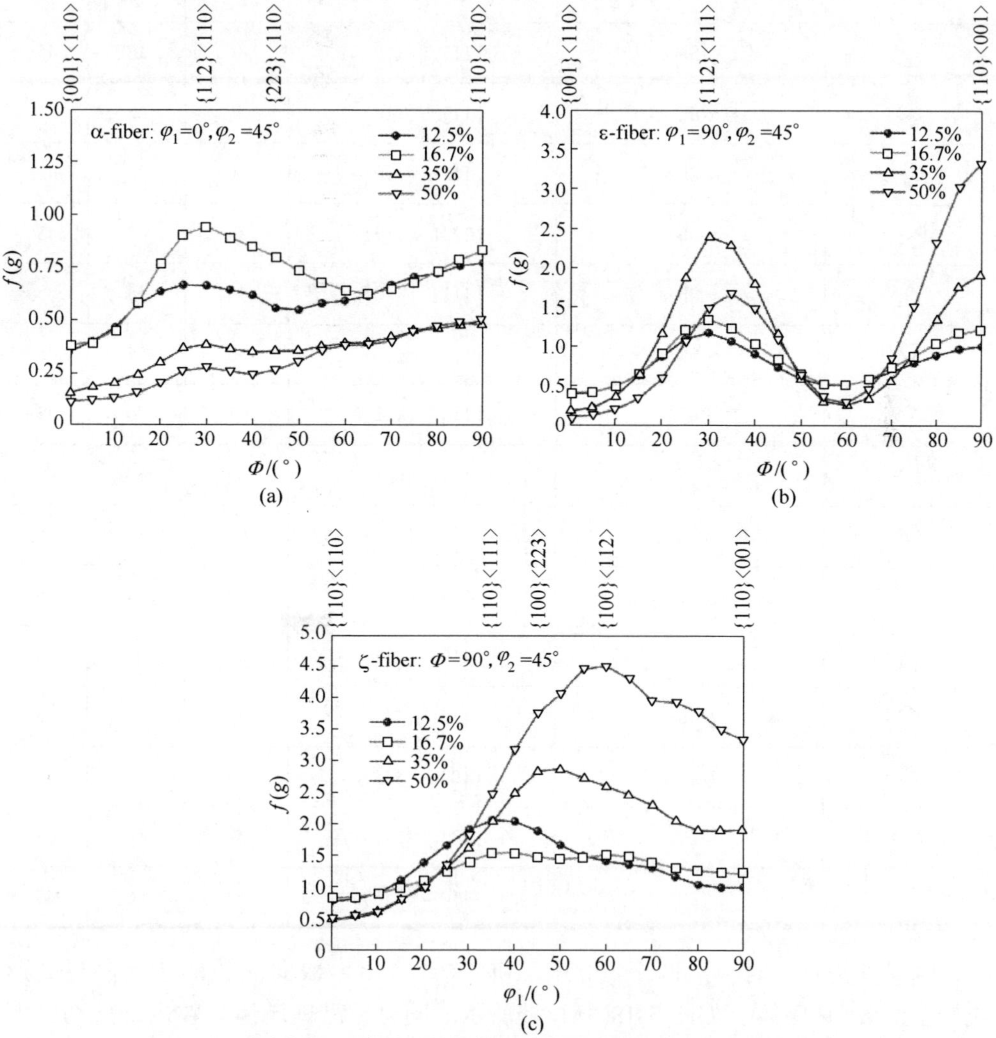

图5-17 不同冷轧压下率下奥氏体的冷轧织构演变规律的取向线分析

（a）α-取向线；（b）ε-取向线；（c）ζ-取向线

表5-3 典型织构组分的密勒指数和欧拉角

符号	织构组分	密勒指数	欧拉角/(°)		
			φ_1	Φ	φ_2
□	Goss	{110}〈100〉	90	90	45
○	α-fiber	{001}〈110〉	0	0	45

续表 5-3

符号	织构组分	密勒指数	欧拉角/(°)		
			φ_1	Φ	φ_2
▭	α-fiber	{115}〈110〉	0	16	45
⊗	α-fiber	{113}〈110〉	0	25	45
✚	α-fiber	{112}〈110〉	0	35	45
◺	α-fiber	{223}〈110〉	0	43	45
△	γ-fiber	{111}〈110〉	60	55	45
▽	γ-fiber	{111}〈112〉	30	55	45
◇	Brass	{110}〈112〉	55	90	45
◇	—	{112}〈031〉	45	30	45
⊕	Copper（Cu）	{112}〈111〉	90	30	45
✡	Copper-twin（Cu-T）	{554}〈115〉	90	74	45
☆	A	{110}〈111〉	35	90	45
⬠	ζ-fiber	{110}〈223〉	45	90	45
⏢	ζ-fiber	{100}〈112〉	60	90	45
⬡	S	{123}〈643〉	59	37	65
⏢ (倒置)	G/B	{110}〈115〉	74	90	45

当应变为 0.1 时，沿两个（001）和一个（110）取向晶粒的三叉晶界处形成较多的 α′-马氏体，如图 5-18 中 C 处所示。同时，沿奥氏体晶粒内部剪切带形成大量 α′-马氏体晶核，如图 5-18 中椭圆圈 A。在方框 B 处形成的ε-马氏体有少许增多。且发现在（110）取向晶粒内变形孪晶的交叉点处也形成了少量的ε-马氏体，如图 5-18（c_1）中黑色箭头所示。此时变形孪晶数量并未明显增多，只是在原来的基础上逐渐生长，向奥氏体晶内贯穿。当应变增大至 0.15 时，优先形成的 α′-马氏体晶核从晶界处逐渐往奥氏体晶粒内部演变，逐步吞噬奥氏体。变形孪晶厚度明显变厚，且个别晶粒内的变形孪晶已贯穿整个晶粒。当应变为 0.2 时，可以很明显看出在最初奥氏体晶界处形成的 α′-马氏体迅速增多，优先形成的 α′-马氏体吞噬周围的奥氏体而快速长大，逐渐连成一片，如图 5-18（e_1）中

C 处所示，而在奥氏体晶粒内部剪切带交叉点处形成的 α′-马氏体长大相对较慢，这可能是因为前者具有单一的生长变体，而后者由于带相交而具有多变体。同时发现在 α′-马氏体的周围也形成较多的 ε-马氏体，两者互相依附，在应变为 0.25 时这些ε-马氏体转变为 α′-马氏体（图 5-18（f_1）中方框 B），说明变形机制遵循了 γ→ε→α′的诱导马氏体机制。在图中 C 处未发现此现象，说明 γ→ε→α′的演变只是发生在特定取向的晶粒上，在图中 C 处则是遵循 γ→α′的转变机制。当应变进一步增大至 0.25 时，在图 5-18（f_1）中可以观察到大量ε-马氏体包裹在 α′-马氏体的外部逐吞噬奥氏体基体，如图中蓝色箭头所示，这说明ε-马氏体是 SIMT 中间产物，部分ε-马氏体已经转变为 α′-马氏体。随着应变的增加，材料的显微组织中出现大量的高密度变形孪晶，并产生二次孪晶。初生孪晶与次生孪晶交互穿越、切割基体，增加运动的障碍，起到了细化晶粒的作用，极大提高了 LDX 2101 的强度。此外，由于“空间限制”，随着奥氏体单元尺寸的减小，应变诱发马氏体的概率会降低[21]。

对于 KAM 的分析，在变形带交叉点、孪晶界和晶界处的 KAM 高于晶粒内部的 KAM ，如图 5-18（b_3）中方框 D 所示。晶界处较高的 KAM 反映了几何上必要的位错形成，以适应两个晶粒之间的应变梯度[22-23]。在图 5-18（a_3）方框 E 中可以明显地看出奥氏体晶粒内的 KAM 要高于铁素体，且在相界处的 KAM 最高；随着拉伸时应变的增加，奥氏体的 KAM 明显增大，而铁素体则变化较小。在马氏体和铁素体相界面处、马氏体和奥氏体的界面处局部应变增大，KAM 图中颜色较亮（如图 5-18（e_3）（f_3）所示）。方框 D 所示区域显示奥氏体内部孪晶界处的 KAM 明显高于基体部位。

图 5-19 显示了 LDX2101 在不同拉伸应变下的 TEM 显微组织。在应变为 0.05

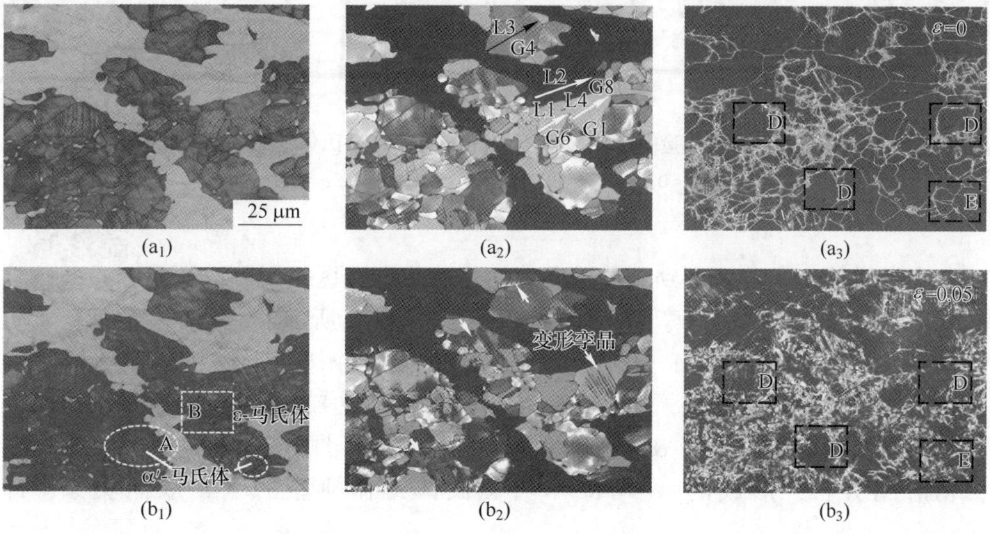

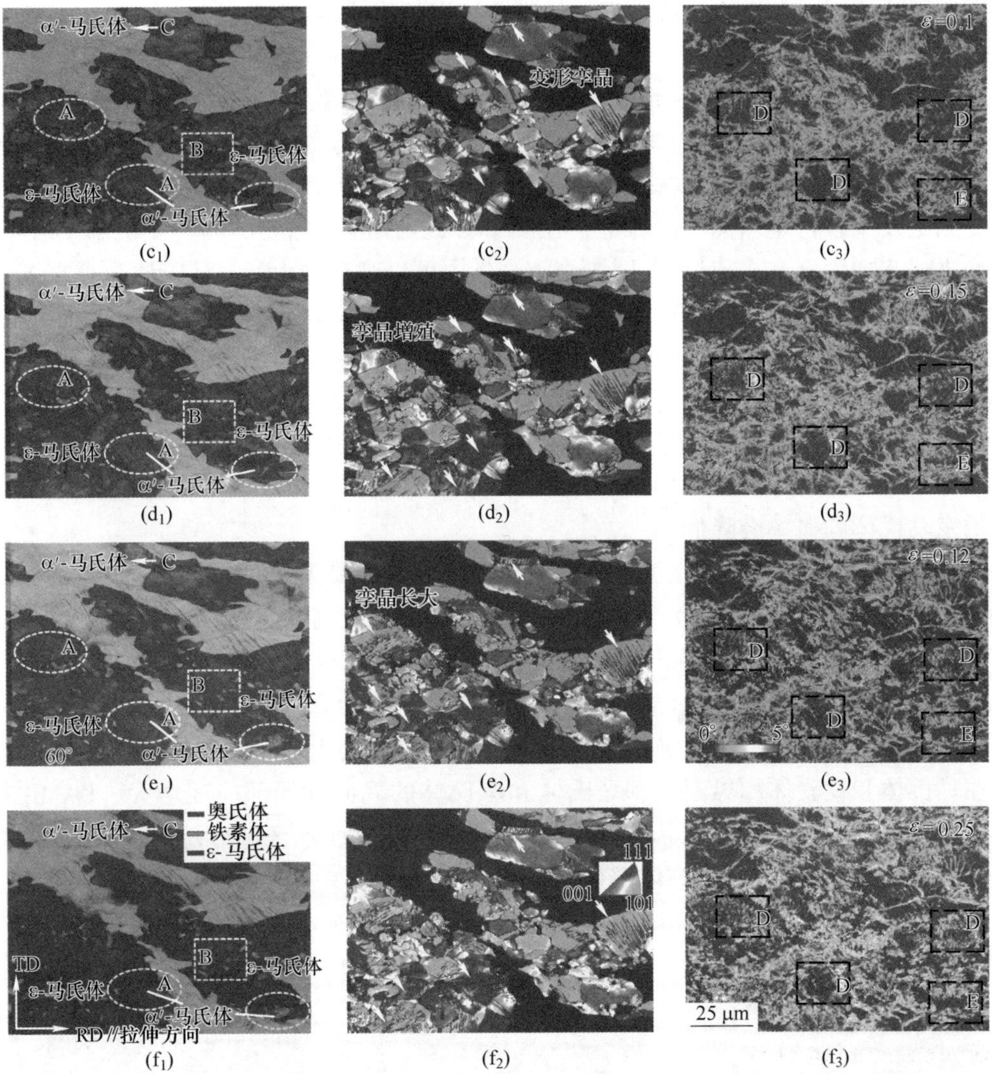

图 5-18　原位拉伸试验中不同应变下的相分布图、奥氏体的 IPF 图和 KAM 图

(a) $\varepsilon=0$；(b) $\varepsilon=0.05$；(c) $\varepsilon=0.1$；(d) $\varepsilon=0.15$；
(e) $\varepsilon=0.2$；(f) $\varepsilon=0.25$

彩色原图

时，在奥氏体中主要观察到大量单向剪切带。根据选区衍射图分析，这些剪切带被确定为变形孪晶，如图 5-19（a）~（c）所示，说明在变形的初始阶段，试验钢就发生了 TWIP 效应。当拉伸应变至 0.1 中断时，观察到少量 α′-马氏体在变形孪晶附近形核，这也进一步验证了在原位 EBSD 拉伸试验过程中所观察到的在晶内剪切带处有 α′-马氏体形成的事实。如图 5-19（d）所示，根据选区衍射图分析，形成的 α′-马氏体与奥氏体遵循典型的 K-S 取向关系，即

$[110]_{\gamma}//[111]_{\alpha'}$。在拉伸应变为 0.2 时，开始形成较多的肋状的 α′-马氏体（图 5-19（e））和板条状的 α′-马氏体（图 5-19（f）），其与奥氏体的取向关系分别符合 $[112]_{\gamma}//[111]_{\alpha'}$和 $[110]_{\gamma}//[110]_{\alpha'}$。当拉伸应变为 0.25 时，可以明显观察到肋状的 α′-马氏体数量增多、长度增长，且 α′-马氏体与奥氏体遵循 N-W 取向关系，即 $[110]_{\gamma}//[001]_{\alpha'}$，如图 5-19（g）所示。此外，观察到在剪切带和变形孪晶的交叉点处形成 ε-马氏体，如图 5-19（h）所示。这也证实了随着拉伸应变的增大，亚稳奥氏体发生了 TRIP 效应。拉伸应变增大至 0.35 时，观察到板条状的 α′-马氏体与变形孪晶共存（图 5-19（i））。

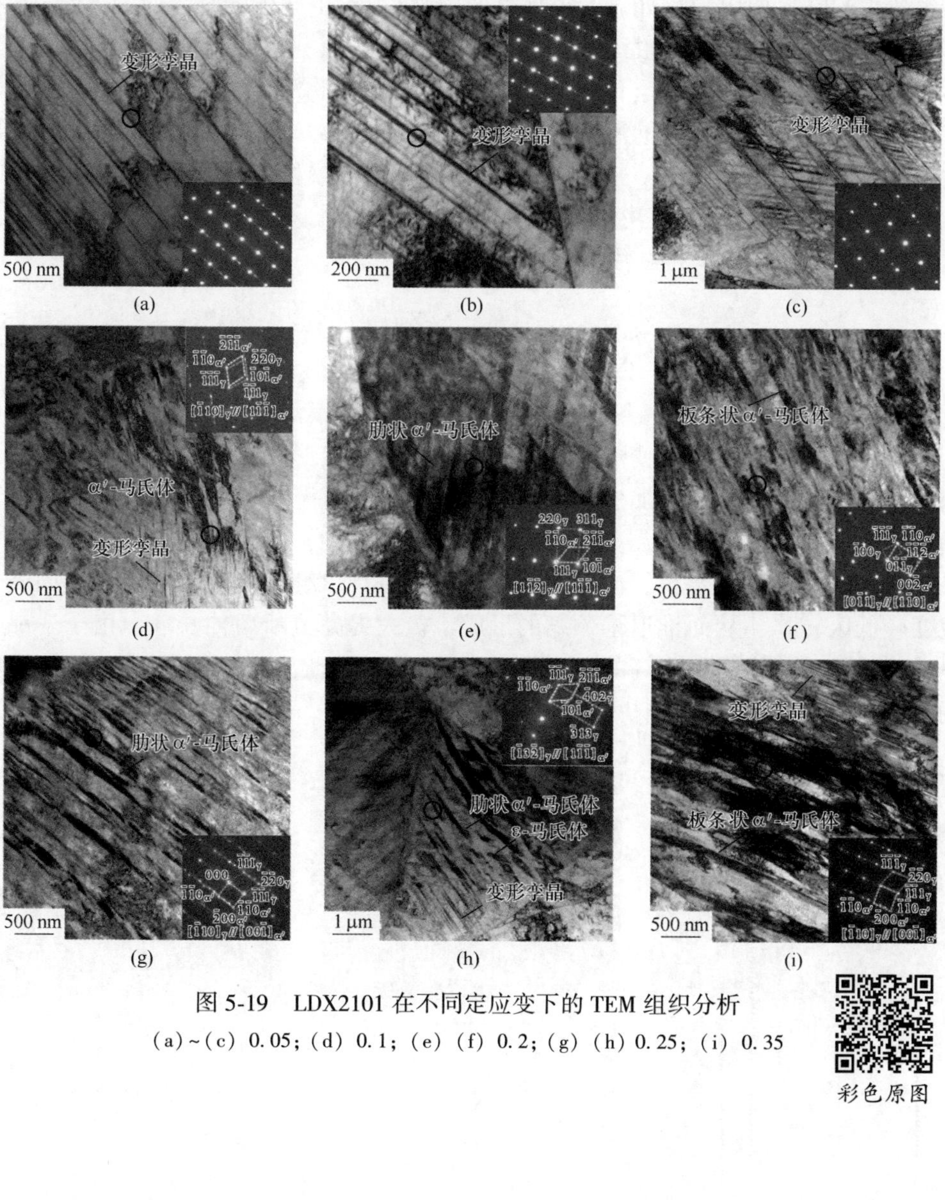

图 5-19 LDX2101 在不同定应变下的 TEM 组织分析

（a）~（c）0.05；（d）0.1；（e）（f）0.2；（g）（h）0.25；（i）0.35

彩色原图

晶粒 G1、晶粒 G2 和晶粒 G3 首先观察到变形孪晶的出现，而晶粒 G4 和 G5，直到应变为 0. 25 仍未发现有变形孪晶出现（图 5-18（f_2））。通过晶粒 1～5 的 IPF 反极图（图 5-20）可以看出，取向越接近〈001〉方向越不易发生孪生，这说明孪生只会发生在某些特定取向的晶粒内，即孪生发生有明显的选择性。然而，在图 5-20（e）中，虽然晶粒 G6 和 G7 均为（101）取向的晶粒，和最先明显发生孪生的晶粒 1 的取向很接近，但它们均未发生孪生。通过对比这三个晶粒的施密特因子图（图 5-20（a）），晶粒 G1 的施密特因子（0. 48）明显高于晶粒 G6（0. 4）和 G7（0. 34）。因此，根据 Byun 方程（5-2）可计算出晶粒 G1～G7 发生孪生的临界切应力，如表 5-4 所示。晶粒 G1 发生孪生的临界应力低于 G6 和 G7。施密特因子越大，发生孪晶的临界切应力越小，奥氏体晶粒越容易产生变形孪晶。此外，如图 5-20（f）所示，与晶粒 G1 相邻的铁素体晶粒 G8 产生了许多剪切带，由于协调变形的需要，致使外力在晶粒 G1 孪生方向的分切应力积累达到临界分切应力，因此，晶粒 G1 以极快的速度爆发出大量薄片孪晶（如图 5-20（g）所示），靠发生孪生来协调应力应变，保证一定程度的塑性变形能力。这也是晶粒 G1 发生孪生的另一个原因。

$$\sigma_{\mathrm{tw}} = \frac{1}{m} \times \frac{2\gamma_{\mathrm{SFE}}}{b_{\mathrm{p}}} \tag{5-2}$$

图 5-20（g）显示了晶粒 G1 内孪晶的形成及长大的整个过程。在较低的应变下晶粒内已出现的大量变形孪晶，纤细的透镜状变形孪晶从奥氏体晶界处向晶内生长。随着变形量的增加孪晶逐渐扩展至晶界处直至贯穿整个晶粒。同时，孪晶的片层厚度也逐渐增厚，奥氏体晶粒被孪晶界分割，孪晶界阻止了该区滑移的进行从而导致位错的塞积，使局部的强度提高，难以继续变形，导致变形向其他应变较低区转移，从而推迟了颈缩的形成，极大提高了断后伸长率。由于孪晶与奥氏体基体的共格作用，高的界面能不利于裂纹的扩展，因此宏观表现为拉伸时的伸长率，特别是均匀伸长率的提高。

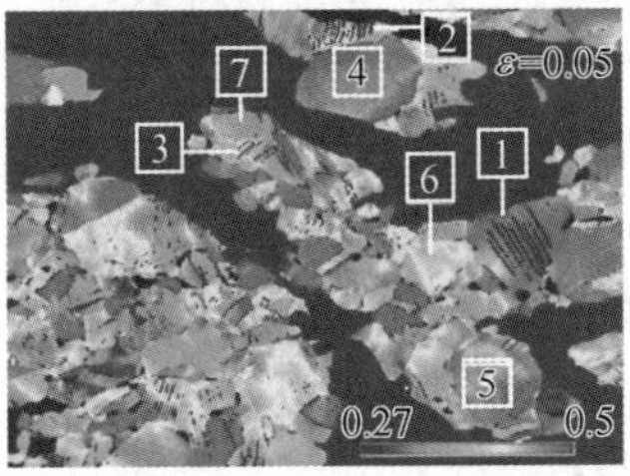

(a)

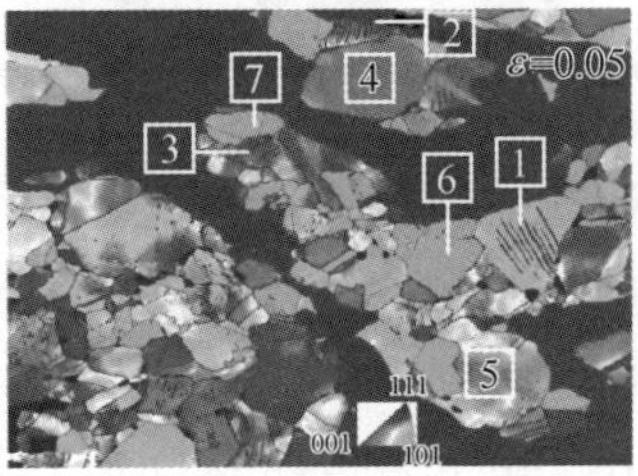

(b)

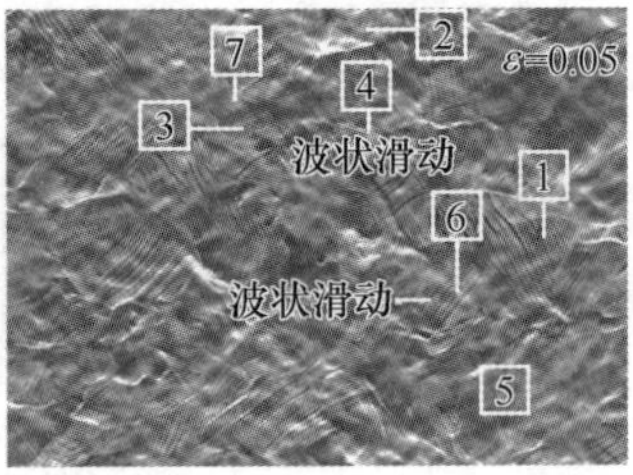

(c)

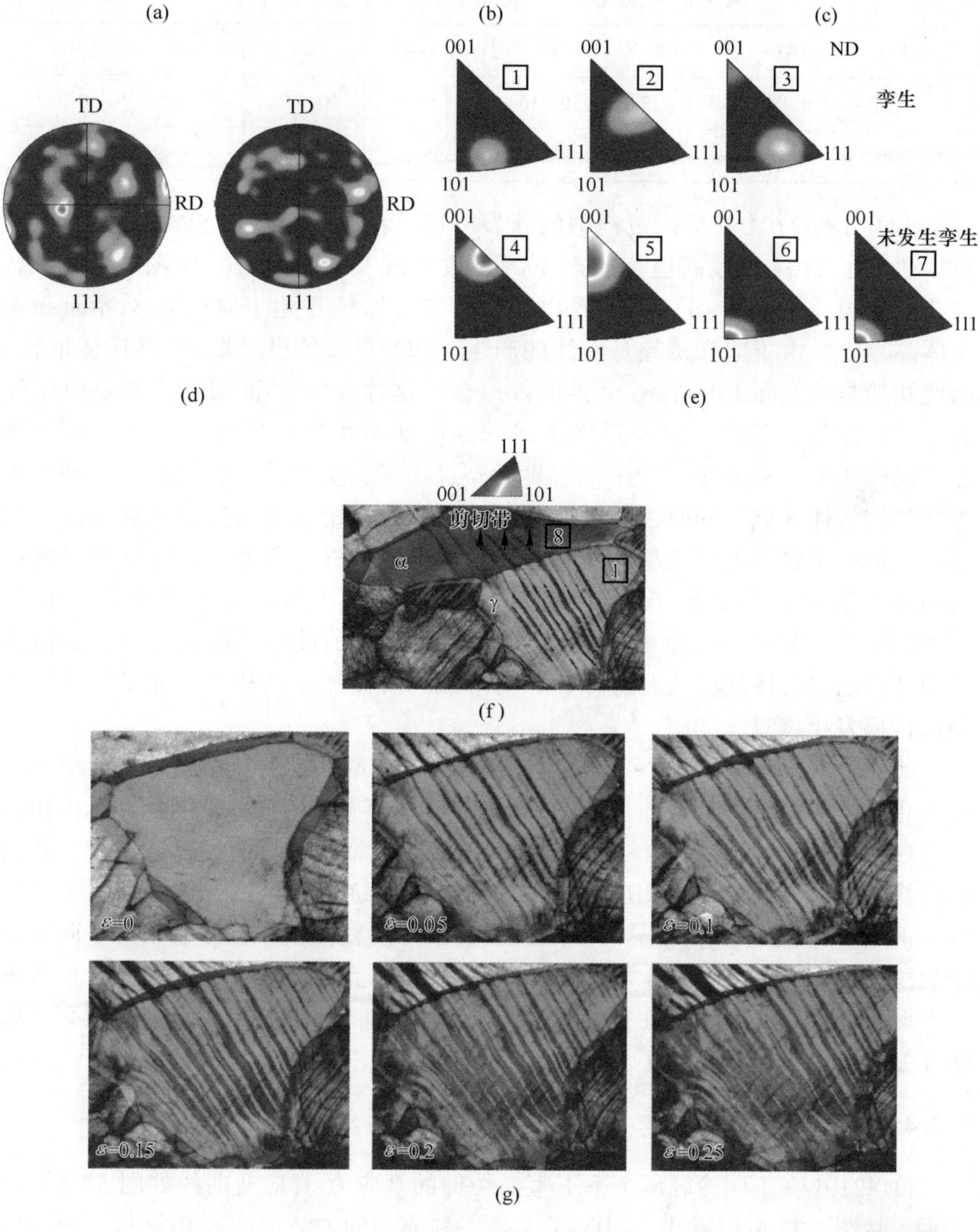

图 5-20 孪生与晶粒的取向关系及生长分析

（a）应变 $\varepsilon=0.05$ 时的奥氏体的施密特因子图；（b）奥氏体的 IPF 图；
（c）应变 $\varepsilon=0.05$ 时的二次电子图；（d）奥氏体和铁素体的｛111｝极图；
（e）晶粒 1~7 的反极图；（f）晶粒 1 和晶粒 8 的 IPF 图；
（g）晶粒 1 内孪晶的生长过程

彩色原图

表 5-4　晶粒 G1～G7 发生孪生所需的临界切应力

晶粒	G1	G2	G3	G4	G5	G6	G7
m	0.488	0.413	0.416	0.467	0.477	0.405	0.359
σ_{tw}/MPa	282.58	333.89	350.21	295.29	289.09	340.49	384.12

为了分析 2101 在变形过程中的断裂机理，我们采用基于 SEM 的原位拉伸技术研究了 2101 在较高应变状态下的裂纹形成及扩展过程。如图 5-21 所示。综合图 5-21（a）和（i）可以看出，初始裂纹形核开始于原始 α/γ 界面和铁素体晶界处。由于应变诱导马氏体的产生，初始奥氏体已经被 α'-马氏体取代，因此初始裂纹实际上是在 α/α' 界面处形核。这种 α/α' 界面损伤主要是由于较硬的马氏体与相邻较软的铁素体之间的高应变不相容性导致，SIMT（应变诱导马氏体相变）的发生导致一定程度的塑性失配，更多的应变将被分配到邻近界面的铁素体区域。同时，可以看出此时形成的初始裂纹与拉伸加载方向大致平行，形成了典型的滑动型裂纹。随着拉伸变形的进一步增大，发现在最初形成的滑动型裂纹并未沿 α/α' 界面向上扩展，而是逐渐沿 α/α 晶界向下扩展（如图 5-21（f）中黄色虚线所示），这是由于裂纹前端存在应力集中，会使裂纹前端区的奥氏体转变为马氏体，因为形成马氏体需要消耗大量能量，从而使裂纹传播发生困难。

此外，由图 5-21（b）可以发现，在铁素体内滑移带的扭结处开始形成微裂纹和孔洞。与界面处的损伤一样，由于应变不相容导致的滑移带的这种晶内扭结也会导致应力/应变集中，一旦应力达到铁素体的临界破坏应力，微裂纹、孔洞将在铁素体内部形成，并相应地沿着扭结点的轨迹迅速聚集、扩展，如图 5-21（e）和（f）所示，从而在晶内形成典型的张开型裂纹，即拉伸的载荷方向垂直于裂纹扩展方向。当应变量为 $\varepsilon=0.55$，沿铁素体晶内剪切带的扭结处快速形成了许多张开型裂纹，尤其在拉伸试样平行段的边部出现张开型裂纹的撕裂，如图 5-21（g）所示，这导致了 LDX2101 的最终失效。

5.2.4　力学性能

LDX2101 在不同冷轧压下率下室温拉伸的真应力-真应变曲线如图 5-22（a）所示。从图 5-22 可以看出，LDX2101 是一种典型的连续应变硬化材料，随着应变变量的增加，流变应力明显增大，不存在屈服平台。随着冷轧压下率的增加，屈服强度和抗拉强度逐渐增加，特别是压下率达到 16.7%时，但伸长率下降迅速，如图 5-22（b）所示。拉伸强度由 12.5%时的 886 MPa 增加到 50%冷轧压下的 1205 MPa，伸长率由 35.1%下降到 13.5%，如表 5-5 所示。

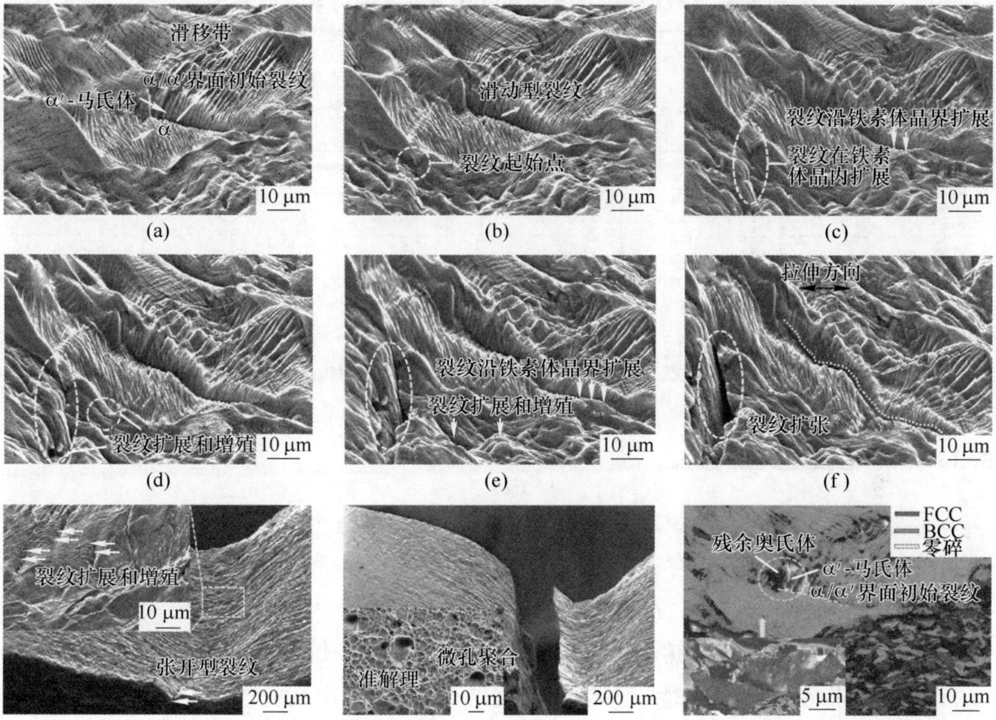

图 5-21 LDX2101 在原位拉伸试时的裂纹形成及扩展过程

（a）$\varepsilon=0.3$；（b）$\varepsilon=0.35$；（c）$\varepsilon=0.4$；（d）$\varepsilon=0.45$；（e）$\varepsilon=0.5$；（f）$\varepsilon=0.55$；（g）$\varepsilon=0.55$；（h）断口分析；（i）在 $\varepsilon=0.3$ 时的相图和 IPF 图

彩色原图

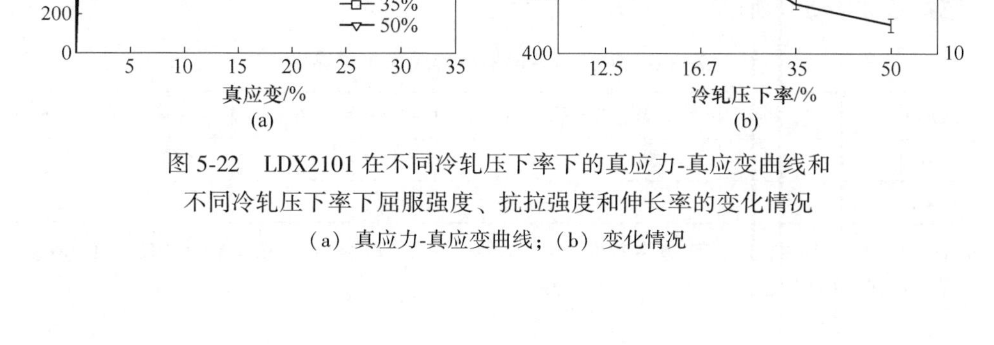

图 5-22 LDX2101 在不同冷轧压下率下的真应力-真应变曲线和不同冷轧压下率下屈服强度、抗拉强度和伸长率的变化情况

（a）真应力-真应变曲线；（b）变化情况

表 5-5 LDX2101 在不同冷轧压下率下的力学性能参数

压下率/%	屈服强度/MPa	抗拉强度/MPa	伸长率/%	屈强比	强塑积/GPa · %
12. 5	829. 3	886. 5	35. 1	0. 94	31. 1
16. 7	884. 9	942. 9	25. 1	0. 94	23. 7
35	1050. 5	1100. 2	16. 9	0. 95	18. 6
50	1114. 6	1205. 0	13. 5	0. 92	16. 3

5.3 退火工艺对组织及性能的影响

5.3.1 冷轧板退火工艺

合金经形变后，显微组织结构会发生变化，形变过程中消耗的机械能大部分转化为热能，只有小部分储存在形变材料中，储存能成为形变材料发生回复和再结晶的驱动力。再结晶完成后，晶界会继续迁移，引起晶粒间相互吞并长大，由于总体积不变，减少系统总界面能是晶粒长大的驱动力，这一过程速率比较慢[24]。

回复和再结晶驱动力都是储存能，这两个过程是相互竞争的。回复不需要孕育，再结晶需要一定的孕育期，回复程度取决于再结晶的难易。奥氏体容易发生再结晶，而铁素体相易发生动态回复。所以铁素体中回复过程会消耗大量的储存能，主要过程：位错胞状结构→胞内位错对消→形成亚晶→亚晶长大→再结晶晶粒。奥氏体相中由于变形过程中动态回复程度较小，晶体中存在大量的位错、层错、滑移带和孪晶界，这些位置为再结晶形核提供了有利条件[25]。

冷轧板的退火工艺的两个最重要的参数分别为退火时间和退火温度，本节主要研究了 SAF3207HD 特级双相不锈钢铸坯固溶处理后直接冷轧工艺得到的冷轧板退火工艺对组织演变、力学性能及耐腐蚀性能的影响，并对比了传统热轧+冷轧成形工艺和新型的铸态固溶处理+冷轧成形工艺的组织，探索冷轧板最佳退火工艺，揭示了显微组织和力学性能以及耐腐蚀性能之间的关系。其中采用的两种工艺参数如表 5-6 所示。

表 5-6 实验钢采用的两种成形工艺参数

成形工艺	H_0/mm	T_1/℃	H_1/mm	T_2/℃	t/min	δ/%	H_2/mm
No. 1	20	1250	6	1250	30	80	1. 2
No. 2	6	—	—	1100	30	80	1. 2

注：H_0为初始厚度；T_1为热轧开始温度；H_1为热轧后厚度；T_2为固溶处理温度；t 为冷轧前固溶处理时间；δ 为冷轧压下率；H_2为冷轧后厚度。

5.3.1.1 退火时间

图 5-23 是 SAF3207HD 特级双相不锈钢冷轧板在 1100 ℃不同时间退火后的金相。从图中看出白色的铁素体相已经完成了再结晶，而奥氏体相并没有完全发生再结晶呈黑色，随着固溶时间的增加，晶粒尺寸并没有明显变化，奥氏体再结晶程度也没有太大改变。退火时奥氏体相回复程度较低，大量的晶体缺陷为再结晶提供了形核点，再结晶形核密度很多，消耗了大量的储存能，而晶粒长大驱动力不足，无法完成再结晶。因此，退火时间对组织影响不大，由于冷轧板只有 1.2 mm 厚，长时间退火会加重表面氧化，控制在 2 min 最佳，尽量在更低的温度和更短的时间完成退火，降低生产成本并提高工作效率。

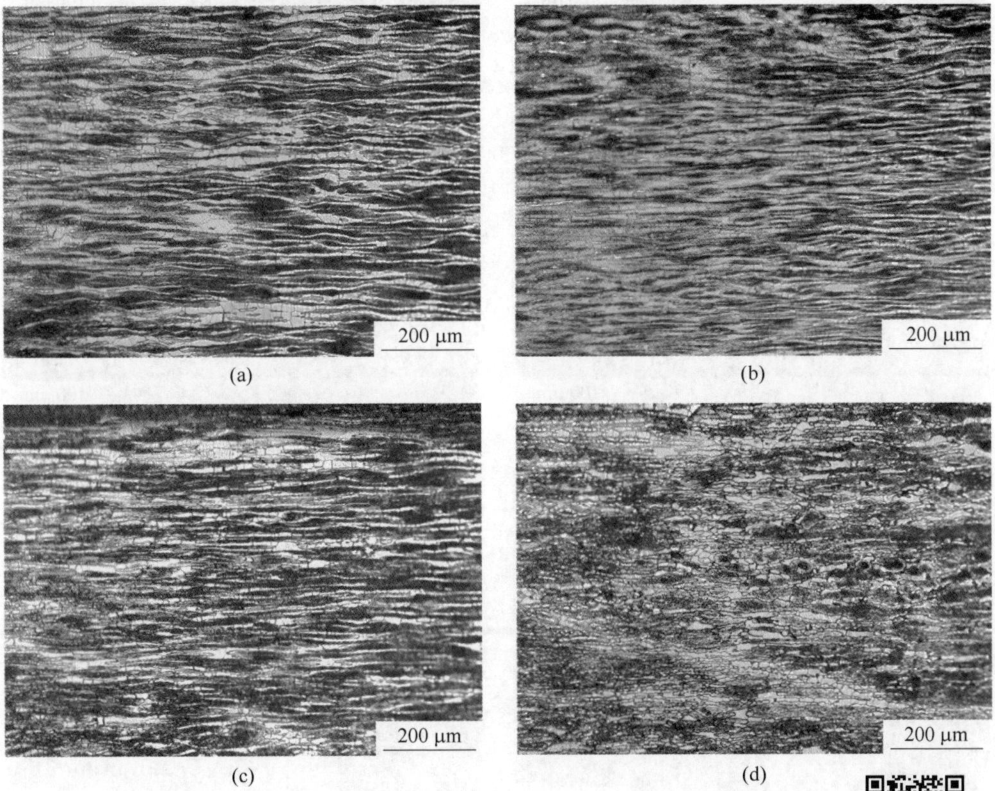

图 5-23 No.2 成形工艺冷轧板 1100℃退火时间对纵截面组织的影响

(a) 2 min；(b) 5 min；(c) 10 min；(d) 30 min

彩色原图

5.3.1.2 退火温度

SAF3207HD 特级双相不锈钢冷轧板不同温度退火 2 min 后轧面组织如图 5-24 所示，随着退火温度升高，奥氏体相中的颜色由黑色变浅最后变为白色。在组织结构上表现为奥氏体中再结晶晶核随着温度升高数量减少。

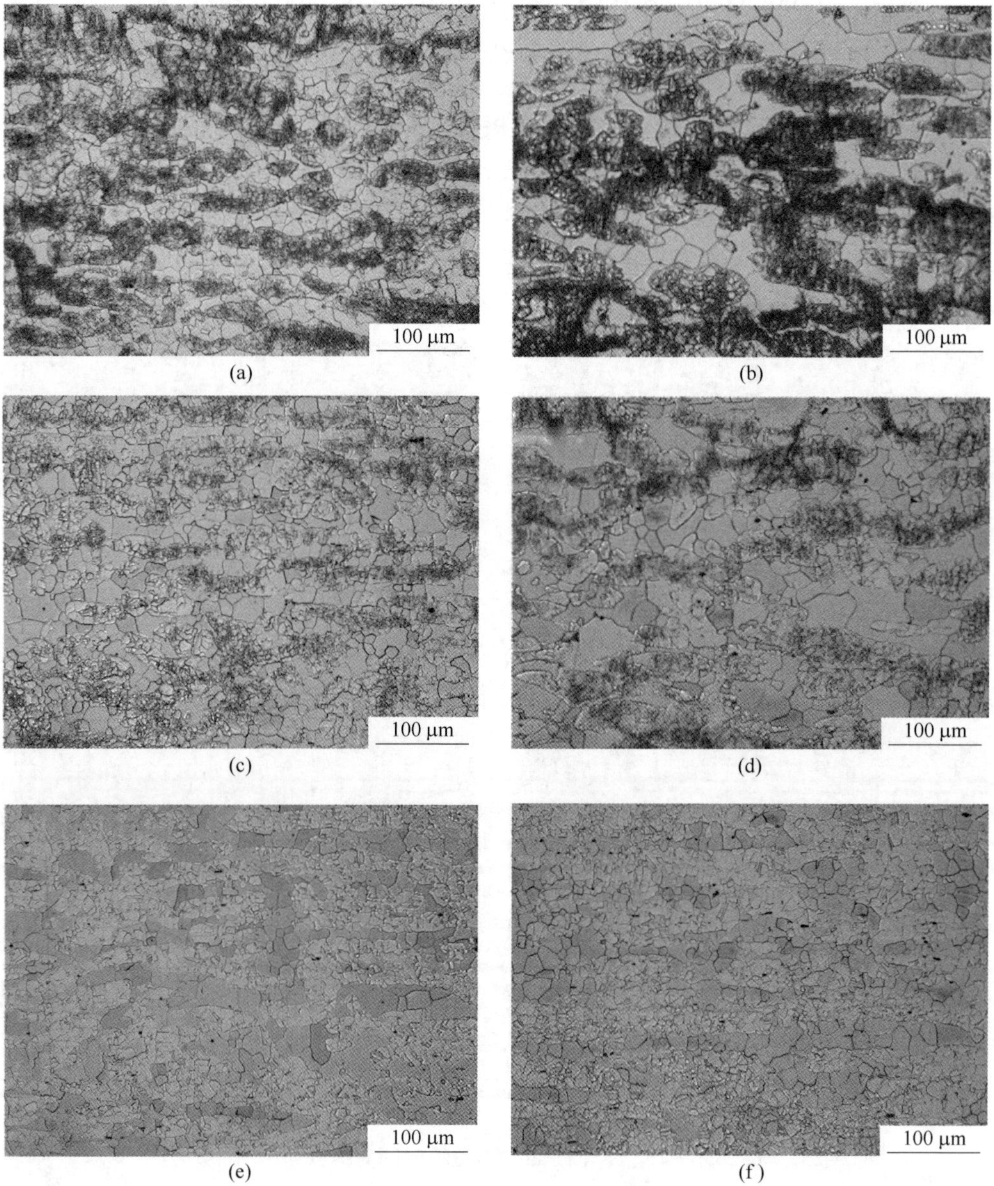

图 5-24　No. 2 成形工艺冷轧板不同温度退火 2 min 后轧面组织

(a) 1040 ℃；(b) 1060 ℃；(c) 1080 ℃；
(d) 1100 ℃；(e) 1120 ℃；(f) 1140 ℃

彩色原图

图 5-24（a）中，1040 ℃时铁素体相完全再结晶，但是在铁素体晶界和晶粒内部密布着未完全固溶的析出物小颗粒，奥氏体相中弥散分布着细小的再结晶颗粒。1060 ℃退火后，大部分铁素体中的小颗粒已经固溶于基体，奥氏体相中再结晶晶粒长大不明显。1080 ℃退火后，奥氏体相中部分区域发生了再结晶晶粒长大的过程，大量的黑色颗粒被吞并，而剩余的少量再结晶晶核集中分布在再结晶铁素体晶粒的边界处，再结晶晶粒内部则没有。

1100 ℃退火后大部分奥氏体相区域完成了再结晶，部分区域再结晶晶粒的边界处存在着细小的铁素体晶核。1120 ℃铁素体中没有发现细小的铁素体晶核存在，铁素体相再结晶完成，相对于在较低温度就完成再结晶的铁素体相，再结晶奥氏体晶粒尺寸远小于铁素体晶粒。

根据以上分析，3207 实验钢冷轧变形量为 80%时，两相完全再结晶的最低固溶温度在 1120 ℃左右。可以选择 1120 ℃为最佳的热处理温度，在这一温度下析出物最少，两相分布均匀，晶粒尺寸较小，这样可以得到最好的力学性能和耐腐蚀性能的配合。

冷轧板需经最终热处理之后才能达到用户要求的综合力学性能，双相不锈钢中 δ 相和 γ 相回复与再结晶的机制有很大差异。在升温回复过程中，δ 相位错胞状结构内位错密度变小，胞壁位错重排和对消使其减薄而变得锋锐，形成小角度晶界，继而胞块转化为亚晶，亚晶聚合成大角度晶界从而变成再结晶晶核。No. 1 和 No. 2 成形工艺冷轧板经 1040～1140 ℃温度范围热处理，时间为 2 min，随后水淬冷却，金相组织如图 5-25 所示。观察发现，δ 相在 1040 ℃即完成了再结晶，且其晶界处存在二次奥氏体（γ_2），随着热处理温度升高，γ_2数量减少，而白色 δ 相受 γ 相阻碍，其横向长大不明显，只沿轧制方向长大而变长，这个过程的驱动力是晶界总界面能的降低。

γ 相由于层错能低，层错阻碍位错的交滑移和攀移，使回复阶段变短。位错在滑移带和孪晶界附近聚集，这些位置为 γ 相再结晶形核提供了有利条件，使得再结晶形核数量远高于 δ 相，形核消耗了大量的形变储存能，使晶粒长大驱动力不足，因此 δ 相的再结晶软化速度明显快于 γ 相，γ 相需要更高的热处理温度才能完成再结晶。γ 相中发生再结晶形核并逐步吞噬变形后的组织，1040 ℃时由于温度低晶核长大驱动力不足，再结晶不完全。随着温度升高再结晶晶粒长大，晶核数量减少，剩余的颗粒分布在 γ 相再结晶晶粒的晶界处，γ 相组织变为无畸变的长块状形貌。1140 ℃热处理后两相均完成了再结晶，两相晶粒分布均匀。

5.3.2 力学性能

表 5-7 列出了 No. 1 和 No. 2 成形工艺冷轧板经过 1120 ℃退火后力学性能。结果表明，在 1040 ℃、1100 ℃和 1140 ℃固溶处理后，钢板力学性能均能满足

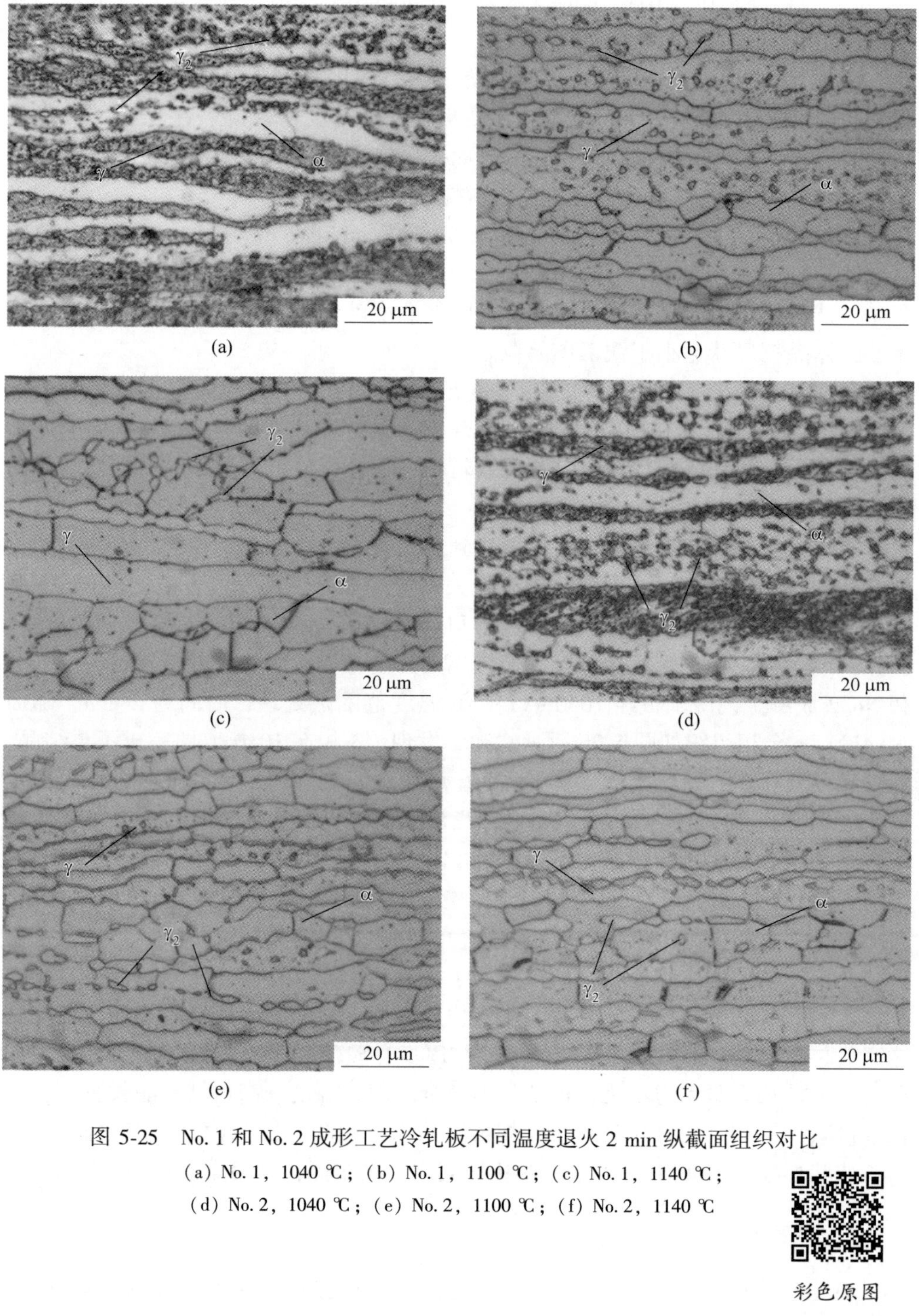

图 5-25　No. 1 和 No. 2 成形工艺冷轧板不同温度退火 2 min 纵截面组织对比

(a) No. 1，1040 ℃；(b) No. 1，1100 ℃；(c) No. 1，1140 ℃；
(d) No. 2，1040 ℃；(e) No. 2，1100 ℃；(f) No. 2，1140 ℃

彩色原图

ASTM A789 标准要求。同时可以看出，由于热处理温度升高，再结晶完成度提高，位错密度和第二相颗粒数量减少，组织更均匀，所以伸长率提高，而强度略有降低。未经热轧而直接冷轧的 No. 2 成形工艺冷轧板在热处理后，强度和伸长率都与经热轧加冷轧常规的 No. 1 成形工艺相当。

表 5-7 No. 1 和 No. 2 成形工艺冷轧板 1120 ℃退火后的力学性能对比

成形工艺	T/℃	σ_s/MPa	σ_b/MPa	δ/%
No. 1	1040	859.2	1105.1	17.9
	1100	813.4	1078.3	24.5
	1140	799.4	1046.1	27.5
No. 2	1040	846.7	1084.7	24.4
	1100	808.9	1086.3	24.3
	1140	806.2	1082.9	29.3
ASTM A789	1040~1140	≥770	≥950	≥15

3207 实验钢冷轧退火后的抗拉强度和屈服强度远大于 2205 双相不锈钢冷轧板，其伸长率与 2205 双相不锈钢相当。通过合理的退火工艺，使冷轧退火后的组织均匀，晶粒细小，减少析出物的数量。可以达到超高强度和较好伸长率的配合，满足工业应用的要求。图 5-26 是 No. 2 成形工艺冷轧板经过不同温度退火后拉伸应力-应变曲线，从图中可以直观地观察到：随着退火温度的升高，冷轧板退火后的伸长率大大改善，而强度下降不明显，在 1140 ℃退火后，抗拉强度达到了 1082.9 MPa，伸长率达到 29.3%。

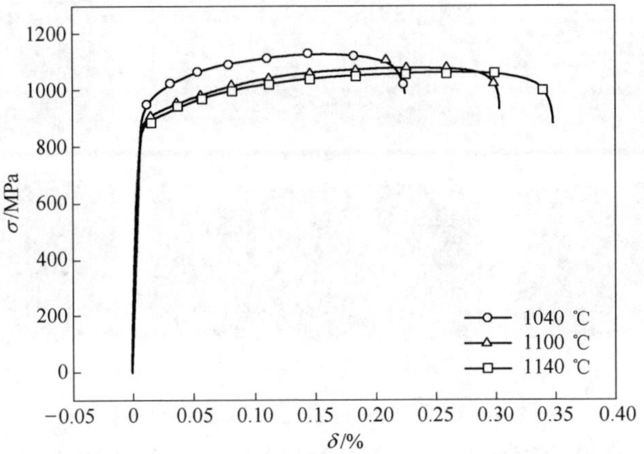

图 5-26 No. 2 冷轧板不同温度退火后拉伸应力-应变曲线

5.3.3 耐腐蚀性能

双相不锈钢的耐腐蚀性能是其最主要的性能指标之一，材料耐腐蚀性能与其化学成分，组织特征密切相关。本节针对两种不同成形工艺的冷轧退火板，对比两者的耐腐蚀性能，分析腐蚀行为，研究耐腐蚀性能和组织形貌的关系。按照国家标准分别对两种冷轧退火板进行点蚀电位、点蚀失重、均匀腐蚀、晶间腐蚀等耐蚀性实验。

5.3.3.1　失重测试

SAF3207HD 实验钢经过 No. 1 和 No. 2 工艺后冷轧板在 1120 ℃退火后的耐腐蚀性能对比如表 5-8 所示。根据表 5-8 的实验结果可以看出，No. 1 和 No. 2 两种成形工艺的冷轧退火板耐腐蚀性能相近，不锈钢耐腐蚀性能主要取决于材料的组织和成分。两种冷轧板退火后的组织差别不大，晶粒细小，两相比例接近 1∶1 且分布均匀。因此成形工艺对耐腐蚀性能影响可以忽略。表 5-8 中的实验结果表明，实验钢在 6%$FeCl_3$溶液和 5%H_2SO_4溶液中点蚀失重率均为 0，试样的尺寸为 30 mm × 20 mm × 1. 2 mm，测量 3 个试样取平均值。

表 5-8　两种成形工艺冷轧退火板各项耐腐蚀性能对比

编号	点蚀电位/mV	点蚀能力/g·$(m^2·h)^{-1}$	均匀腐蚀/g·$(m^2·h)^{-1}$	晶间腐蚀/g·$(m^2·h)^{-1}$
No. 1	1060	0	0	0. 04
No. 2	1060	0	0	0. 05

图 5-27 分别是两种钢板腐蚀实验后的形貌，观察表面未发现锈蚀现象，仍保持金属光泽，说明实验钢板在 35℃的 6%$FeCl_3$溶液中的耐点蚀性能优异，在 5%H_2SO_4溶液中不发生均匀腐蚀。

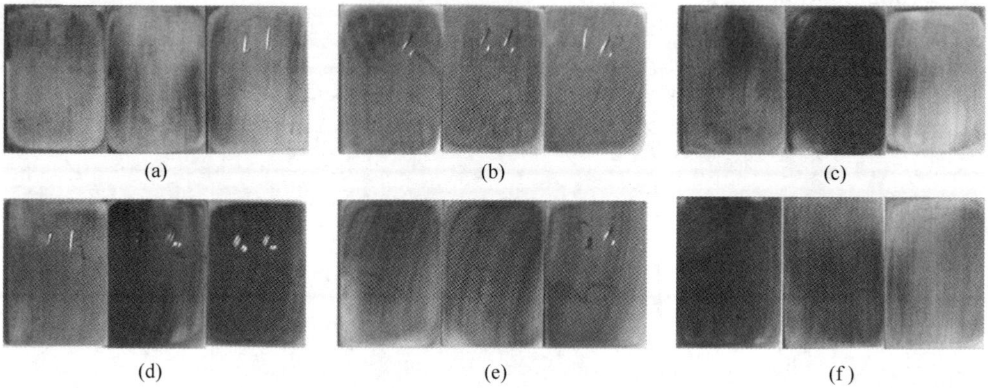

图 5-27　腐蚀实验后的样品表面的形貌

(a) No. 1 6%$FeCl_3$；(b) No. 1 5%H_2SO_4；(c) No. 1 65%HNO_3；
(d) No. 2 6%$FeCl_3$；(e) No. 2 5%H_2SO_4；(f) No. 2 65%HNO_3

彩色原图

5.3.3.2 点蚀电位

采用动电位极化法测量两种冷轧退火板在中性 3.5%NaCl 溶液中的点蚀电位，测量设备为 Princeton VPM3 电化学工作站，扫描速率 1 mV/s。No.1 和 No.2 成形工艺的试样在中性 3.5%NaCl 溶液中的获得的动电位极化曲线如图 5-28 所示。两者在 3.5%NaCl 溶液的自然电位有微弱的差别，No.1 为-218 mV，No.2 为-242 mV，极化曲线几乎重合。从阳极极化曲线上可以看出明显的钝化区，维钝电流密度小于 2×10^{-5} A/cm^2。

阳极极化曲线拐点即电流突增所对应电位，是临界点蚀电位，两种实验钢板的临界点蚀电位均在 1040~1060 mV 之间。影响不锈钢耐点蚀性能的主要因素是合金元素含量，通常用耐点蚀当量（$PREN=(\%Cr)+3.3(\%Mo)+16(\%N)$）来表示不同元素质量百分比对耐点蚀性能的贡献。δ 相和 γ 相存在微区成分差异，当微区的 *PRE* 值低于其他区域时，则在这一区域先发生点蚀。一般来说，δ 相富集 Cr 和 Mo 元素，因此对不含 N 的双相不锈钢，δ 相耐腐蚀性明显优于 γ 相 δ 但实验钢中的含 N 量达到 0.53%，而 N 在 γ 相中的固溶度远高于 δ 相，因此明显改善了 γ 相的耐点蚀性能，使实验钢的整体点蚀电位提高。

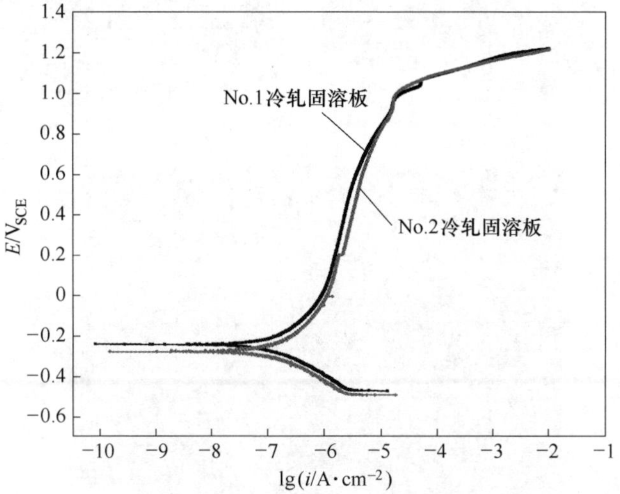

图 5-28 No.1 和 No.2 成形工艺的试样在 3.5%NaCl 溶液中的极化曲线

观察 No.2 成形工艺的试样腐蚀过程，经不同终止电位极化后的微观组织如图 5-29 所示。3 个试样的扫描终止电位均超过了临界点蚀电位，对比 3 者的形貌，可以分析发生孔蚀的不同阶段。图 5-29（a）中能清晰分辨晶界和相界，两相的腐蚀比较均匀，钢板表面钝化膜被破坏但没有出现明显的蚀坑。随着扫描电位的升高，图 5-29（b）中晶界变粗，说明腐蚀加重，出现 1~2 μm 黑色点蚀坑，它们的位置大多数在 γ 晶界 3~4 个晶粒交界角隅上。因为这个区域的 N 含量较 γ

晶内少，Cr 和 Mo 元素含量低，因此成为耐蚀性最薄弱的区域。同时在 δ 晶界、δ/γ 相界和 δ 晶粒内也发现了少量的点蚀坑。经过 1.78 V 的电位极化后，图 5-29（c）中晶界被严重腐蚀成为沟壑状，点蚀坑消失。

说明随着电位升高，点蚀坑没有向样品内部生长形成深孔，也没有径向长大形成更大的点蚀坑，点蚀坑的生长方向是沿着晶界和相界形成网络状结构，并向晶内扩展变宽成为沟壑状。材料服役过程中，这种腐蚀的扩展方式对材料的使用性能是有利的，随着腐蚀环境恶化，不会形成腐蚀穿孔和严重的局部腐蚀而降低材料机械性能，相对来说，均匀的晶界腐蚀会延长材料在腐蚀介质中的使用寿命[26]。

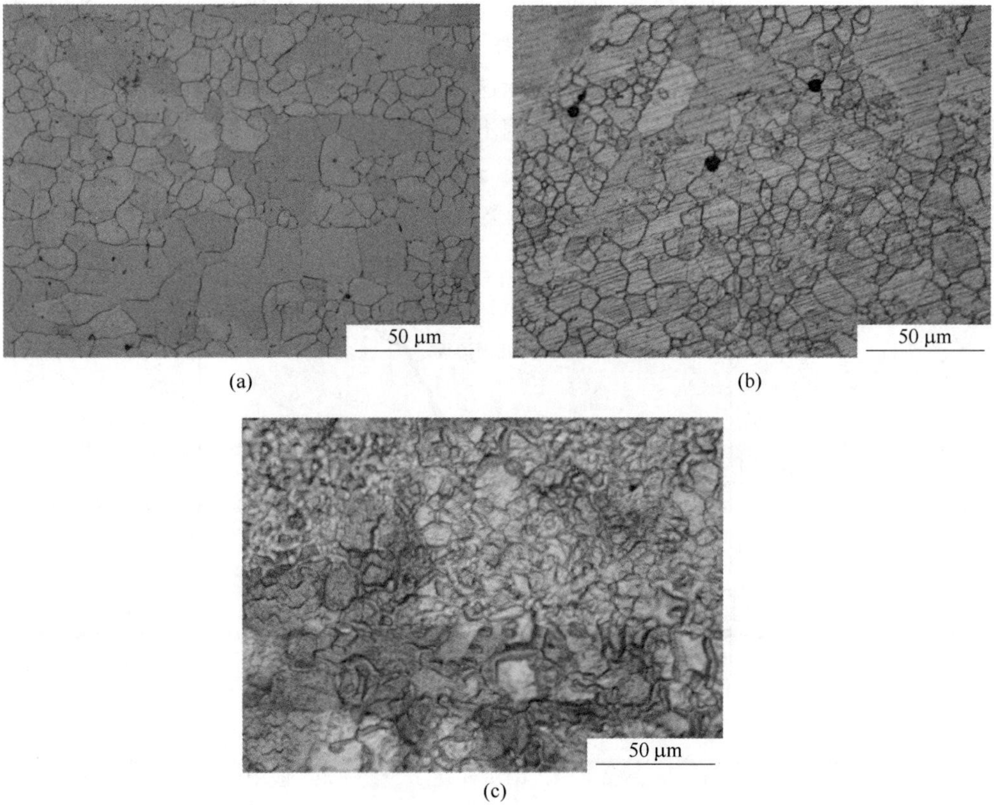

图 5-29　No. 2 试样经不同终止电位极化的形貌
（a）1.28 V；（b）1.45 V；（c）1.78 V

5.3.3.3　晶间腐蚀

晶间腐蚀实验按照 GB/T 4334—2008 标准规定，在沸腾的 65% HNO_3 溶液中进行，腐蚀后的形貌如图 5-27（c）（f）所示，可以明显看出腐蚀后的样品表面颜色变黑失去金属光泽。晶间腐蚀的贫 Cr 理论得到了广泛承认，其原理是晶界析出碳化物 $M_{23}C_6$，使邻近基体贫 Cr 而发生晶间腐蚀[27]。

图 5-30 是样品表面腐蚀后的 SEM 形貌，图 5-30（a）中左边是 γ 相而右边是 δ 相，两相晶间腐蚀程度差异显著。图 5-30（c）（d）分别是两相高倍下的腐蚀形貌，δ 相晶间腐蚀严重，晶粒被宽而深的腐蚀沟分割。γ 相腐蚀程度较轻，只有部分 γ 晶间被腐蚀。由于 C 元素在 δ 相中活度系数高而溶解度较低，碳化物 $M_{23}C_6$优先在 δ 晶界析出，同时消耗晶界附近的 Cr 元素形成贫 Cr 区，高温固溶后的冷却方式对晶间腐蚀有影响，水淬冷却速度过快，Cr 元素来不及扩散至晶界的贫 Cr 区，所以高温固溶水淬后 δ 相对晶间腐蚀敏感，使用较慢的冷却速度可以改善晶间贫 Cr 区，对于双相不锈钢固溶后冷速太慢会产生 σ 相和 χ 相等析出物，影响耐腐蚀性能。实验钢板中 δ 相对晶间腐蚀敏感，γ 相对晶间腐蚀不敏感，降低 C 元素含量减少碳化物析出，可以改善双相不锈钢耐晶间腐蚀性能[28]。

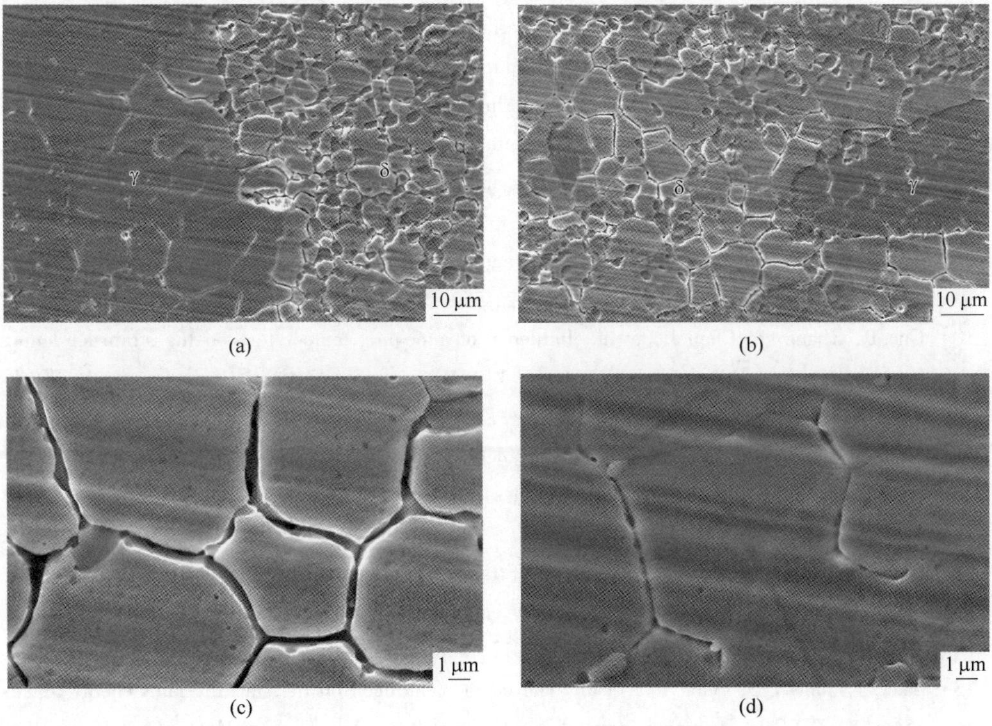

图 5-30　No. 2 成形工艺试样经 65%HNO_3溶液晶间腐蚀后 SEM 形貌

（a）（b）两相组织；（c）δ 相；（d）γ 相

参 考 文 献

[1] Jun J H, Choi C S. Variation of stacking fault energy with austenite grain size and its effect on the MS temperature of γ→ ε martensitic transformation in Fe-Mn alloy [J]. Materials Science and Engineering: A, 1998, 257 (2): 353-356.

[2] Saeed-Akbari A, Imlau J, Prahl U, et al. Derivation and variation in composition-dependent stacking fault energy maps based on subregular solution model in high-manganese steels [J]. Metallurgical and Materials Transactions A, 2009, 40 (13): 3076-3090.

[3] Feng Z H , Li J Y , Wang Y D . Mechanism of hot-rolling crack formation in lean duplex stainless steel 2101 [J]. International Journal of Minerals Metallurgy & Materials, 2016, 23 (4): 425-433.

[4] 冯志慧. 经济型双相不锈钢2101热塑性研究 [D]. 北京: 北京科技大学, 2018.

[5] Duprez L, De Cooman B C, Akdut N. Deformation behaviour of duplex stainless steel during industrial hot rolling [J]. Steel Research, 2002, 73 (12): 531-538.

[6] Rhodes C G , Thompson A W . The composition dependence of stacking fault energy in austenitic stainless steels [J]. Metallurgical and Materials Transactions A, 1977, 8 (12): 1901-1906.

[7] Remy L, Pineau A. Twinning and strain-induced FCC→ HCP transformation in the Fe-Mn-Cr-C system [J]. Materials Science and Engineering, 1977, 28 (1): 99-107.

[8] Lee T H, Shin E, Oh C S, et al. Correlation between stacking fault energy and deformation microstructure in high-interstitial-alloyed austenitic steels [J]. Acta Materialia, 2010, 58 (8): 3173-3186.

[9] Shen Y F, Li X X, Sun X, et al. Twinning and martensite in a 304 austenitic stainlesssteel [J]. Materials Science and Engineering: A, 2012, 552: 514-522.

[10] Guo B, Zhang Q, Chen L, et al. Influence of annealing temperature on the strain-hardening behavior of a lean duplex stainless steel [J]. Materials Science and Engineering: A, 2018, 722: 216-224.

[11] Lo K H, Lai J K L. On the cryogenic magnetic transition and martensitic transformation of the austenite phase of 7MoPLUS duplex stainless steel [J]. Journal of Magnetism and Magnetic Materials, 2010, 322 (16): 2335-2339.

[12] Choi J Y , Ji J H , Hwang S W , et al. Strain induced martensitic transformation of Fe-20Cr-5Mn-0. 2Ni duplex stainless steel during cold rolling: Effects of nitrogen addition [J]. Materials Science and Engineering: A, 2011, 528 (18): 6012-6019.

[13] Lee S J, Jung Y S, Baik S I, et al. The effect of nitrogen on the stacking fault energy in Fe-15Mn-2Cr-0. 6C-xN twinning-induced plasticity steels [J]. Scripta Materialia, 2014, 92: 23-26.

[14] De Cooman B C, Estrin Y, Kim S K. Twinning-induced plasticity (TWIP) steels [J]. Acta Materialia, 2018, 142: 283-362.

[15] Ding L, Hilhorst A, Idrissi H, et al. Potential TRIP/TWIP coupled effects in equiatomic

CrCoNi medium-entropy alloy [J]. Acta Materialia, 2022, 234: 118049.

[16] Chen L, Jia Q, Hao S, et al. The effect of strain-induced martensite transformation on strain partitioning and damage evolution in a duplex stainless steel with metastable austenite [J]. Materials Science and Engineering: A, 2021, 814: 141173.

[17] Tewary N K, Ghosh S K, Bera S. Influence of cold rolling on microstructure, texture and mechanical properties of low carbon high Mn TWP steel [J]. Materials Science and Engineering: A, 2014, 615: 405-415.

[18] Bracke L, Verbeken K, Kestens L. Microstructure and texture evolution during cold rolling and annealing of a high Mn TWIP steel [J]. Acta Materialia, 2009, 57 (5): 1512-1524.

[19] Saleh A A, Haase C, Pereloma E V. On the evolution and modelling of brass-type texture in cold-rolled twinning-induced plasticity steel [J]. Acta Materialia, 2014, 70: 259-271.

[20] Haase C, Chowdhury S G, Barrales M. On the Relation of microstructure and texture evolution in an austenitic Fe-28Mn-0.28C TWIP steel during cold rolling [J]. Metallurgical and Materials Transactions: A, 2013, 44: 911-922.

[21] Hao S, Chen L, Zou Z, et al. Microstructural evolution and cyclic softening / hardening response of a TRIP-assisted duplex stainless steel [J]. Materials Science and Engineering: A, 2021, 811 (2): 141026.

[22] Kubin L P, Mortensen A. Geometrically necessary dislocations and strain-gradient plasticity: A few critical issues [J]. Scripta Materialia, 2003, 48 (2): 119-125.

[23] Hwang S W, Ji J H, Lee E G , et al. Tensile deformation of a duplex Fe-20Mn-9Al-0.6C steel having the reduced specific weight [J]. Materials Science and Engineering: A, 2011, 528 (15): 5196-5203.

[24] Radisic M, Christman K L. Materials science and tissue engineering: Repairing the heart [J]. Mayo Clinic Proceedings, 2013, 88 (8): 884-898.

[25] 陈晓辉，任学平，徐辉，等. 固溶处理对00Cr25Ni7Mo3N双相不锈钢超塑性和连接性能的影响 [J]. 北京科技大学学报，2012 (4): 404-409.

[26] 宋仁伯，项建英，侯东坡. 316L不锈钢冷变形加工硬化机制及组织特征 [J]. 北京科技大学学报，2013, 35 (1): 55-60.

[27] Fréchard S, Martin F, Clément C, et al. AFM and EBSD combined studies of plastic deformation in a duplex stainless steel [J]. Materials Science and Engineering: A, 2006, 418 (1/2): 312-319.

[28] 林刚，张志霞，宋洪伟. 双相不锈钢高温微观变形行为 [J]. 钢铁研究学报，2008 (6): 41-44.

6 双相不锈钢板成形特点

6.1 双相不锈钢板成形性能的评价指标

6.1.1 塑性应变比

板材的冲压性能与其力学性能的各向异性密切相关，即力图使其在板平面内具有高塑性流动性，同时，在板厚方向具有足够的抵抗塑性流动的能力，材料的这一性质可用塑性应变比（r 值）来定量表示。塑性应变比被定义为将金属薄板试样单轴拉伸到产生均匀塑性变形时，试样标距内，宽度方向的真实应变与厚度方向的真实应变之比。它反映了金属薄板在某平面内承受拉力或压力时，抵抗变薄或变厚的能力，其中 r 值越大表示板材不易在厚度方向上减薄或增厚，具有良好的冲压成形性能。其定义式为：

$$r = \frac{\varepsilon_b}{\varepsilon_a} \tag{6-1}$$

$$\varepsilon_b = \ln \frac{b_1}{b_0} \tag{6-2}$$

$$\varepsilon_a = \ln \frac{a_1}{a_0} \tag{6-3}$$

由于金属薄板的厚度精度不易保证，根据体积不变条件，r 值也可由式（6-4)求出：

$$r = \left(\frac{\ln \frac{L_1}{L_0}}{\ln \frac{b_0}{b_1}} - 1 \right)^{-1} \tag{6-4}$$

式中，r 为塑性应变比；b_0、a_0、L_0 分别为试样原始宽度、厚度、长度；b_1、a_1、L_1 分别为拉伸后的试样宽度、厚度、长度。

金属薄板在板平面内存在各向异性，不同取样方向上 r 值不同，因此，常用平均塑性应变比（$\bar{r}$ 值）来评价材料在板平面内的整体成形性能，它是材料在与轧制方向成 0°、45°和 90°三个方向所取试样测得的 r 值的加权平均值。事实上，上述三

个方向的 r 值与金属的变形工艺密切相关，同时，因它们在取加权平均值时权值不同，它们的变化规律将影响到最终的 $\bar{r}$ 值。平均塑性应变比按下式计算：

$$\bar{r} = \frac{1}{4}(r_0 + 2r_{45} + r_{90}) \tag{6-5}$$

式中，$\bar{r}$ 为平均塑性应变比；r_0、r_{45} 和 r_{90} 分别是与轧制方向成 0°、45°和 90°三个方向的拉伸试样所测得的 r 值。$\bar{r}$ 值以 1 作为标准值，当 $\bar{r}$ 值小于 1 时，表明材料厚度方向上容易变形减薄、致裂，则冲压性能不好。当 $\bar{r}$ 值大于 1 时，表明材料冲压成形过程中长度和宽度方向上容易变形，能抵抗厚度方向上变薄，而厚度容易减薄是冲压过程中发生断裂的主要原因，故 $\bar{r}$ 值越大成形性能越好。

根据 GB/T 5027—2007《金属材料　薄板和薄带　塑性应变比（r 值）的测定》，与板材轧制方向呈 0°、45°、90°切取标准拉伸试样，分别测量实验板材不同方向的力学性能，每个方向切取三组平行试样，以减小实验误差。图 6-1 为塑性应变比 $\bar{r}$ 值试样测量示意图，其中 RD、TD 和 ND 分别表示板材的轧制方向（Rolling Direction）、横向（Transverse Direction）和法线方向（Normal Direction）。通过单轴拉伸试验结果并依据式（6-4）分别测量计算实验板材 0°、45°、90°方向的 r 值（r_0、r_{45}、r_{90}），依据式（6-5）计算板材的平均塑性应变比 $\bar{r}$。

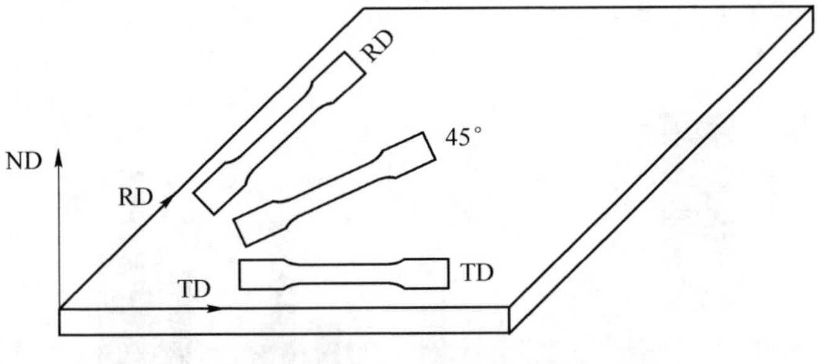

图 6-1　平均塑性应变比 $\bar{r}$ 值试样测量示意图

图 6-2 为 2507 双相不锈钢板材 Lankford 系数（r 值）与不同拉伸方向的关系。由图 6-2 中可以看出，2507 钢板材不同方向的 r 值有很大的差异，r 值呈倒“V”形分布。在与轧制方向呈 45°夹角上的 r 值最大，达到了 1.05，在 RD 和 TD 方向上 r 值急剧下降，尤其沿 RD 方向的 r 值最低，只有 0.45。实验所用 2507 板材平均塑性应变比 r 值小于 1，仅为 0.86，这表明实验板材在变形过程中，板材在厚度方向的变形抗力较小，板材平面方向的变形抗力较大。

冲压成形过程中，板材 r 值越大，材料在板平面方向上越容易变形，金属流动性越好，厚度方向上不易减薄，从而降低了材料破裂的可能性，提高了材料的成品率。图 6-3 为 2507 双相不锈钢实验板材与其他钢种的 r 值对比。可以看出，不同类型的钢种其 r 值分布规律也不相同。由于板材轧制工艺的影响，各向异性

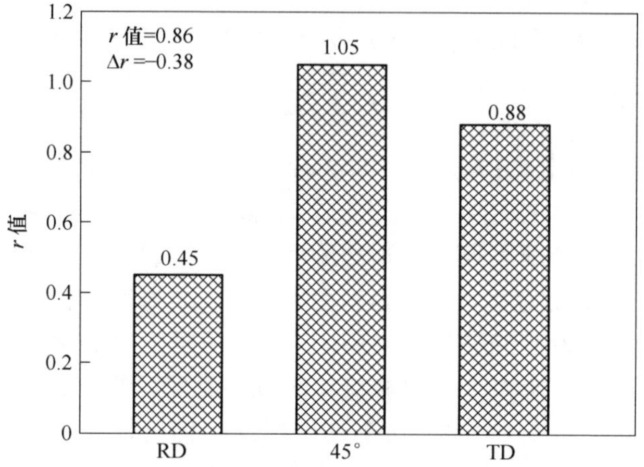

图 6-2　2507 双相不锈钢不同方向的 r 值

现象在不同材料中都普遍存在，图中几种钢种不同方向的 r 值均有所差异。同时发现，实验钢的 r 值分布规律与大多数钢种不同，呈倒“V”形分布，且三个方向 r 值差异较大，平面各向异性明显。与其他几种钢铁材料对比看出，2507 双相不锈钢的 r 值处于较低水平。

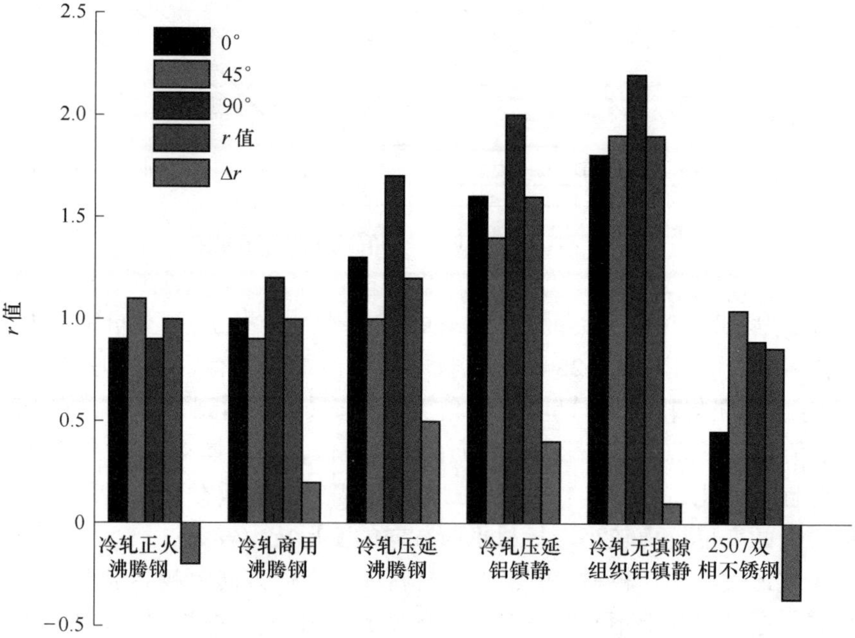

图 6-3　2507 双相不锈钢与其他钢种 r 值对比

6.1.2 加工硬化指数

加工硬化指数（n 值）表示在塑性变形中材料硬化的剧烈程度，是评定板材冲压性能（成形极限、变形均匀性）的重要指标。在均匀伸长阶段 n 定义为：

$$n = \frac{\mathrm{dln}\sigma}{\mathrm{dln}\varepsilon} \tag{6-6}$$

它可用来评价同一金属系列的相对伸展成形性，就成形性而言（特别是延伸性能），n 值是很重要的，它与材料基体的纯净度和晶粒度有关，由于它有助于促进应变的均匀性，n 值越大，拉延能力越强，冲压性能越好。与平均塑性应变比相同，在金属薄板平面上与轧制方向呈 0°、45°和 90°三个方向所测 n 值的加权平均值为平均应变硬化指数。

$$\bar{n} = \frac{1}{4}(n_0 + 2n_{45} + n_{90}) \tag{6-7}$$

为方便叙述，通常用 $\bar{n}$ 表示平均应变硬化指数。$\bar{n}$ 值越大深冲性能越好。实践表明，$\bar{n}$ 值的控制往往归于钢板晶粒度的控制，晶粒越大越有利。但当晶粒尺寸大于 ASTM 6 级时，会出现所谓的“桔皮”现象，这使得对 $\bar{n}$ 值的控制受到很大的局限。

一般说来，n 值大的材料，成形零件厚度分布均匀且表面质量较好，应变均匀化能力强，减少了毛坯的局部变薄并提高了极限变形参数，使危险断面的承载能力得以强化，同时在相同变形程度下，成形零件的真实应力增加得更多[1]。尤其对于复杂形状曲面零件的拉深成形工艺，当毛坯中间部分的胀形成分较大时，n 值对成形性能的影响更为显著。与 r 值相比较，实际生产当中 n 值的影响常常可以忽略不计。只是在拉深比高于 LDR（极限拉深）的拉深时，n 值的影响才会显示出来，在 r 值相同的情况下，n 值越大，在断裂极限时的凸缘收缩率（即拉深深度）就越大。这也是常见的 n 值增加时，拉深力增加，凸模行程也变大的原因。

与传统的铁素体不锈钢、奥氏体不锈钢及低碳钢等材料相比，双相不锈钢的冷成形性能还处于一个较低的水平，具有很大的挖掘潜力。图 6-4 列举了不同类型不锈钢与低碳钢的 n 值与 r 值。可以看出，与其他几种材料相比，双相不锈钢的 r 值、n 值均处于较低的水平，r 值大约在 0.8 左右，n 值约在 0.15 左右，其冷成形能力不足，难以进行深度加工。

6.1.3 拉胀性能

拉胀成形工艺是由拉深与胀形两类成形方式复合形成的，它结合了两类成形方式的优点。拉胀性能是指金属薄板在拉深-胀形复合成形方式下抵抗破裂的能

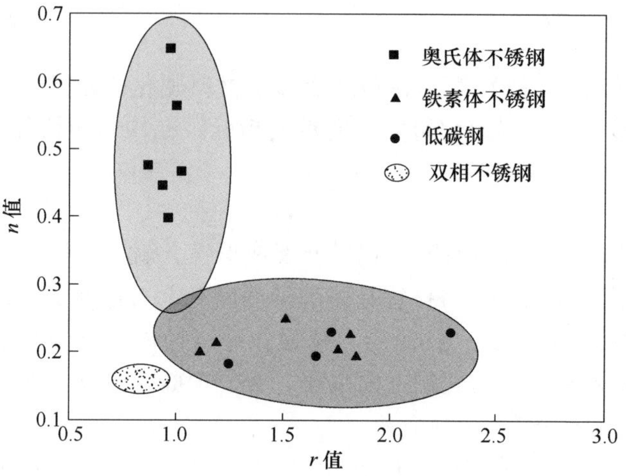

图 6-4　铁素体不锈钢、奥氏体不锈钢、低碳钢以及双相不锈钢的 n 值及 r 值

力，它是评价板材冲压性能的关键指标之一。板材的拉胀性能通常是由锥杯试验测试获得，该方法由日本学者福井在 1938 年提出，也称为福井试验。

按照 GB/T 15825. 6—1995《金属薄板成形性能与试验方法　第 6 部分：锥杯试验》进行测试，试验时，把圆片试样平放到锥形凹模孔内，在规定外径为 D_0 的 60°锥角的无压边力的凹模内，用 1/3 直径的球形凸模拉深试验板材，进行锥杯成形，直到杯底侧壁发生破裂时停机，测量锥杯口部的最大外径算术平均值 $\overline{D}_{max}$ 和最小外径平均值 $\overline{D}_{min}$，计算 CCV 值，作为板材的拉胀性能指标。

$$CCV = \frac{\overline{D}_{max} + \overline{D}_{min}}{2} \tag{6-8}$$

$$\overline{CCV} = \frac{1}{n}\sum_{i=1}^{n} CCV_i \tag{6-9}$$

式中，CCV 为锥杯值，mm；$\overline{CCV}$ 为平均锥杯值，mm。金属薄板的 CCV 值越大，其拉胀复合成形性能越好，反之亦然。

此外，为了减少试验检测离散性，国际深冲研究会（IDDRG）提出相对锥杯值 η，计算结果保留三位小数：

$$\eta = \frac{D_0 - CCV}{D_0} \tag{6-10}$$

式中，η 为相对锥杯值（锥杯比）；D_0 为试验原始直径，mm。金属薄板的 η 值越小，其拉胀复合成形性能越好。

锥杯试验表明，2205 双相不锈钢退火板破裂时的杯口直径较大、深度较小，CCV 值如表 6-1 所示[2]。6 组 CCV 值实验数据中最大为 49. 26 mm，最小

48.05 mm，平均值约 48.59 mm，其锥杯率为 0.19。而 IF 钢的锥杯率为 0.27[3]，说明实验板材的拉胀性能较差。

表 6-1 2205 双相不锈钢板材的锥杯值[2] (mm)

试样	1号	2号	3号	4号	5号	6号
锥杯值	49.26	48.67	48.93	48.14	48.46	48.05

表 6-2 为 2507 钢板材的福井锥杯试验结果，2507 钢板材的平均锥杯值为 47.4 mm，平均相对锥杯值为 0.210。图 6-5 为六组平行锥杯试验的位移-载荷曲线图及实物图。从锥杯试验位移-载荷曲线图中可以看出，变形初期，材料处于弹性变形阶段，随着位移的增加，板材开始发生塑性变形。当载荷继续增大时，载荷位移曲线斜率增大，这是由于杯壁部分贴模到杯壁完全贴模过程中，试样与模具之间摩擦力的作用而导致的。从试验后的试样观察到，试样顶端破裂，底部出现一定的凸耳现象。

表 6-2 福井锥杯试验结果

试样	D_0/mm	D_{max1}/mm	D_{max2}/mm	D_{max}/mm	D_{min1}/mm	D_{min2}/mm	D_{min}/mm	CCV/mm	η
1号	60	47.86	47.43	47.65	46.60	47.30	46.95	47.3	0.212
2号	60	47.38	47.51	47.45	47.01	46.70	46.86	47.2	0.214
3号	60	47.23	47.28	47.26	46.62	46.72	46.67	47.0	0.217
4号	60	47.21	47.66	47.44	46.97	46.61	46.79	47.1	0.215
5号	60	48.53	48.37	48.45	48.07	47.83	47.95	48.2	0.197
6号	60	47.98	47.89	47.94	47.49	47.23	47.36	47.6	0.206

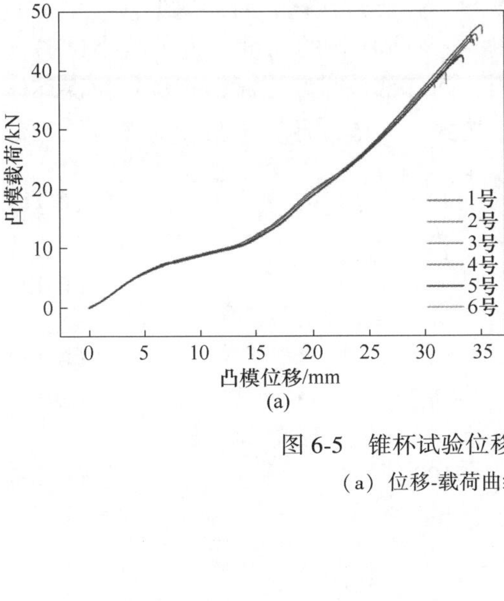

(a)

(b)

彩色原图

图 6-5 锥杯试验位移-载荷曲线及实物图

(a) 位移-载荷曲线；(b) 实物图

表 6-3 列出了不同材料的锥杯值。试验测得 CCV 值为 47. 4 mm，锥杯比 η 为 0. 21。板材的 $\overline{CCV}$ 值越小，η 值越大，表示材料的拉胀综合成形性能越好。与一般冲压用钢相比，可以看到，2507 钢板材的 η 值与其他钢种存在较大差距，因此拉胀性能较弱[4]；而 2205 双相不锈钢和 2507 双相不锈钢的 η 值接近，2507 钢拉胀性能略优于 2205 双相不锈钢。

表 6-3　不同材料的锥杯值对比

钢　种	DC01	DC03	DC04	DC06	DSS2205	DSS2507
厚度/mm	0. 75	0. 80	0. 70	0. 80	1. 00	1. 12
CCV/mm	26. 82	25. 73	25. 83	21. 30	48. 59	47. 40
η	0. 255	0. 283	0. 282	0. 408	0. 190	0. 210

6. 1. 4　凸耳性能

板材在轧制生产过程中通常能产生平面塑性各向异性，特别是深冲板材，经冲压成形后，杯缘部位很容易出现高低不平的波浪形，把波浪中凸起的部分称为制耳或凸耳。板材在冲杯过程中，受挤压金属主要产生径向延伸变形，且径向延伸不均匀，从而产生凸耳缺陷，其中杯缘较高的部位称为谷峰，杯缘较低的部位称为谷底。冲压板材时产生凸耳常伴随凸耳不均匀现象，严重影响冲压后续的生产。凸耳高度较大时，会造成较大的切边余量，降低材料的利用率，提高产品成本；同时，波峰与波谷处易于出现开裂的风险，影响产品质量，降低成品合格率。因此研究凸耳对板材冲压成形性能至关重要。

按照 GB/T 15825. 7—1995《金属薄板成形性能与试验方法　第 7 部分：凸耳试验》对凸耳性能进行测试，通过凸模对试样进行拉深，将其成形为一个空心圆形杯体。试验结束后，测定杯口处凸耳峰及凸耳谷的高度，为了减小试验误差，试样四个凸耳峰应尽量在同一平面内；凸耳部位无厚度减薄现象；拉深杯体呈对称圆形；试样无褶皱及其他缺陷等。按式（6-15）计算出凸耳率 Z_e：

$$\overline{h_t} = \frac{h_{t1} + h_{t2} + h_{t3} + \cdots}{n_t} \tag{6-11}$$

$$\overline{h_v} = \frac{h_{v1} + h_{v2} + h_{v3} + \cdots}{n_v} \tag{6-12}$$

$$\overline{h_e} = \overline{h_t} - \overline{h_v} \tag{6-13}$$

$$h_{emax} = h_{tmax} - h_{vmax} \tag{6-14}$$

$$Z_e = \frac{\overline{h_e}}{\overline{h_v}} \times 100 \tag{6-15}$$

式中，n_t 为凸耳峰的数量；n_v 为凸耳谷的数量；$\overline{h_t}$ 为平均凸耳峰高，mm；$\overline{h_v}$ 为平均凸耳谷高，mm；h_{emax} 为最大凸耳高度，mm；$\overline{h_e}$ 为平均凸耳高度，mm；Z_e 为凸耳率。凸耳率 Z_e 是主要反映了金属薄板塑性平面各向异性程度，Z_e 值越大，板平面各向异性越大，凸耳现象越明显。

板材冲压时产生凸耳的大小与方向与板材的各向异性程度有关，一般用塑性应变比在不同方向上的平均差值 Δr 来衡量薄板的凸耳程度，定义凸耳参数（Δr）为金属薄板平面上 0°和 90°方向 r 值的平均值与 45°方向 r 值之差。其计算公式为：

$$\Delta r = \frac{1}{2}(r_0 - 2r_{45} + r_{90}) \tag{6-16}$$

式中，Δr 为凸耳参数；r_0、r_{45} 与 r_{90} 分别为 0°、45°与 90°方向上的塑性应变比。Δr 反映了板面上各向 r 值波动的程度，它与冲压成形时凸耳程度密切相关。为减小凸耳缺陷，Δr 绝对值应尽量小，当 Δr 接近 0 时，板材越不易出现凸耳缺陷、成材率越高。若 Δr 绝对值越大，板平面各向异性越严重，冲压件边缘越容易形成凸耳。当 Δr 小于 0 表明板材冲压中容易形成 45°方向的凸耳，而 Δr 大于 0 则表示板材冲压中容易形成 0°与 90°方向的凸耳。

表 6-4 为 2205 冷轧板经 1100 ℃退火 5 min 后 r 值。可以看出，实验板材各方向的 r 值均偏低，平均值仅为 0.7 左右，表明其在冲压过程中壁厚容易减薄、成形性能不佳。另外，在 45°方向的 r_{45} 值高于 0°和 90°方向的 r_0 与 r_{90} 值，表明在该方向易形成凸耳。

表 6-4 2205 双相不锈钢冷轧退火板 r 值

试样	r_0	r_{45}	r_{90}	r_m	Δr
1 号	0.46	0.83	0.65	0.70	−0.27
2 号	0.49	0.75	0.64	0.65	−0.18
3 号	0.43	0.91	0.68	0.73	−0.36

图 6-6 展现了 2205 双相不锈钢深冲杯的凸耳高度与轧制方向夹角（θ）之间的关系。凸耳的形成与平面各向异性 Δr 有关，Δr 的数值愈大，板面内各向异性愈严重，则拉深件的边沿越不齐。试验中 2205 双相不锈钢退火板的凸耳出现在与轧向成 45°处，且制耳率平均值达 6.99%。而对于 IF 钢来说，其凸耳率较低为 4.64%，在 0°或 90°形成制耳[5]。

图 6-7 为实验钢三组平行凸耳试验的位移载荷图及实物图。图 6-8 为实验钢凸耳展开图。由图中看到，45°方向上存在波峰，波谷存在于 0°和 90°方向上。表 6-5 列出了 2507 钢凸耳试验结果，从试验结果可以看到，2507 钢平均凸耳高度为 1.56 mm，凸耳率为 7.43。三个试样的凸耳率相差不大，2 号试样具有最大

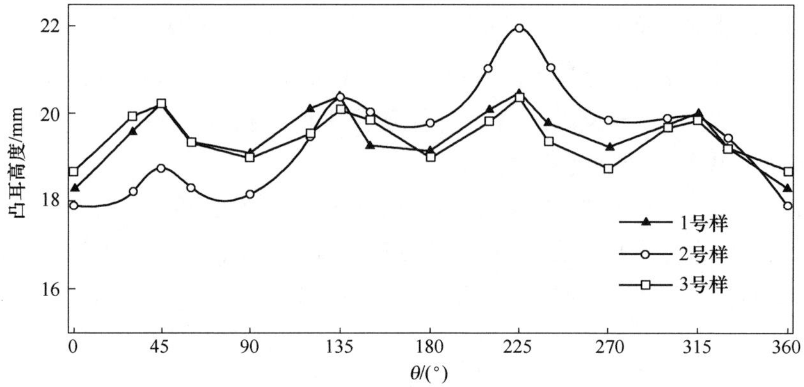

图 6-6　2205 双相不锈钢深冲杯的凸耳高度[2]

的凸耳高度及最大凸耳高度，3 号试样具有最大的凸耳高度及凸耳率，而 1 号试样具有最小的平均凸耳高度以及凸耳率，因此，1 号具有较好的凸耳性能。

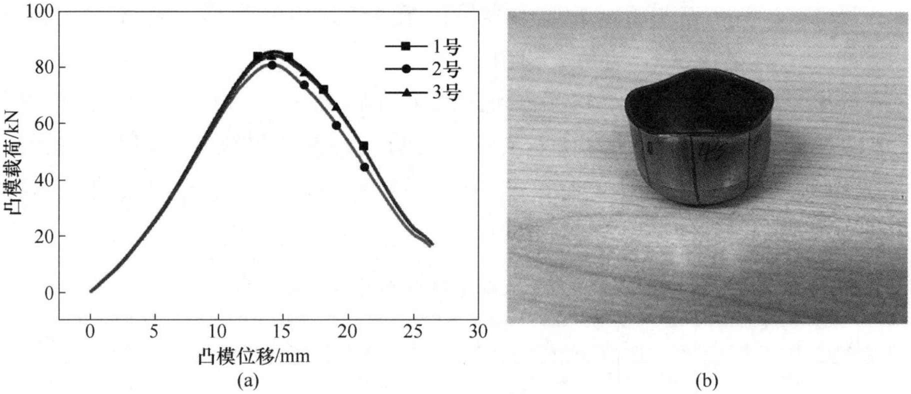

图 6-7　凸耳试验位移-载荷曲线及实物图

（a）位移-载荷曲线；（b）实物图

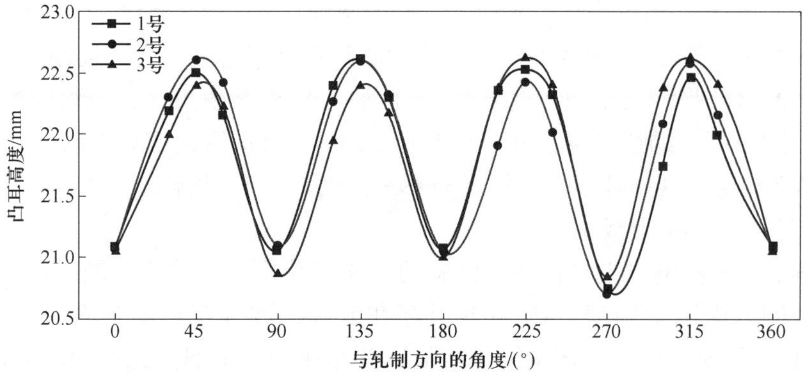

图 6-8　凸耳展开图

表 6-5 凸耳试验结果 (mm)

试样	0°	45°	90°	135°	180°	225°	270°	315°	$\overline{h}_t$	$\overline{h}_v$	$\overline{h}_e$	h_{emax}	Z_e /%
1号	21.09	22.50	21.06	22.61	21.07	22.53	20.75	22.47	22.53	20.99	1.54	1.86	7.31
2号	21.07	22.61	21.10.	22.60	21.05	22.43	20.71	22.58	22.56	20.98	1.57	1.89	7.49
3号	21.06	22.40	20.86	22.40	21.00	22.62	20.84	22.62	22.51	20.94	1.57	1.76	7.50
均值	21.07	22.50	21.00	22.54	21.04	22.53	20.77	22.65	22.53	20.97	1.56	1.84	7.43

表 6-6 列出了 2507 钢与深冲钢系列的凸耳高度与凸耳率的相关参数[6]。与冲压用钢系列对比，可以看到，2507 钢 Δr 值小于 0，在 45°方向出现凸耳；2507 钢的平均凸耳高度和凸耳率均高于其他类型钢种。

表 6-6 2507 钢与冲压用钢的凸耳率对比

钢 种	Δr	$\overline{h}_e$ /mm	Z_e /%
DC01	0.42	1.20	5.5
DC03	0.33	0.92	4.2
DC04	0.27	0.80	3.7
DC06	0.30	0.75	3.4
DSS2507	−0.385	1.56	7.43

6.2 双相不锈钢成形性能影响因素

6.2.1 织构

织构的存在是材料在机械、物理、化学等性质呈现各向异性的根本原因。体心立方金属中，{111} 织构强度与板材的深冲性能有着密切的联系，{111} 织构强度越高，材料的 r 值越大，板材的深冲性能越好。除了典型的有利 {111} 织构外，在薄板试样中，也常常存在其他的织构组分，如 {001} 织构类型，对板材的深冲性能有着严重的恶化作用。研究发现，体心立方金属板材在再结晶退火后，可以大幅降低 {001} 织构的强度，从而提高板材的深冲性能。

Daniel 等[7]采用部分约束的 Taylor 方法模拟了各织构组分对 r 值和 Δr 值的影响规律。{111} 织构组分可以获得较大的 r 值和很小的 Δr 值，是对板材冲压成形性能最为理想的有利织构；{112}〈110〉织构的平均 r 值要小于 {111} 织构，且 Δr 值很大，呈现较大的各向异性；{001}〈110〉织构有着最小的平均 r 值，是对板材冲压成形性能最不利的织构类型。研究还发现，{112}〈110〉织构会造成钢板在 θ 在 35°~50°（θ 为与轧制方向的夹角）范围内有非常高的 r 值，{112}

〈110〉会促使板材在 45°方向的 r 值很高。高斯织构｛110｝〈001〉会在使 θ 在 55°~90°的范围有非常高的 r 值，同样会对板材的各向异性造成影响。均匀的｛111｝织构有利于控制凸耳率，当｛111｝〈110〉和｛111｝〈112〉两种织构的作用互相抵消时，板材将会表现出较小的各向异性，从而改善凸耳现象的产生。不同的织构类型与钢板 r 值的关系如表 6-7 所示[8]。

表 6-7　不同织构与钢板 r 值的关系[8]

织构组分	r	Δr
｛001｝〈110〉	0.4	-0.8
｛112｝〈110〉	2.1	-2.7
｛111｝〈110〉	2.6	0
｛111｝〈112〉	2.6	0
｛554｝〈225〉	2.6	1.1
｛110｝〈001〉	5.1	8.9

大量研究表明，冲压钢板 r 值的大小是由织构的性质决定的，最有利的取向为｛111｝〈uvw〉，即〈111〉//ND 织构（γ 织构）；最不利的取向是｛001｝〈110〉。上述织构组分的对比关系强烈影响冲压性能指标 r 值。如果钢板中存在｛001｝面织构，将使其深冲性能恶化，一份｛001｝织构造成的成形性下降，需 4~5 份的｛111｝织构才能得以补偿，｛111｝织构组分越强，｛100｝织构组分越弱，冲压性能越好。冲压性能指标 r 值随｛111｝/｛100｝组分强度比率的增大而提高。｛111｝〈uvw〉这种织构之所以有利于冲压，是因为体心立方晶格结构的｛111｝强度最大而这种强度最大的方向垂直于薄板上下表面，使钢板具有较大的抵抗减薄能力，即使在大变形量下，钢板仍表现出良好的成形性能。

图 6-9 给出 2205 钢冷轧态和退火态中两相的 ODF 图及 α-取向线织构分布图。由图 6-9 可知，铁素体的冷轧织构以α纤维织构（〈110〉//RD 取向）为主，强点集中在｛001｝$\langle 1\bar{1}0\rangle$ 和｛001｝$\langle \bar{1}\bar{1}0\rangle$ 两个组分，强度分别为 11.4 和 11.1，还含有微弱的｛332｝$\langle 1\bar{1}0\rangle$ 和｛332｝$\langle \bar{1}\bar{1}3\rangle$ 织构；而奥氏体的冷轧织构以 Brass｛110｝$\langle 1\bar{1}2\rangle$ 为主，织构强度为 6.6，明显弱于铁素体相。退火后，铁素体仍以 α 纤维织构为主，强度大幅度弱化，织构强点转移到了｛115｝$\langle 1\bar{1}0\rangle$ 取向，强度为 4.6，同时存在｛223｝$\langle 1\bar{1}0\rangle$、｛332｝$\langle 1\bar{1}0\rangle$、｛001｝$\langle 1\bar{1}0\rangle$ 以及｛332｝$\langle \bar{1}\bar{1}3\rangle$ 织构，其强度均约为 2.0，没有形成典型的体心立方金属再结晶织构-γ 纤维织构（｛111｝//ND 取向）；而奥氏体织构强度降低，最大强度为 2.8，转移到 Gross｛110｝〈001〉取向上。虽然两相的织构都会影响 2205 双相不锈钢的成形性能，但是织构明显、强度较高的铁素体相的影响会更显著[9]。

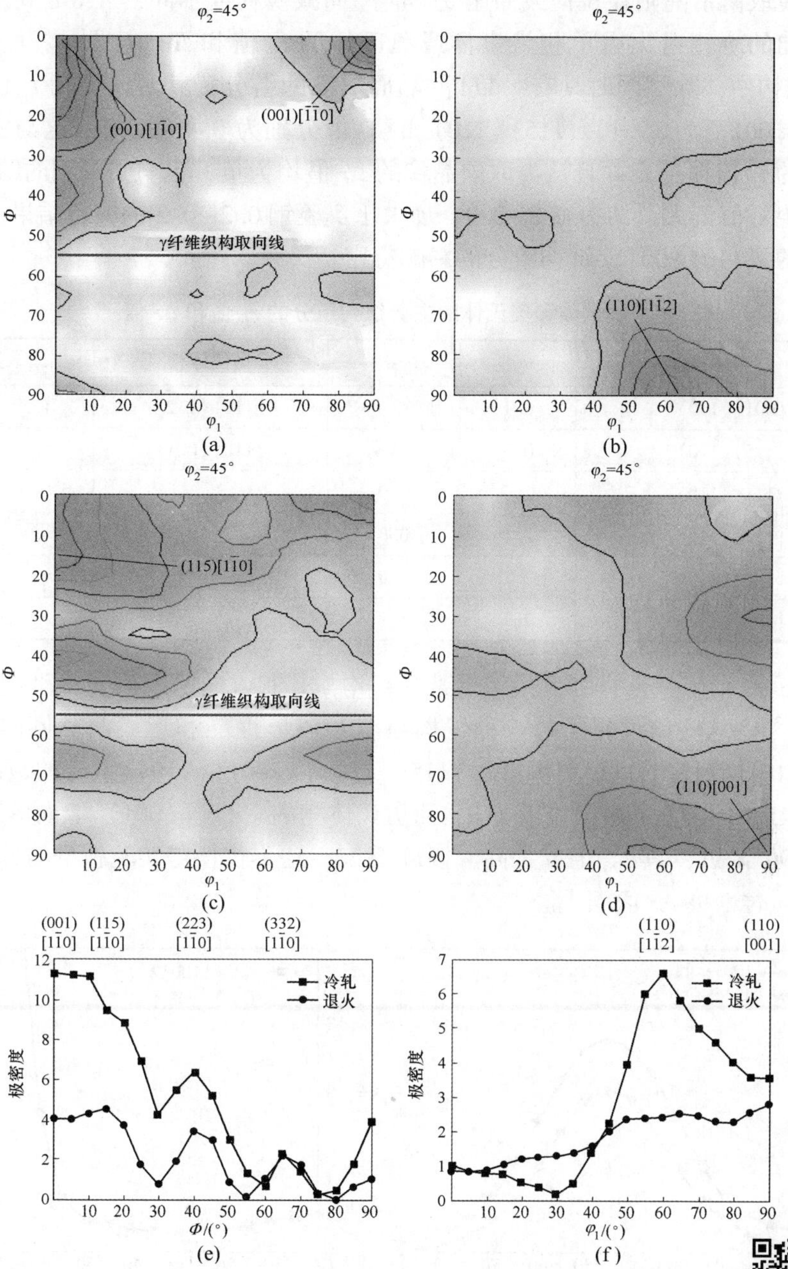

图 6-9 冷轧及退火织构 EBSD 取向分布图（$\varphi_2=45°$）

（a）铁素体相，冷轧态；（b）奥氏体相，冷轧态；（c）铁素体相，退火；（d）奥氏体相，退火；（e）铁素体相中 α-取向线（$\varphi_1=0°$，$\Phi=0°\to90°$，$\varphi_2=45°$）；（f）奥氏体相中 α-取向线（$\varphi_1=0°\to45°$，$\Phi=45°$，$\varphi_2=0°/90°$）

彩色原图

晶粒取向不同则在拉伸或冲压变形时厚向减薄程度不同，表 6-8 列出了不同织构取向的冷轧退火态单相铁素体或奥氏体的 r_m 值和 Δr 值[10-13]。可以看出，〈110〉织构中，除了同时具有 {111} 晶面取向的组分，其余组分的 r_m 值都非常低，如 {001}〈110〉和 {115}〈110〉的 r_m 值分别为 0.4 和 0.6，这与实验钢板材整体的 r_m 值接近。并且该类取向晶粒的 Δr 值均为负，也与实验钢的结果吻合。然而其绝对值偏大，约为 0.8~0.9，远大于实验钢 0.2~0.3 的实验结果。这与奥氏体相的 {110}〈001〉织构组分的影响有密切关系。

表 6-8　铁素体和奥氏体的主要织构组分的 r_m 值和 Δr 值[10-13]

铁素体相	r_m	Δr	奥氏体相	r_m	Δr
{001}〈110〉	0.4	−0.8	{110}〈112〉	1.5	−1.4
{115}〈110〉	0.6	−0.9	{110}〈001〉	5.1	8.9
{111}〈110〉	2.6	0.0			
{111}〈112〉	2.6	0.0			
{332}〈110〉	2.2	1.8			
{332}〈113〉	2.7	1.9			

图 6-10 给出铁素体和奥氏体中某些织构与轧制方向所成角度 θ 和 r 值的对应关系[10-13]。这些值说明了每一种织构组分对成形性能和形成凸耳倾向的影响。由图 6-10 可以看出，铁素体相的 {115}〈110〉、{001}〈110〉织构的最高 r 值均出现在 45°附近，r_0 和 r_{90} 接近于 0，而奥氏体相的 {110}〈001〉取向的最高 r 值出现在 90°附近，其 r_{90} 值异常高，接近于 20，这不仅使得实验板材的 r_{90} 值高于 r_0 值，同时也将 Δr 值缩小。

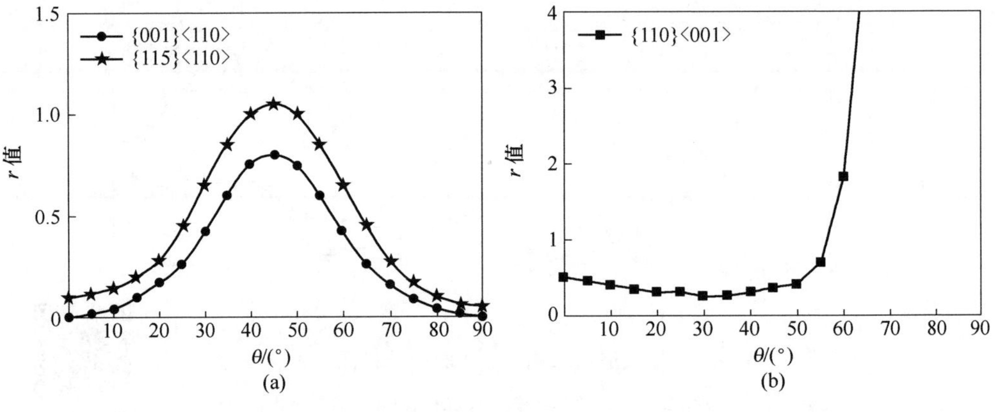

图 6-10　部分织构沿不同方向（与轧向角度 θ）拉伸的 r 值[10-13]

(a) 铁素体 {001}〈110〉和 {115}〈110〉织构；(b) 奥氏体 {110}〈001〉织构

图 6-11 为 2507 双相不锈钢板材奥氏体和铁素体两相 ODF 图（$\varphi_2=0°$，45°和 65°），分别给出了对应的立方晶体中 φ_2 恒定的 ODF 截图中重要的织构组分分布图。可以看出，奥氏体晶粒取向主要集中在 β-取向线（$\varphi_2=45°\to 90°$）附近，主要织构组分为 Copper ｛112｝〈111〉、Brass ｛110｝〈112〉附近、Goss ｛011｝〈100〉以及 S ｛123｝〈634〉。同时，也观察到面心立方再结晶织构 R ｛124｝〈211〉，且每种织构组分密度相差不大。铁素体相中形成了 α 纤维织构（〈110〉∥RD），集中在｛001｝〈110〉到｛112｝〈110〉之间，有着很高的强度，并没有发现典型体心立方金属再结晶织构 γ 纤维织构，只有很弱的｛111｝〈112〉取向，这与单相的铁素体不锈钢冷轧退火过程中 α 纤维织构消失，形成 γ 再结晶织构是不同的，｛111｝〈112〉取向的再结晶晶粒并没有吞噬合并｛001｝〈110〉和｛112｝〈110〉取向变形晶粒，使得 2507 双相不锈钢实验板材中依然保留着 α 纤维织构，这一现象与 Hamada 等[14] 在 329J4L 双相不锈钢中的发现是一致的。

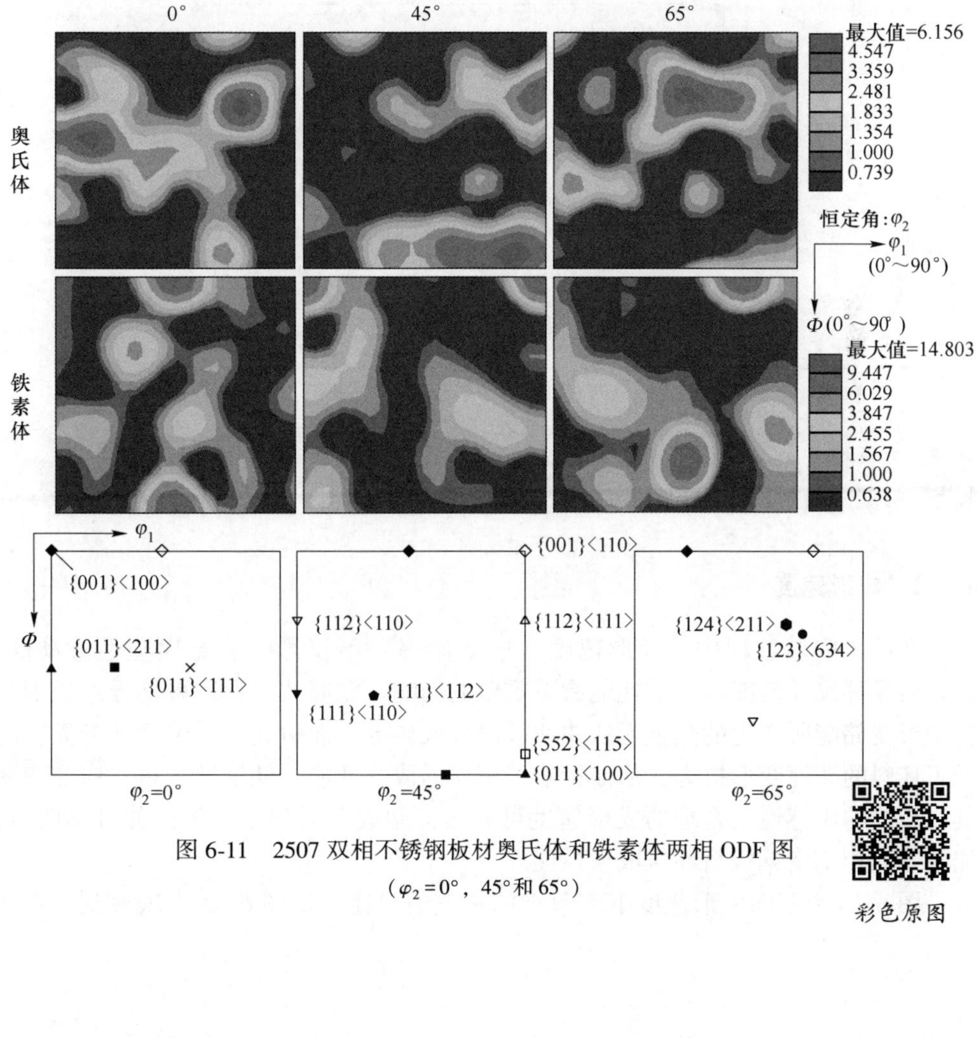

图 6-11　2507 双相不锈钢板材奥氏体和铁素体两相 ODF 图
（$\varphi_2=0°$，45°和 65°）

彩色原图

图 6-12 为 {001}〈110〉和 {112}〈110〉取向 r 值与轧制方向角度的关系曲线[15]。可以看出，其 r 值分布都呈倒“V”形，均在 45°处取得极大值，{001}〈110〉取向的 r_m 只有很低的 0.4，Δr 为 −0.8；{112}〈110〉取向则有着很大的 r_m 和 Δr，分别为 2.1 和 −2.7。从 r 值变化规律来看，与 2507 钢板材的 r 值分布规律是一致的。铁单晶拉伸实验结果表明，体心立方金属在〈100〉晶向拉伸强度最低，〈110〉晶向次之，〈111〉晶向拉伸强度最大[16]。而 2507 钢板材中，强度很高的 {001} 轧制织构的〈100〉晶向垂直于板面，因此，{001} 织构使板材在冲压过程中厚度方向易于变形，从而导致板材成形性能降低。而另一种强度很高的 {112}〈110〉取向，虽然有着很高的平均 r 值，但 Δr 绝对值较高，表现出严重的各向异性。由此看出，铁素体中高密度的 {001}〈110〉织构是造成 2507 钢板材 r 值较低，成形性能较差的主要原因；而 {112}〈110〉织构是造成 2507 钢板材各向异性严重的主要因素，进一步恶化了冲压成形性能。

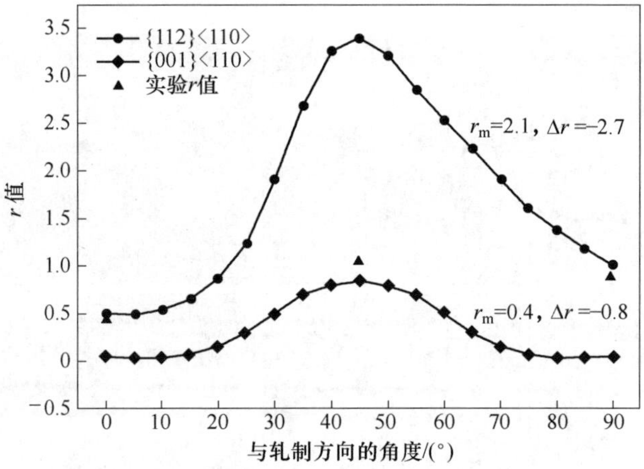

图 6-12　{001}〈110〉和 {112}〈110〉取向 r 值与轧制方向角度的关系曲线

6.2.2　成形速度

在冲压成形过程中，成形速度（应变速率）不仅影响着金属塑性流动性，而且对零件尺寸精度及力学性能有着重要的影响。较高的成形速度能导致成形过程中形变储能所产生的热量无法快速被释放或传导，而引起成形温度的升高，降低了坯料的塑性变形抗力，从而影响了板材的成形性能。低塑性板材对应变速率具有较高的敏感性，合理的成形速度可有效抑制成形中颈缩或裂纹的过早萌生，能改善双相不锈钢板材冲压成形性能。

图 6-13 为不同成形速度下实验钢的杯突值对比。从图 6-13 中观察到，在相

同润滑条件下，不同的成形速度会对杯突值 *IE* 造成一定的影响。由第一组和第二组数据对比来看，冲头速度 5 mm/min 时的杯突值 *IE* 均小于冲头速度为 10 mm/min。这是由于冲头速度增加，试验时对试样的冲击增大，使得对凸模控制较难，影响杯突值的准确性。相同润滑条件下，当冲头速度增加到 20 mm/min 时，可以观察到杯突值比成形速度为 5 mm/min 时有所下降，这是由于成形速度的增加，金属塑性变形剧烈，应变梯度大，材料易于减薄破裂，冲头位移减小，杯突值降低。总之，在合适的成形速度范围之内，成形速度对杯突值的影响较弱。

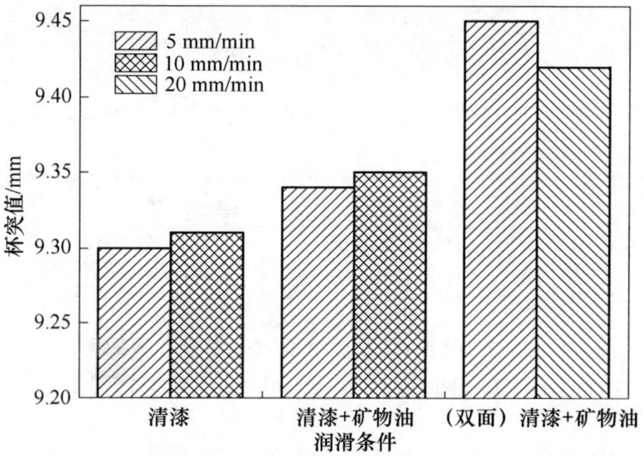

图 6-13　不同成形速度对 2507 双相不锈钢杯突值的影响

有文献证明，n 值是评价拉胀工序成形性好坏的重要指标，而 r 值是判断拉深性能好坏的重要指标[17]。n 值大时，材料的强化效应大，在伸长类变形过程（如扩孔、胀形等）中，可以使变形均匀化，具有扩展变形区、减少毛坯的局部减薄和增大极限变形参数等作用。因此，对于拉胀而言，n 值越大，其极限应变值也就越大；r 值越大，材料的塑性应变比大，在板厚方向越不易变薄或变厚，从而有利于压延成形（如拉深等）。因此，在拉压变形中，r 值越大，板材所对应的极限应变值也就越大。

表 6-9 及图 6-14 显示了 2507 双相不锈钢实验板材在不同拉伸速率下实验板材的力学性能。可以看出，随着应变率的增加，抗拉强度变化不大，但伸长率降低，屈服强度和屈强比增加。屈强比是衡量材料成形性能的重要参数。屈强比越小，在拉伸变形过程中，局部颈缩越易于转移，材料均匀变形的能力越强，从而提高了材料的成形性能。因此，在较小的应变速率下，实验板材的成形性更好，均匀的变形阶段较长，材料的颈缩被延迟。

表 6-9　2507 双相不锈钢板材不同速率下的力学性能

应变速率/s^{-1}	1×10^{-4}	2.5×10^{-4}	1×10^{-3}	2.5×10^{-3}	5×10^{-3}
屈服强度/MPa	713	724	743	753	771
抗拉强度/MPa	940	939	937	934	937
伸长率/%	31	30	26	25	23

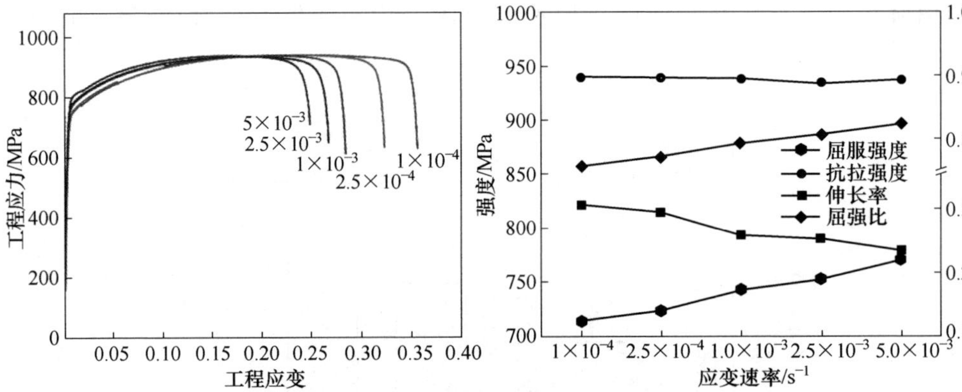

(a)　(b)

图 6-14　2507 双相不锈钢板材不同应变速率下的力学性能
（a）工程应力应变曲线；（b）不同应变速率下的力学性能变化

图 6-15 显示出了在 0.05、0.1 和 0.15 的不同真实应变下，实验板材的应变速率敏感指数 m 的拟合曲线。由图 6-14 中看出，当真实应变为 0.05、0.1 和 0.15

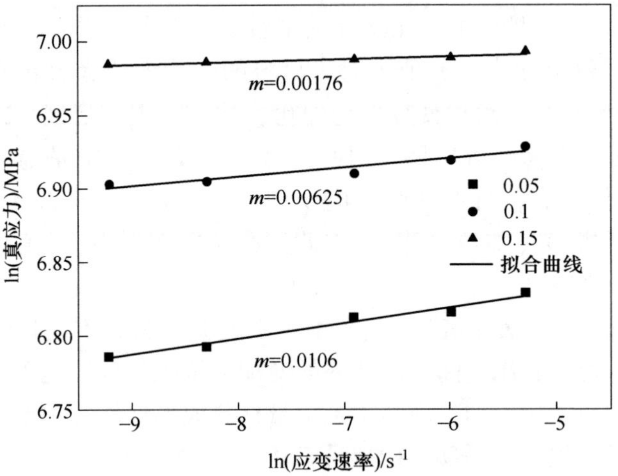

图 6-15　2507 双相不锈钢实验板材不同真应变下的应变速率敏感指数

时，应变速率敏感指数 m 分别为 0.00176、0.00625 和 0.0106。2507 双相不锈钢实验板材在室温下的应变速率敏感指数 m 较小，并且随着应变速率的变化影响较小，室温下对应变速率不敏感。

6.2.3 润滑条件

在冲压成形过程中，润滑条件影响着板材与模具间接触面的应力情况。如果在板材冲压成形过程中与模具间的摩擦系数过大，势必增加板材径向应力，从而引起拉深力的增大，继而提高了已进入凸、凹模间隙板材的拉应力，致使板材表面被划伤甚至发生破裂。因此，采用适当的润滑方式，不仅能有效提高双相不锈钢板材的拉深成形性能，还能够得到外观质量良好的成形件。

表 6-10 给出了 2507 双相不锈钢实验板材在不同润滑条件下埃里克森杯突试验结果。杯突试验衡量板材胀形能力试验，2507 钢板材在变形过程中，由于试验过程中采用较大的压边力，因此凸缘部分金属在压边圈的作用下不能补充到变形区，凸模不断对实验板材施加载荷，变形区域内的金属在两向拉应力的作用下发生塑性变形，不断变薄，直到板材破裂，凸模的位移差值即为实验板材的杯突值。可以看出，在（双面润滑+双薄膜）黄油+液压油+清漆润滑条件下，杯突值越大，板材塑性变形程度越大，板材的胀形性能越好。

表 6-10 2507 双相不锈钢不同实验条件下杯突试验结果

序号	速度/mm · min^{-1}	润 滑	杯突值 IE
1	5	薄膜+清漆	9.30
2	5	薄膜+清漆+黄油+液压油	9.34
3	5	（双面润滑）薄膜+黄油+液压油+清漆	9.45
4	5	（双面润滑+双薄膜）黄油+液压油+清漆	9.53
5	10	薄膜+清漆	9.31
6	10	薄膜+清漆+黄油+液压油	9.35
7	10	（双面润滑）薄膜+清漆+黄油+液压油	9.37
8	20	（双面润滑）薄膜+清漆+黄油+液压油	9.42
9	20	（双面润滑）薄膜+清漆+黄油+液压油	9.41

图 6-16 为实验钢在不同试验条件下的载荷位移曲线及部分实物图。从实物图中可以看出，试样顶端发生破裂，裂纹穿透板材厚度，保证试验结果真实有效。

图 6-17 为实验板材在不同润滑条件下的杯突值对比。由图中可以清楚地看到，在相同的成形速度下，随着润滑的增加，材料杯突值增大。这是由于润滑条件的变化，改变试样和球头凸模间的摩擦。双面双薄膜润滑条件下，实验板材有

着最高的杯突值，达到了 9. 53 mm，材料拉胀性能最好；而薄膜和清漆润滑条件下，材料的杯突值最低，只有 9. 30 mm。润滑的增加，使得变形区内的金属应变梯度变得更为平缓，提高了金属的流动性，使得相同时间内参与塑性变形的金属增多，从而冲头位移增加，得到了较大的杯突值。因此，可以推断，实验板材在冲压成形过程中，良好的润滑是保证材料成形性能的基础。

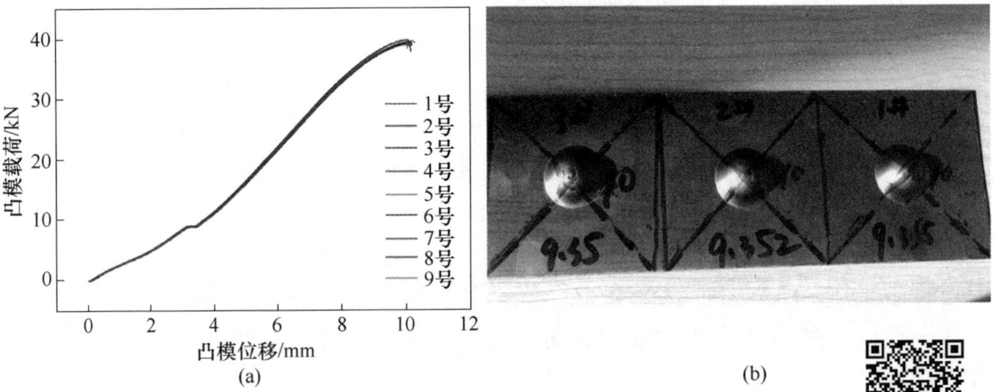

彩色原图

图 6-16　2507 双相不锈钢杯突实验载荷位移曲线及实物图

（a）位移-载荷曲线；（b）实物图

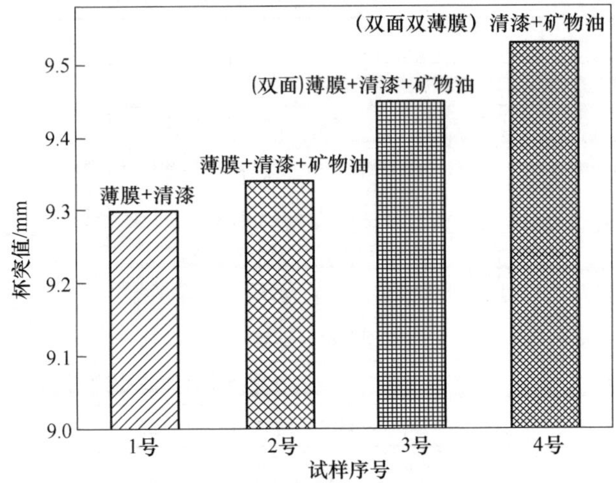

图 6-17　2507 双相不锈钢不同润滑条件下的杯突值

6. 2. 4　成形温度

冷冲压成形中的回弹、破裂、起皱及划痕等缺陷极易导致零件形状尺寸精度不足，严重限制双相不锈钢冷冲压成形的发展。相比之下，双相不锈钢热冲压成形方法不仅弥补了冷成形中变形抵抗力大的缺陷，使其更易成形，而且热成形后快速冷却能够保留高温时微观组织，从而得到良好的力学性能。热冲压成形主要包括加热、保温、移出、冲压成形、保压+淬火及开模取件等六个重要步骤。首先将板坯加热至指定温度保温一段时间后，其次迅速移至冲压机中成形模具内进行冲压并保压淬火，待冲压件冷却至室温后开模取件，从而获得所需外形的热冲压件。金属材料在高温变形中具有较高的塑性变形能力，成形性能好，可以一次成形复杂的冲压件，还能消除回弹影响，零件精度高，成形质量好。双相不锈钢热冲压成形工艺是在传统冷冲压成形的基础上引入了温度元素，其冲压成形过程以及淬火冷却过程均存在温度变化的因素，不仅涉及金属塑性流动性、两相变形协调性以及板材热成形精度，还包含相变组织演变以及敏感温度范围内析出第二相，如金属间相、氮化物及碳化物等。因此，成形温度对双相不锈钢热冲压成形的微观组织及性能至关重要。

通常双相不锈钢表现出优异的热成形性能并具有相对较低的热成形负荷（成形温度不低于 1230 ℃)，但当热加工温度过低时，容易析出使材料脆化的有害相，从而降低塑性变形能力引起热冲压件加工开裂。热冲压成形温度的初步选取一般依据材料的热力学平衡相图，从相比例的合理性以及有无析出相等方面进行考虑。图 6-18 为 2507 超级双相不锈钢的热力学平衡相图[18]。由图 6-18 可知，当温度低于 1035 ℃时，基体组织易析出 σ 相、氮化物、Laves 相以及 χ 相，其中 σ 相析出含量最大为34%；在 1035~1400 ℃范围内，仅奥氏体与铁素体两相共存，并且在 1150 ℃时两相含量相同。如果热成形终了温度低于 1035 ℃时，室温组织中不可避免地出现大量的析出相，这将严重损害材料的力学性能以及耐蚀性能。

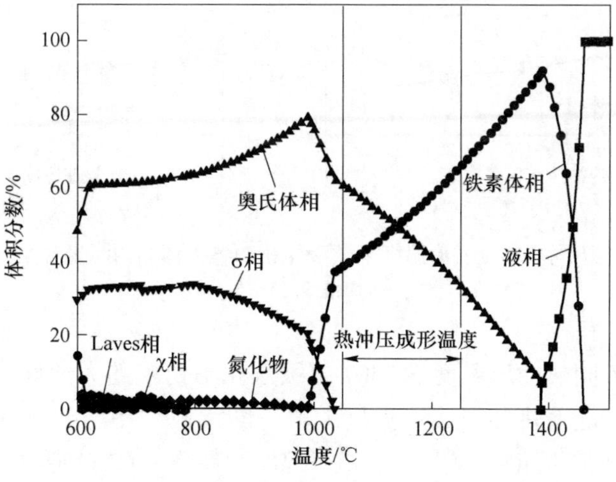

图 6-18 2507 超级双相不锈钢热力学平衡相图[18]

在双相不锈钢热冲压成形过程中伴随着相转变及合金元素配分。图 6-19 为 2507 超级双相不锈钢在不同热冲压成形温度下奥氏体相和铁素体相中合金元素含量[18]。可以看出，随着成形温度的升高，在化学势梯度的驱动下，两相内合金元素发生重新分配，其中，铁素体相形成及稳定元素 Cr/Mo 含量明显降低，而奥氏体相形成及稳定元素 Ni/N 含量小幅增加，同时，Cr/Mo 在两相中的浓度差逐渐缩小，这是由成形温度的升高促进了奥氏体相向铁素体相的转变，降低了铁素体相内元素平均浓度并增加了奥氏体相内元素平均浓度。

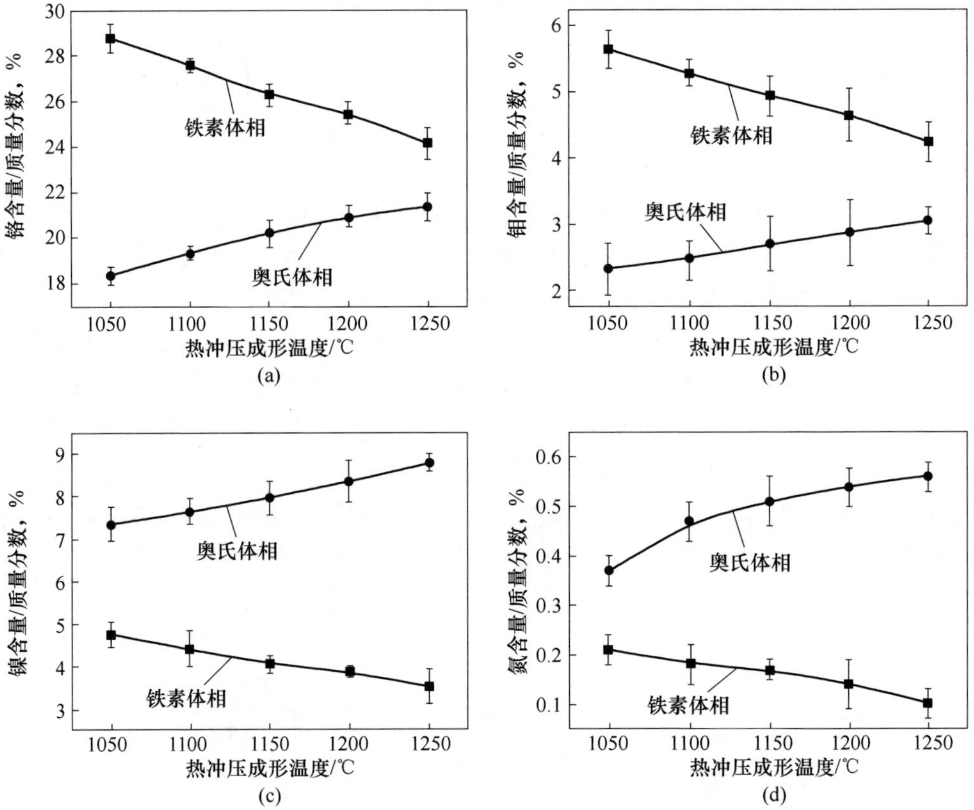

图 6-19　不同热冲压成形温度下铁素体相和奥氏体相内元素含量变化[18]

(a) 铬；(b) 钼；(c) 镍；(d) 氮

图 6-20 为不同热冲压温度下 2507 超级双相不锈钢的力学性能演变规律[18]。由图 6-20 可知，随着热冲压成形温度上升，断面收缩率与伸长率和冲击功持续下降，而抗拉强度呈倒“V”形，先升高后降低，在 1150 ℃获得最大值为 1089 MPa，相比之下，屈服强度和洛氏硬度表现为单调升高趋势，这表明热冲压成形温度上升，2507 超级双相不锈钢出现脆硬化现象，特别是冲击功大幅度下

降。此外，为了评估热冲压成形温度对材料综合力学性能的影响，图 6-20（c）给出了不同热冲压成形温度下 2507 超级双相不锈钢的强塑积（抗拉强度与伸长率的乘积），其中，强塑积越大，材料的强韧性越好，综合力学性能越优异。可以得出，强塑积随热冲压成形温度的上升而单调下降，在 1050 ℃时强塑积达到最大值为 25.28 GPa·%；在 1050~1150 ℃范围内强塑积下降幅度较小，在 1150~1250 ℃范围内强塑积下降幅度明显。因此，2507 超级双相不锈钢在 1050 ℃热冲压成形可获得最佳力学性能。

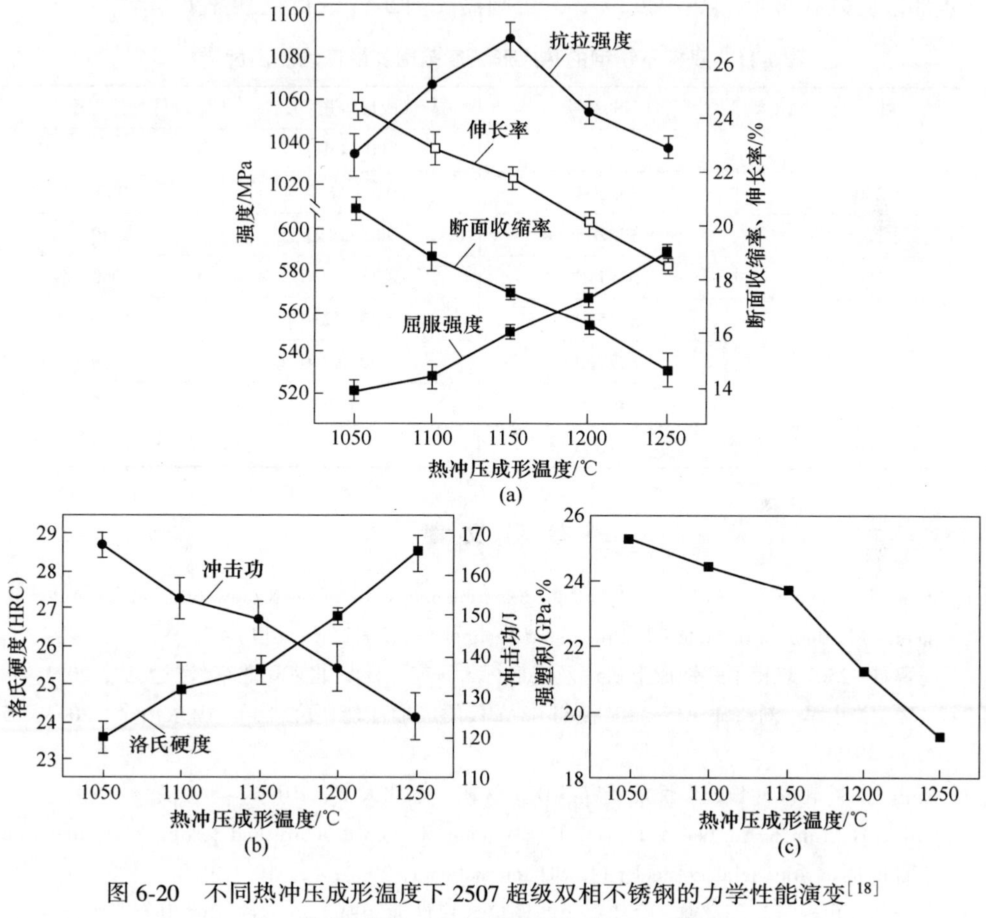

图 6-20 不同热冲压成形温度下 2507 超级双相不锈钢的力学性能演变[18]

（a）强度和塑性；（b）硬度和冲击功；（c）强塑积

结合现场生产经验可大致确定最大热冲压成形温度应控制在 1100 ~1150 ℃之间，热成形温度过高不仅会影响工件尺寸精度及稳定性，而且还会加剧材料表面氧化的程度，因此，建议成形温度上限值不宜超过 1150 ℃。表 6-11 列举了几种常见双相不锈钢的热成形温度范围和最低均热温度[19]。表中的热成形温度上限值仅供参考，不建议从最高成形温度开始热变形，应根据工件的化学成分及尺寸进一步确定。此外，在热加工前不锈钢板材的热处理温度应达到最低均热温度，以避免热成形过程中温降引起有害相析出，同时加热炉应进行预热处理以避免缓慢升温中通过析出相形成的温度区间。最后，工件的形状及尺寸严重制约双相不锈钢热成形温度的均匀性及稳定性，其中，工件边缘或较薄部位的温降速度比主体部位快，这容易形成明显的温度梯度，从而引起工件整体热成形抗力不均匀，大幅降低工件成形精度，因此需要对热成形工件进行温度监测，确保边缘或较薄部位应处在最低加热温度以上，否则需要对工件进行重新热处理。

表 6-11　双相不锈钢的热成形温度范围及最低均热温度[19]

牌　号	UNS 编号	热成形温度/℃	最低均热温度/℃
2101	S32101	900～1100	950
2304	S32304	950～1100	980
2205	S32205	950～1230	1040
2507	S32750	1025～1230	1050
—	S32520	1000～1230	1080
—	S32760	1000～1230	1100
304	S30400	925～1205	1040
316	S31600	925～1205	1040

参 考 文 献

[1] Zhao H, Rama S C, Barber G C, et al. Experimental study of deep drawability of hot rolled IF steel [J]. Journal of Materials Processing Technology, 2002, 128 (1): 73-79.

[2] 高智君. 2507 双相不锈钢成形机理及变形行为研究 [D]. 北京：北京科技大学，2021.

[3] 马璟，关小军，刘清津，等. IF 板与 08Al 板的成形性能研究 [J]. 山东冶金，2003，25 (6)：49-51.

[4] 陈占杰. 冷轧深冲板成形性能研究 [D]. 沈阳：东北大学，2010.

[5] Park S H, Kim K Y, Lee Y D, et al. Evolution of microstructure and texture associated with ridging in ferritic stainless steel [J]. ISIJ International, 2002, 42: 100-105.

[6] 邱晓刚，卢国清，陈文龙. 冷轧钢板的模拟成形性能与基本成形性能的相关性研究 [J]. 理化检验-物理分册，2002，38 (9)：374-377.

[7] Daniel D, Jonas J J. Measurement and prediction of plastic anisotropy in deep-drawing steels [J]. Metallurgical Transactions A, 1990, 21 (1): 331-343.

[8] 毛卫民. 非均匀轧制铝板中的织构 [J]. 中国有色金属学报，1992，1：86-89.

[9] 荀晓晨. 织构对 2205 双相不锈钢成形性的影响 [D]. 北京：北京科技大学，2016.

[10] Savoie J, Ray R K, Butron-Guillen M P, et al. Comparison between simulated and experimental

transformation textures in a Nb microalloyed steel [J]. Acta Metall Sin, 1994, 42: 2511-2523.

[11] Daniel D, Jonas J J. Measurement and prediction of plastic anisotropy in deep-drawing steels [J]. Metall Trans. 1990, 21: 331-343.

[12] Daniel D, Sakata K, Jonas J J, et al. Ultrasonic prediction of r-value in deep drawing steels [J]. ISIJ International, 1991, 31: 696-529.

[13] Lee K M, Huh M Y, Park S H, et al. Effect of texture components on the Lankford parameters in ferritic stainless steel sheets [J]. ISIJ International, 2012, 52: 522-529.

[14] Hamada J, Inoue H. Texture and planar anisotropy of r-value in duplex stainless steel sheet [J]. Materials Transactions, 2010, 51 (4): 644-651.

[15] Mishra S, Darmann C. Role and control of texture in deep-drawing steels [J]. International Metals Reviews, 1982, 27 (1): 307-320.

[16] Baczynski G J, Jonas J J, Collins L E. The influence of rolling practice on notch toughness and texture development in high-strength line pipe [J]. Metallurgical and Materials Transactions: A, 1999, 30 (12): 3045-3054.

[17] Alvarez A I. Duplex stainless steels: Brief history and some recent alloys [J]. Recent Patents on Mechanical Engineering, 2008, 1 (1): 51-57.

[18] 武时会，王晓阳，强华．热冲压温度对 SAF2507 钢微观组织和力学性能的影响 [J]. 热加工工艺，2022，51 (3): 97-102.

[19] 国际钼协会．双相不锈钢加工制造实用指南 [R]. 国际钼协会 (IMOA)，2018.

7 双相不锈钢的超塑性

超塑性是指材料在一定的内部条件和外部条件下，呈现出异常低的流变抗力、异常高的流变性能的现象，通常将金属材料在单向拉伸试验中测得的伸长率看成是超塑性的表征，对于有色金属来讲伸长率超过 200%，对于可锻造的黑色金属来讲伸长率超过 100%，就认为材料实现了超塑性。表 7-1 所示为部分钢铁材料的超塑性。

表 7-1 部分钢铁材料的超塑性

合金	组　成	温度/℃	最高 m 值	最大伸长率/%
共析钢	Fe-0. 8C	705	0. 35	100
	Fe-0. 91C-0. 45Mn	716	0. 42	133
过共析钢	Fe-(1. 3~1. 9)C	600~800	0. 52	750
白口铁	Fe-2. 6C	600~800	0. 5	压缩
合金钢	Fe-0. 42C-1. 9Mn	723	0. 5	460
	Fe-1. 5Mn-0. 8P	800~900	0. 52	400
	Fe-1. 5Ni-1. 0P	800~900	0. 52	400
轴承钢	Fe-0. 75C-0. 29Si-0. 32Mn-0. 29Cr-0. 02Mo	730	0. 33	850
高合金钢	Fe-4Ni-3Mo-1. 6Ti	900	0. 58	820
IN744	Fe-26Cr-6. 5Ni	870~980	0. 5	约 600
Fe-Cu	Fe-50Cu	800	0. 32	300
工具钢	Fe-0. 88C-1. 15Mn-0. 48Cr-0. 5W-0. 22V	650	0. 5	1200
双相不锈钢	Fe-24. 66Cr-6. 82Ni-2. 79Mo-0. 46Cu-0. 28W-0. 017C-0. 48Si-0. 85Mn-0. 148N	950~1050	0. 5	1000~2500

超塑性材料的应用范围主要集中在航海、石化、纺织机械和航空航天等军工产品的制造领域[1-2]。虽然变形的应变速率比一般的金属材料要慢，但超塑性成形技术具有变形流变应力低、材料塑性高、可以一次精密成形复杂零件而大大简化了加工工序等优点，因此获得了广泛的应用。最典型的是用超塑性材料制造的一大批航空航天器件，如火箭发动机部件、飞机发动机涡轮叶片和飞机舱门等，

这充分展示了超塑性材料的广阔应用前景。

目前，在国内外学者的共同努力下，超塑性材料及其成形技术的研究已经取得了重要的进展[3]。首先，超塑性在 Ni 基、Ti 基、Fe 基和 Al 基合金中得到了应用；其次，在结构陶瓷（如 Y_2O_3稳定的 ZrO_2）、功能陶瓷（如轻基磷灰石）、陶瓷复合材料（如 Al_2O_3增强的 $Y_2O_3+ZrO_2$，SiC 增强的 Si_3N_4，Fe_3C/Fe 等）、金属间化合物（如硅镍化合物、镍铝化合物、钛铝化合物等）和金属基复合材料中也都发现了超塑性。

7.1 材料的超塑性的变形机理及影响因素

半个世纪以来，科学家在超塑性机理、超塑性变形的力学特性以及超塑性应用技术等方面开展了广泛的研究，起初从超塑性现象入手，逐渐深入到外部表象与内在组织的联系，最终指向工业应用。在这个漫长的历程中，已取得很多宝贵的成果，为未来超塑性的研究和发展打下了坚实的基础。各国学者在超塑性材料、力学特征、机理和成形等方面进行了大量研究，并初步形成了较完整的理论体系。一般认为超塑性的实现条件和影响因素如下。

7.1.1 组织条件

组织超塑性要求材料微细化、等轴化和稳定化。一般来说，要实现超塑性，要求晶粒尺寸通常小于 10 μm，且晶粒越细小越有利于超塑性变形，所以在超塑性变形前一般要考虑晶粒的微细化处理，目前可通过合金化、控制凝固过程、热处理、形变热处理、粉末冶金、机械加工等方法来实现。但也有例外，如β-钛合金（约 500 μm）、β 黄铜（约 3 mm）等合金具有粗大晶粒时也会出现超塑性。

2707 双相不锈钢经过固溶处理、冷轧变形和超塑性拉伸，组织会发生一系列变化。析出相的成分和分布、晶粒尺寸、奥氏体相与铁素体相的相比例的大小等都对超塑性变形有很大的影响。2707 双相不锈钢在超塑性变形之前组织为奥氏体相和铁素体相。

研究表明，细晶（<10 μm）材料具有良好的超塑性，通过形变热处理或者大塑性变形，可以获得甚至几微米的微细晶组织。固溶处理后的 2707 双相不锈钢经过多道次冷轧，累积压下率分别为 70%、80% 和 85%。其微观组织如图 7-1 所示，组织中都只含有铁素体和奥氏体两相，冷轧变形只改变铁素体相和奥氏体相的形貌，不改变材料中铁素体和奥氏体两相的比例。经过冷轧变形后，奥氏体相和铁素体相均沿轧制方向伸长，灰色的基体是铁素体组织，拉长的奥氏体相呈“岛状”分布于铁素体的基体中，组织变得细小而均匀，有利于超塑性变形。

采用较大压下量的冷轧处理，可以使 2707 双相不锈钢固溶后的组织晶粒细

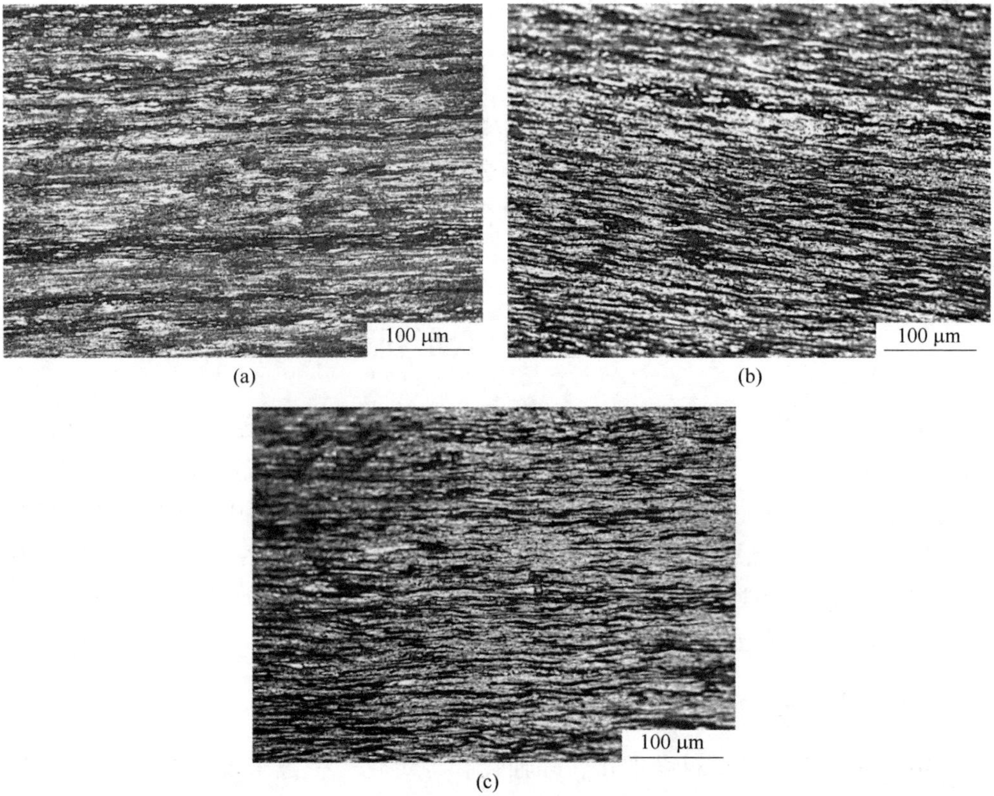

图 7-1　不同压下率冷轧处理后的金相组织

（a）70%；（b）80%；（c）85%

化，满足超塑性变形对材料细晶组织的条件和要求。而且压下量越大，材料组织的晶粒越细，越有利于超塑性变形。大压下量的冷轧变形有利于材料组织中积累大量的变形储存能，在之后的恒温超塑形变形的过程中，奥氏体相较易发生动态再结晶，形成细小等轴的奥氏体晶粒。细小等轴的奥氏体晶粒在较硬的 σ 相晶粒的钉扎位错作用下，不能发生明显的长大。这种细小等轴的晶粒组织一直维持到试样被拉断，即超塑性变形结束。这种组织有利于晶界滑移和晶粒转动，使材料得到较强的超塑性变形能力。

2707 双相不锈钢在超塑性变形过程中会有大量的 σ 相析出。σ 相硬而脆，在室温条件下要尽量避免 σ 相析出，少量的 σ 相就会降低钢的韧性和塑形等其他性能。但是 σ 相在双相不锈钢超塑性变形中起到了重要的作用，因此研究 σ 相的析出很有必要。而且随着 Cr、Mo 含量的提高，σ 相在双相不锈钢中稳定存在的上限温度逐渐提高。一般认为，σ 相的析出机制为 $\delta \rightarrow \sigma + \gamma$，所以 σ 相大量析出时，铁素体相的含量会急剧减少。

图 7-2 为试样在不同变形温度下进行超塑性拉伸前后的 XRD 测试结果。试样随炉升温到变形温度，保温 5 min 后立即取出用水冷却，此时试样的状态定义为超塑性拉伸之前状态。结果显示，在 850~950 ℃进行超塑性拉伸时，试样在拉伸前后都存在奥氏体相、铁素体相和 σ 相。这说明 σ 相在超塑性变形之前就已经析出。

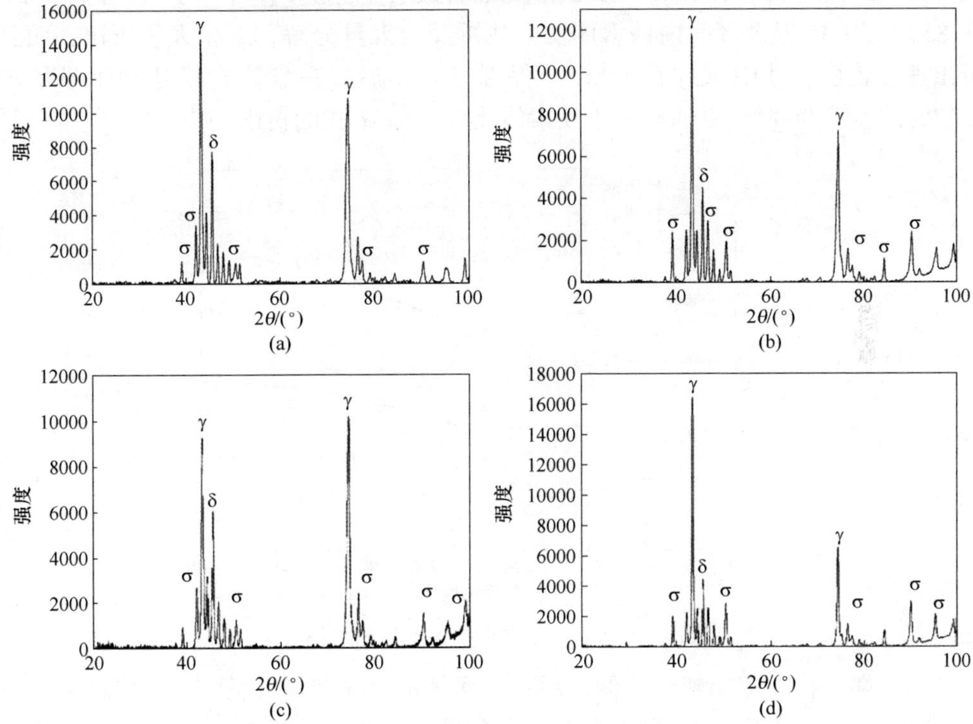

图 7-2　不同温度下超塑性变形前后 XRD 物相分析

(a) 850 ℃拉伸前；(b) 850 ℃拉伸后；(c) 900 ℃拉伸前；(d) 900 ℃拉伸后

对比不同变形温度下铁素体相衍射峰强度可以看出，拉伸之后铁素体相衍射峰强度低于拉伸之前铁素体相衍射峰强度，而且 σ 相的衍射峰强度明显增高。这是由于在该温度下发生了铁素体相发生共析转变生成奥氏体相和 σ 相。双相不锈钢中 σ 相主要分布在铁素体相内部以及铁素体相和奥氏体相相界处，这是由于铁素体相中 Cr、Mo 元素含量比奥氏体相中 Cr、Mo 元素含量多，铁素体为体心立方结构，合金元素在铁素体体心立方结构中扩散较快，有利于 σ 相的形核和长大。从图 7-2 可以看出，奥氏体相的衍射峰强度并没有明显地增高。这是因为奥氏体相也会直接转化为 σ 相。在 2707 双相不锈钢中，有一定数量的 σ 相出现在奥氏体中析出，这是由于 2707 双相不锈钢比 2205、2507 等其他双相不锈钢的 Cr，Mo 等合金元素的含量更高，即使在 Cr，Mo 含量相对较少的奥氏体相中也满足 σ 析出相的形核条件，同时实验中试样有充足的保温时间，使得 Cr、

Mo 元素的活性提高，Cr、Mo 元素有足够的能量扩散到奥氏体相中。所以部分 σ 相也会直接从奥氏体相析出。

从图 7-3 可以看出，2707 双相不锈钢经过固溶处理和冷轧变形后，加热到设定的变形温度后保温 5 min，即超塑性拉伸之前，铁素体已经发生了分解，含量大约为 10% 左右，相比 1150 ℃ 固溶处理后铁素体含量 56.76% 明显下降。说明在 850~950 ℃ 温度区间内铁素体发生共析反应大量分解，σ 相大量析出，而且析出速度较快。其中试样在 900 ℃ 保温 5 min 后，铁素体含量达到了最低的 9.17%，表明 900 ℃ 更加有利于铁素体相分解和 σ 相的析出。

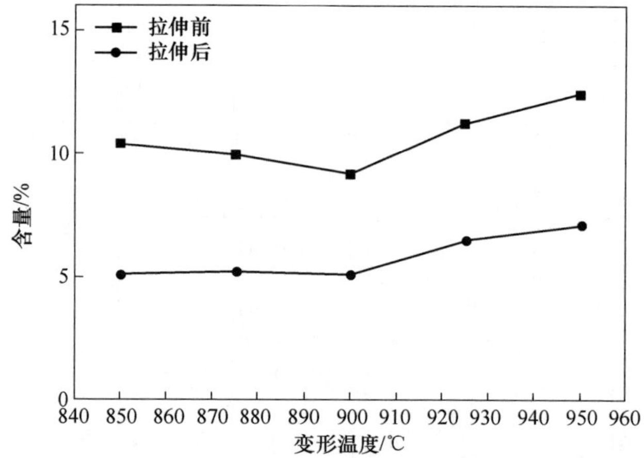

图 7-3　不同温度超塑性拉伸前后铁素体含量

当试样被拉断即超塑性拉伸之后，铁素体的含量进一步降低，约为 5%。所以超塑性变形过程中，变形促进了 σ 相的析出，而且变形时间较长，使得铁素体相有充足的时间发生共析转变生成奥氏体相和 σ 相，所以超塑性变形后期 2707 双相不锈钢组织主要由奥氏体和铁素体组成，变形主要是由奥氏体相和 σ 相互协调变形。

表 7-2 是不同温度超塑性变形后铁素体相、奥氏体相和 σ 相的显微硬度。从表中可以看出 σ 相的硬度较大，是一种硬质相。

表 7-2　超塑性变形后各相硬度

温度/℃	奥氏体(HV)	铁素体(HV)	σ 相(HV)
850	251.4	222.6	547.2
875	243.5	217.1	539.3
900	246.7	216.2	553.1
925	253.8	216.8	556.2
950	245.2	219.2	550.1

在变形过程中，铁素体相相对较软，变形初期，应变主要集中在铁素体相中，且铁素体相晶粒粗大，晶界滑移和晶粒转动难以发生，所以变形初期铁素体相主要发生塑形变形。由于 σ 相硬度较大，应力主要集中在 σ 相上，从而引起奥氏体相局部的应变积累，发生加工硬化。当奥氏体相的变形储存能足够大时，就会发生动态再结晶，生成细小等轴的组织。通过晶界滑移和晶粒转动，奥氏体相和 σ 相相间分布，形成细小均匀的组织，而且 σ 相会抑制奥氏体晶粒的长大，使得超塑形变形在后期一直保持着这种细小均匀的组织，有利于超塑性变形，使材料表现出良好的超塑性。

从图 7-4 中可以看出，随着变形过程的进行，材料保持细小等轴的奥氏体和 σ 相两相组织，晶粒尺寸一直保持在 1 μm 左右。σ 相晶粒尺寸较小，被奥氏体晶粒包围着。

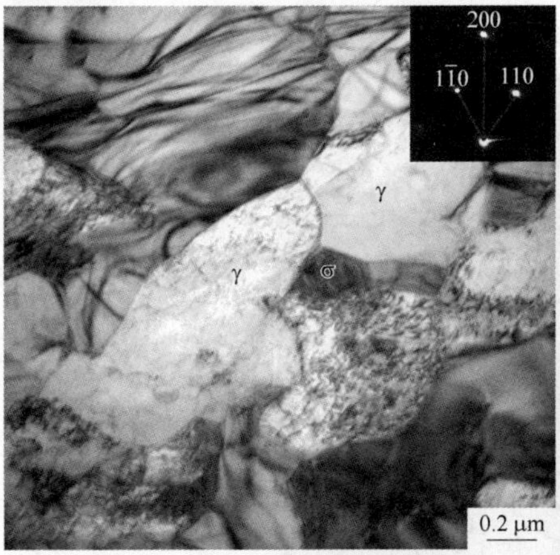

(a)

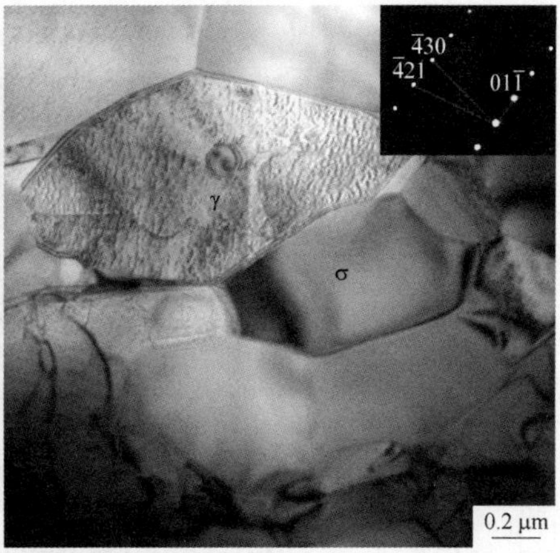

(b)

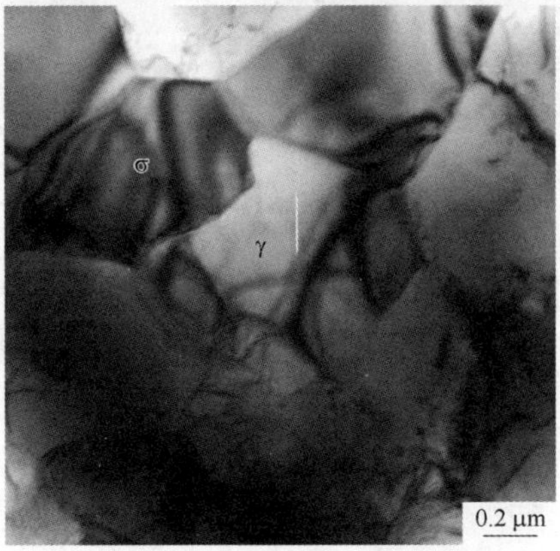

(c)

彩色原图

图 7-4 超塑性变形不同阶段透射照片

（a）拉伸前；（b）伸长率 150%；（c）拉伸后

σ 相主要在铁素体与奥氏体的相界面上析出，而且大部分 σ 相在弯曲的两相界面上析出，在一些长的平直的铁素体奥氏体相界面上并没有发生 σ 相的析出，如图 7-4（b）所示。铁素体和奥氏体一般保持特定的取向关系，即 K-S 取向关系。

$$(111)_\gamma//(110)_\alpha,\ [101]_\gamma//[111]_\alpha$$

σ 相很难在这种特定的 K-S 取向关系界面上析出。在这种界面上，两侧的铁素体与奥氏体的晶格错配度很小，具有很好的共格关系，σ 相在这样的界面上形核需要更大的驱动力，即 σ 相在共格的界面上形核阻力太大，因此这样的界面上很难会有析出相形成。如图 7-5 所示，σ 晶粒和奥氏体晶粒之间晶界处的衍射斑点无重合点阵关系，σ 相（四方结构）与奥氏体相和铁素体相形成非共格关系，这种非共格关系有利于 σ 相和奥氏体相之间晶界滑移和晶粒转动，因此有利于超塑性变形。

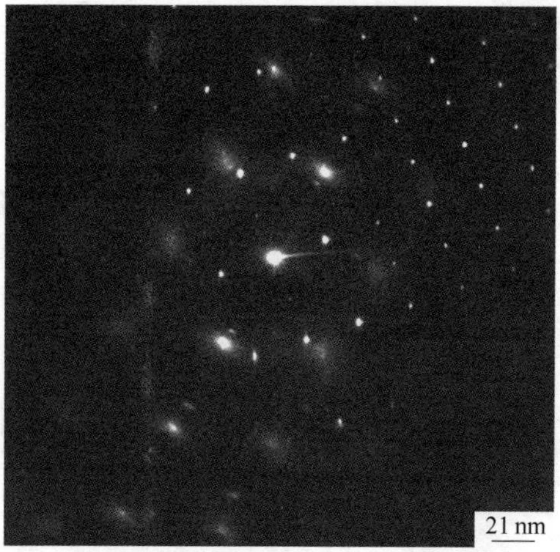

图 7-5　奥氏体相和 σ 相衍射斑点

7.1.1.1　双相不锈钢超塑性材料的断口形貌分析

金属材料断裂后，在断裂面上会留下金属在断裂前的塑性变形痕迹和断裂过程中的各种信息。通过对材料断口形貌，可以初步判断出断裂的性质和原因。2707 双相不锈钢在不同变形温度下的超塑性拉伸断口形貌如图 7-6 所示。

在超塑性变形过程中，当伸长率达到一定程度以上时，在较为细软的部位变形速度会增大，容易产生孔洞。孔洞的形成、长大和联结会导致试样断裂，对超塑性变形产生不利的影响[4]。孔洞是由于超塑性变形时，晶界滑移不能充分相互协调而产生的。一般来说，孔洞数量随着应变速率增大而增多，随晶粒长大而增多。从图 7-6 中可以看出，断口处孔洞数量较多。

在 900 ℃ 变形温度下，即超塑性伸长率最大时，孔洞的体积和数量比 850 ℃

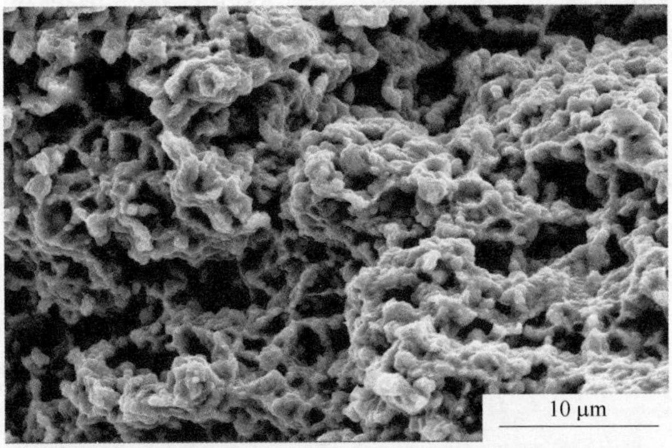

(a)

(b)

(c)

图 7-6 超塑性拉伸断口

（a）850 ℃；（b）900 ℃；（c）950 ℃

和 950 ℃ 变形温度的要小得多。这是由于在 900 ℃ 变形温度下，奥氏体发生动态再结晶，生成细小等轴的组织有利于晶界滑移。而且 900 ℃ 时，大量 σ 相在奥氏体和铁素体晶界析出，松弛了晶界滑移造成的应力集中，抑制了孔洞的长大。可见，动态再结晶生成细小等轴组织和 σ 相的析出都会抑制孔洞的形成和长大，有利于超塑性变形的进行。

2707 双相不锈钢的超塑性能力取决于组织，晶体取向分布的不同也会影响材料的最终性能。近年来，EBSD 技术在材料微观组织结构表征中得到了广泛的应用。这一技术克服了透射电镜分析区域小和统计性差的问题。本节对超塑性变形过程中 2707 双相不锈钢的晶体取向进行研究，探索其对材料超塑性能力的影响。

如图 7-7 所示，在超塑性变形开始前，晶粒取向差较小，小于 10° 的小角度晶界占 53.7%。当超塑性变形至伸长率为 100% 时，小角度晶界占 38.9%。当超塑性变形至伸长率为 150% 时，小角度晶界占 35.6%。当超塑性变形至伸长率为 200% 时，小角度晶界占 34.8%，晶体取向差 60° 所占的比例比超塑性变形之前的有了明显的升高。当超塑性变形结束后，试样中小角度晶界占 22.8%。可见随着伸长率的逐渐增大，小角度晶界逐渐减少，大角度晶界逐渐增多。

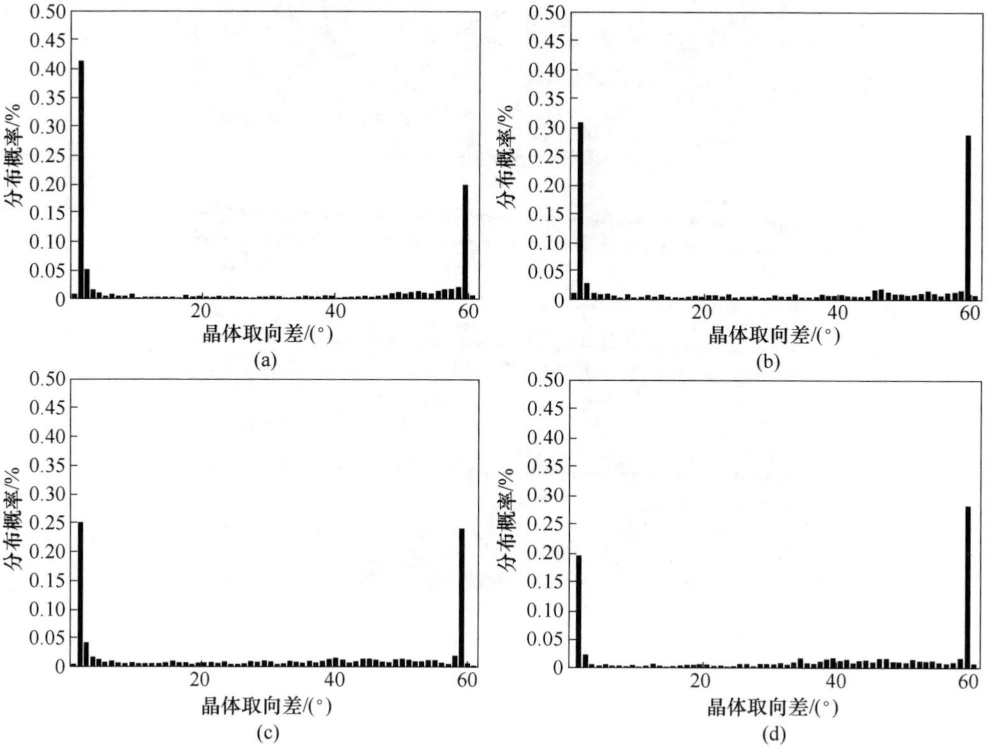

(a)　(b)　(c)　(d)

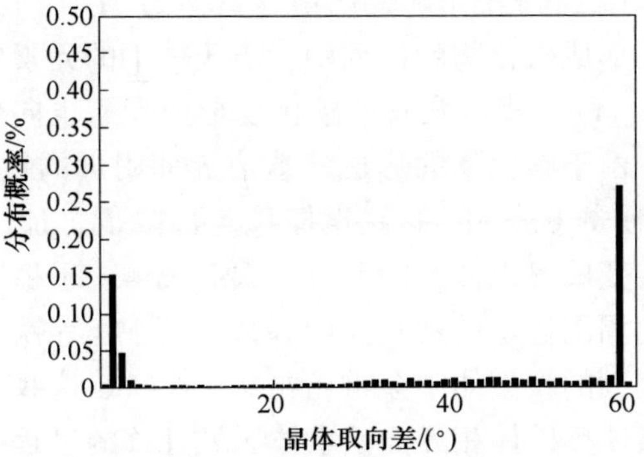

(e)

图 7-7 超塑性变形不同阶段晶体取向变化

（a）超塑性变形前；（b）超塑性变形至 100%；（c）超塑性变形至 150%；（d）超塑性变形至 200%；（e）超塑性变形后

超塑性变形开始时，由于晶界结构以小角度晶界为主，晶界滑移难以产生，致使超塑性变形所需的变形能升高，表现为拉伸时流变应力不断增大。在超塑性变形过程中晶粒取向差逐渐增加，而当超塑性变形进行到一定程度后，晶体取向已经发生了明显的变化，出现以大角度晶界为主的晶界结构[5]。这种结构明显有利于晶界的滑移，为超塑性变形过程的继续进行提供了条件，此时表现为双相不锈钢超塑性变形的流变应力不断减小，并能长时间维持在较低的水平。

7.1.1.2 σ 相的析出机制和在超塑性变形过程中的作用

2707 双相不锈钢在超塑性变形过程中会有大量的 σ 相析出。σ 相硬而脆，在室温条件下要尽量避免 σ 相析出，少量的 σ 相就会降低钢的韧性和塑形等其他性能。但是 σ 相在双相不锈钢超塑性变形中起到了重要的作用，因此研究 σ 相的析出很有必要。

σ 相是一种 Fe-Cr-Mo 的金属间化合物。σ 相晶胞内有 30 个原子，晶格常数为 $a=b=8.800$ Å（1 Å$=10^{-10}$ m），$c=4.544$ Å，晶体结构为四方结构。且 σ 相在室温下是无磁性的。σ 相在双相不锈钢中的析出温度范围为 600~1000 ℃；同时，双相不锈钢的成分中 Cr 和 Mo 元素的含量越高，σ 相析出的量越大，析出的速度越快，稳定存在的上限温度越高。在双相不锈钢中大部分 σ 相是通过共析反应 $\delta \rightarrow \gamma + \sigma$ 析出。这是由于铁素体相中 Cr、Mo 元素含量比奥氏体相中 Cr、Mo 元素含量多，铁素体为体心立方结构，合金元素在铁素体体心立方结构中扩散较快，有利于 σ 相的形核和长大。

7.1.1.3 双相不锈钢中 σ 相的析出机制

双相不锈钢在 600~950 ℃ 时效时在铁素体与奥氏体的相界面处首先会发生

共析反应：铁素体 → 二次奥氏体+碳化物（富铬的 $M_{23}C_6$），即首先在界面处析出富铬的碳化物。在形成碳化物的过程中，奥氏体中的元素向界面处扩散，与此同时铁素体中的 Cr、Mo 元素以及其他碳化物形成元素也向界面扩散，从而可以顺利地析出碳化物。由于碳化物的形成，造成界面附近的铁素体区域 Cr 元素和 Mo 元素的贫化，致使贫 Cr、Mo 的铁素体稳定性降低，加之温度的影响，失去稳定性的铁素体会转变成奥氏体，即形成二次奥氏体。不稳定的铁素体转变成二次奥氏体的同时会向周围稳定的铁素体中释放 Cr、Mo 等铁素体形成元素。也就是说，二次奥氏体周围的铁素体中会重新富集 Cr、Mo 这些元素。形成二次奥氏体的过程也就是铁素体奥氏体相界面铁素体区域迁移的过程。然而，二次奥氏体与铁素体之间的界面会被碳化物钉扎而发生弯曲，即如图 7-8 所示，随着时效时间的增长，碳化物与二次奥氏体会一起呈层状向铁素体相（富 Cr、Mo）区域长大，随之发生的是铁素体与奥氏体的界面向铁素体相的区域迁移。随着这个共析反应的进行，材料中原本含量就很低的 C 开始出现不足，碳化物无法继续析出，即上述共析反应无法再继续进行。而由于二次奥氏体的形成，其周围铁素体会重新富集 Cr、Mo 元素，这就为 σ 相的析出创造了条件，随着时效时间的延长，最终会在二次奥氏体与铁素体的界面上析出 σ 相，如图 7-8 所示。

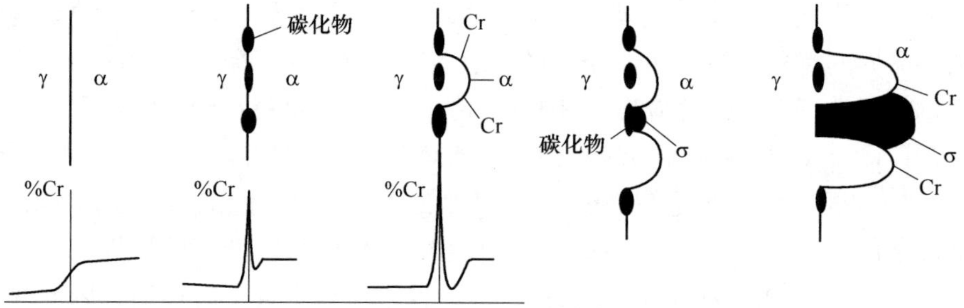

图 7-8　σ 相的析出机制示意图

由铁素体共析转变生成的 σ 相和奥氏体直接转变的 σ 相都弥散分布在基体中。奥氏体发生动态再结晶后，生成细小等轴晶粒，但是由于周围 σ 相的阻碍作用，使得细小的奥氏体晶粒无法继续长大。因此超塑性变形过程中始终保持着这种微晶组织，而这种微晶组织有利于晶界滑移和晶粒转动的进行。所以 σ 相在超塑性变形过程中起到了抑制奥氏体晶粒长大，维持细晶组织的作用。

7.1.2　应变速率

有人用应变速率敏感指数 m 来定义超塑性，认为 m 大于 0.3 时，材料即具有超塑性，m 值越大，抗缩颈发展的能力越好，则伸长率越大。研究表明，只有

应变速率控制在 $10^{-4} \sim 10^{-1}\ s^{-1}$内才能获得超塑性[6-7]。

断后伸长率-变形温度关系曲线如图 7-9 所示。可以看出，经过固溶处理和 85% 的压下率冷轧处理的 2707 双相不锈钢表现出了优良的超塑性变形性能。在 850~950 ℃ 温度范围内，进行超塑性拉伸实验时，试样的伸长率均大于 100%，满足超塑性变形伸长率必须大于 100% 的要求。当变形温度为 850℃，应变速率为 $2\times10^{-4}\ s^{-1}$时，伸长率最小为 125%。

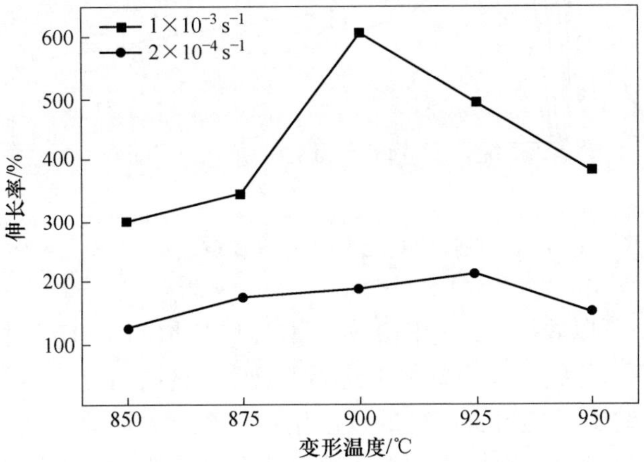

图 7-9　超塑性拉伸伸长率随温度的变化关系

应变速率为 $1\times10^{-3}\ s^{-1}$的试样伸长率均高于应变速率为 $2\times10^{-4}\ s^{-1}$的试样。由此可以说明 2707 双相不锈钢在应变速率 $1\times10^{-3}\ s^{-1}$的超塑性变形能力比在应变速率 $2\times10^{-4}\ s^{-1}$的超塑性变形能力强。而且随着温度的升高应变速率不同的两组试样伸长率都是先升高后降低，当温度为 900 ℃，应变速率为 $1\times10^{-3}\ s^{-1}$的试样伸长率达到了最大的 607%，而当温度为 925 ℃，应变速率为 $1\times10^{-4}\ s^{-1}$的试样伸长率达到了最大的 214%。当应变速率为 $1\times10^{-3}\ s^{-1}$时，断后伸长率均大于 300%（分别为 305%、346%、607%、493%和 381%）具有较高的断后伸长率，表现出较好的超塑性变形能力。

2707 双相不锈钢在不同变形温度和应变速率条件下进行超塑性拉伸过程，计算机记录应力-伸长量关系曲线。根据体积不变原理，通过式（7-1）和式(7-2)将应力-伸长量转化为真应力-真应变曲线，如图 7-10 所示。

$$\sigma = \frac{PL}{A_0 L_0} \tag{7-1}$$

$$\varepsilon = \ln \frac{L}{L_0} = \ln\left(1 + \frac{\Delta L}{L_0}\right) \tag{7-2}$$

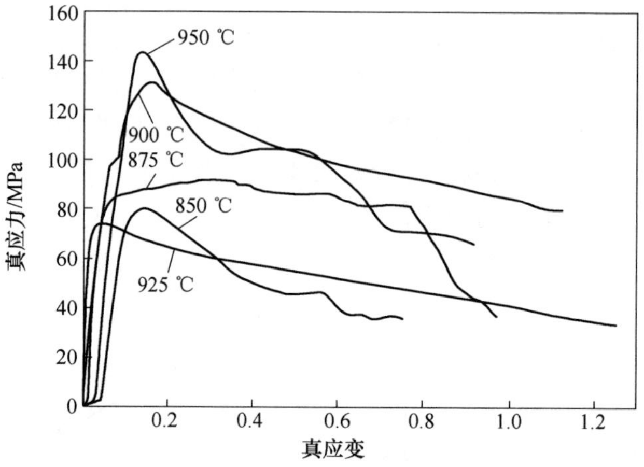

图 7-10　超塑性拉伸真应力-真应变曲线（$\varepsilon = 2\times10^{-4}\ s^{-1}$）

从图 7-10 中可以看出，经过固溶处理和冷轧变形的 2707 双相不锈钢，在不同变形温度和不同应变速率的条件下进行超塑性拉伸，真应力-真应变曲线都呈现出相同的变化趋势。随着真应变的逐渐增加，真应力迅速增大。流变应力达到最大值后真应变继续增大真应力逐渐下降，直到试样断裂。在 950 ℃ 变形温度，$2\times10^{-4}\ s^{-1}$应变速率条件下，峰值应力达到了最大的 143 MPa。在 850 ℃ 变形温度，$1\times10^{-3}\ s^{-1}$应变速率条件下，峰值应力达到了最大的 224 MPa。

超塑性拉伸前期，σ 相开始形核析出，数量逐渐增多，由于 σ 相是硬脆相，不利于位错的运动，而且拉伸前期晶粒较大，不利于晶界滑移和晶粒转动，所以变形抗力较大，表现为流变应力逐渐提高。一段时间之后，组织经过再结晶生成较多均匀细小的等轴晶粒，有利于晶粒转动和晶界滑移，所以流变应力逐渐降低。

应变速率敏感性指数（m 值）评价金属超塑性能力强弱的一个重要的指标。m 值反映的是金属在变形时流变应力对于应变速率变化的敏感性程度。一般来说，当 m 值大于 0.3 时，认为金属的超塑性能力较强，在适当的变形温度和应变速率条件下容易发生超塑性变形。当 m 值小于 0.3 时，金属的超塑性能力较弱，或者没有超塑性能力。m 值的物理意义是阻碍金属在超塑性变形过程中颈缩的发展，保持变形的稳定性和均匀性。

除了应变速率，变形温度、晶粒尺寸、材料组织、回复和动态再结晶、晶粒形状等条件也都会影响金属材料的超塑性变形能力。其他条件一定的情况下，描述超塑性变形流动特征的本构方程为 Backofen 方程，如式（7-3）所示。

$$\sigma = k\varepsilon^m \tag{7-3}$$

式中，σ 为超塑性变形流变应力；ε 为应变速率；m 为应变速率敏感指数，称为 m 值；k 为材料常数。

当金属材料受到载荷 P 的拉伸作用时，有：

$$\sigma = k\varepsilon^m = \frac{P}{A} \tag{7-4}$$

式中，A 为试样的横截面积。

再根据体积不变原理，有：

$$\varepsilon = \frac{1}{I}\frac{\mathrm{d}I}{\mathrm{d}t} = \frac{1}{A}\frac{\mathrm{d}A}{\mathrm{d}t} \tag{7-5}$$

可得：

$$\frac{\mathrm{d}A}{\mathrm{d}t} = -\left(\frac{P}{A}\right)^{\frac{1}{m}} A^{1-\frac{1}{m}} \tag{7-6}$$

式（7-6）表明试样截面的收缩速率 $\frac{\mathrm{d}A}{\mathrm{d}t}$ 与 $A^{1-\frac{1}{m}}$ 成正比。同一种材料同样的变形条件，m 值相同，试样某一部位的横截面积 A 越小，那么这个部位的截面收缩速率就比其他部位大很多，容易出现颈缩现象，造成试样在变形过程中过早地断裂，材料超塑性性能较差。而且在相同变形条件下，m 值越小，试样截面积越小的部位截面收缩率越大，越容易出现颈缩现象。相反，m 值越大，试样截面积越小的部位截面收缩率越小，不容易出现颈缩现象。所以 m 值可以反映出材料稳定变形、抑制局部出现颈缩、获得较大伸长率的能力。绝大部分金属材料的 m 值越大，超塑性变形的伸长率也越大。

随着超塑性研究的发展，各国学者都对应变速率敏感性指数 m 值进行了大量研究。目前，有十多种测量 m 值的方法[8-10]。本实验选用最常用的 $\lg\sigma$-$\lg\varepsilon$ 曲线斜率法来算 2707 双相不锈钢的 m 值。

将式（7-3）取微分，整理后得：

$$m = \frac{\mathrm{d}\lg\sigma}{\mathrm{d}\lg\varepsilon} \tag{7-7}$$

将式（7-7）积分后得：

$$m = \frac{\lg\sigma_1 - \lg\sigma_2}{\lg\varepsilon_1 - \lg\varepsilon_2} \tag{7-8}$$

根据式（7-7）所作出的曲线，由式（7-8）计算多组曲线的斜率，取其平均值即为 2707 双相不锈钢的 m 值。计算结果如图 7-11 所示。

从图 7-11 中可以看出，2707 双相不锈钢在不同变形温度和不同应变速率下，试样的 m 值均大于 0.3，满足材料超塑性变形的最低要求。整体来看，m 值随变形温度的变化规律与伸长率随温度的变化规律相近，m 值随着变形温度的增大而

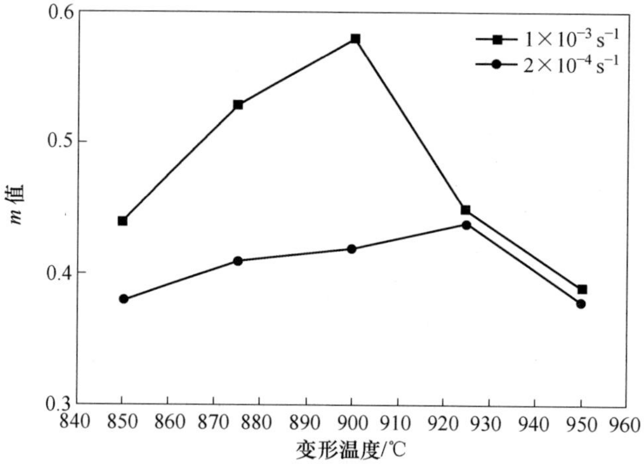

图 7-11　*m* 值随变形温度的变化关系

先增大后减小。其中试样在 900 ℃ 和 $1\times10^{-3}\ s^{-1}$的条件下变形，*m* 值达到了最大值 0.58。对应着材料在此变形条件下伸长率也是最大的。试样在 $1\times10^{-3}\ s^{-1}$应变速率下的 *m* 值都大于对应变形温度下 $2\times10^{-4}\ s^{-1}$应变速率下的 *m* 值。

7.1.3　变形温度

变形温度和变形速度（应变速率）都是决定金属塑性大小的重要因素，这是因为变形过程中变形引起金属的硬化和高温导致金属的软化同时存在。变形温度对超塑性的影响非常明显，当变形温度 $T>0.5T_m$（T_m 为熔点的绝对温度）时出现超塑性。通常，随变形温度升高，金属的塑性会增加，这是因为随温度升高，原子热运动的能量增加，并为扩散性质明显的塑性变形机构（非晶机构、溶解机构等）的同时作用创造了条件。同时，高温变形时的再结晶是一个动态的、连续的回复过程，一方面产生应变强化；另一方面产生再结晶回复使金属软化。而组织超塑性材料要求低应变速率和高温度（变形温度 $T>0.5T_m$），再结晶过程能充分进行，从而使在变形过程中所产生的破坏和缺陷得到恢复的可能性增加。

通常将材料的超塑性分为三类，即微细晶超塑性（又称恒温超塑性、结构超塑性）、相变超塑性和其他超塑性。

相变超塑性由于实现时技术较复杂，在工业应用上受到一定的限制，一般所讲的超塑性多指微细晶粒超塑性。微细晶超塑性的实现需要满足三个基本条件，即一定的变形温度、一定的变形速度以及细小等轴的晶粒，超塑性变形温度一般较窄，通常需要保持恒温状态，并且变形速度也较低，晶粒细化的程度根据材料的不同而有所不同，要求晶粒达到 0.5～5 μm 以下，但有的材料如 β-Ti 合金在晶粒呈等轴晶，直径为 300 μm 时也可实现超塑性。

相变超塑性是指材料在一定的温度范围内和一定的负荷条件下，经过多次的相变获得较大的伸长率，具有相变的金属及合金都可以通过相变实现超塑性。

其他超塑性是指除了微细晶超塑性和相变超塑性以外的超塑性，如有序无序超塑性、单晶超塑性、单相固溶体超塑性、相变诱发超塑性、短暂超塑性、大晶粒超塑性等。

7.2 双相不锈钢超塑性变形机理

在对超塑性变形机制的探索历程中，科研工作者在不同的材料体系中提出了许多模型，如“扩散流动机理”[11]、“位错蠕变理论”[12]、“晶界滑动机理”[13]、“晶粒换位模型”[14]、“心部—表层理论”[15]及“晶粒转出模型”[16]等。截至目前，比较普遍认同的变形机制为晶界滑动。而晶界滑动通常需要位错运动[17]或者扩散运动[18]来协调。

晶界（相界）滑动作为超塑性变形的主要机制人们已普遍接受了，这是通过试样表面划痕在晶界处的位移而认可的。晶界滑动如果没有一些机制协调是难以进行的，但是究竟以哪些协调机制进行协调？从一些机理模型可知，协调机制有晶界附近的位错滑移和攀移；晶界迁移和扩散蠕变，激发位错等。空洞也具有协调性。

选取了伸长率最大的工艺参数，即变形温度为 900 ℃，应变速率为 $1\times10^{-3}\ s^{-1}$。变形温度以 3.6 ℃/s 的加热速度在 246 s 时候加热到 900 ℃，然后保温3 min左右后开始进行拉伸。在保温过程中，选择一个特殊形貌的奥氏体相（图 7-12）作为超塑性拉伸实验的原位观察区域。如图 7-12 中 A 所示，在超塑性拉伸之前（441.16 s），铁素体已经部分分解，有黑色析出 σ 相析出。从中可以看出，大多数 σ 相分散在铁素体相中，这些 σ 相是通过共析反应 $\delta\rightarrow\gamma+\sigma$ 析出。此外，还观察到一小部分 σ 相分布在奥氏体相内。这表明奥氏体相内的 σ 相是直接从奥氏体相析出。

随着真应变的增加，流变应力逐渐增加，并且在 720 s 时达到了峰值应力，最大峰值应力为 130 MPa。在流变应力增加阶段，由于晶粒尺寸大，晶界滑动和晶粒转动难以进行，变形主要集中在较软的铁素体相，因此拉伸初始阶段的变形是塑性变形，流变应力迅速增加。如图 7-12 中 B 所示，岛状奥氏体相分布在铁素体相基体中，奥氏体相发生动态再结晶，生成细小、等轴的奥氏体晶粒，此时，晶界角度主要以大角度晶界为主，晶界滑动和晶粒转动较易发生，所以流变应力开始逐渐下降。如图 7-12 中 C 所示，在 783 s 时，组织中存在奥氏体相、σ 相和残余的铁素体相。残余铁素体相晶粒尺寸较大，难以发生晶界滑动和晶粒转

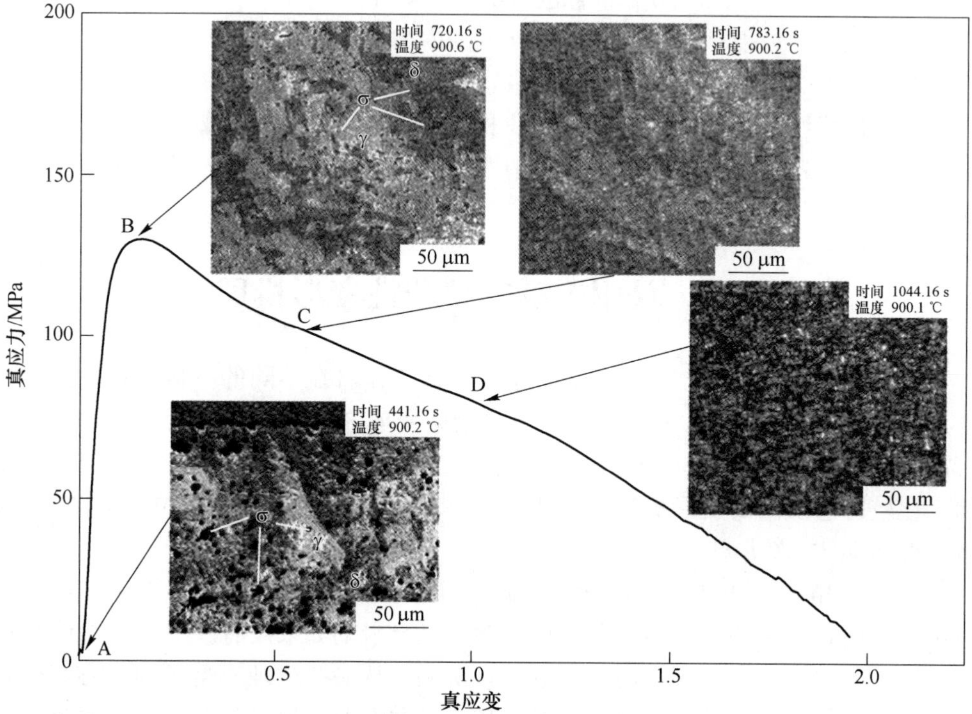

图 7-12　原位拉伸组织变化过程

动，发生塑性变形，晶界滑动和晶粒旋转主要在 σ 晶粒和奥氏体晶粒之间进行。所以在拉伸第二阶段同时发生超塑性变形和塑性变形。在这个阶段铁素体继续分解，组织更加趋于细小等轴均匀化，大角度晶界继续增多，故流变应力继续减小。如图 7-12 所示，细小等轴的 σ 相和奥氏体相相间分布，铁素体相几乎完全分解，有利于晶界滑动和晶粒转动的进行，在拉伸最后阶段只有超塑性变形。由于 σ 相钉扎晶界的作用，在超塑性变形后期晶粒难以长大，为超塑性变形提供了有利条件。所以随着真应变的增加，流变应力逐渐减小，直到最后试样被拉断。

由于制样之前进行了较大压下量的冷轧，而且拉伸初期流变应力逐渐提高，促进了奥氏体动态再结晶的发生，如图 7-12 所示，使晶粒得以细化。同时在变形的过程中发生 $\delta \rightarrow \gamma + \sigma$ 的相变，体积较大的铁素体基体分解，生成细小的奥氏体相和 σ 相，占据原有铁素体空间。而且超塑性变形后期，晶粒容易发生变形诱发长大和高温下的静态长大，但是此时晶粒长大并不是很明显，这是由于奥氏体和 σ 相相互制约，抑制晶粒长大，为超塑性变形提供了前提条件，使得超塑性变形可以延续下去。

目前有多种对超塑性机理的解释，其中晶界滑动和晶粒转动是较为认可的机制。晶界滑移机制如图 7-13 所示。B 和 C 之间的晶界是相同的两相晶界。而 A 和 B、A 和 C 是不同相之间的晶界。对于同相晶界来说，界面容易发生扩散迁移，对于异相晶界，界面难以发生扩散迁移。当 A 和 B 晶粒间的界面发生滑移时，在 A、B 和 C 晶粒间的三角界附近产生了一个三角形晶格错排区，这一局部畸变导致晶格自由能升高，由于 B 和 C 为同类相晶粒，所以由错排区造成的自由能升高可以驱动同相界面发生扩散迁移。通过扩散而产生的晶界迁移可以消除晶界滑动在三角界障碍处产生的应力集中，保持晶粒间的连续性，使迁移区的晶格得以修复，这有利于晶界滑动的进一步进行。

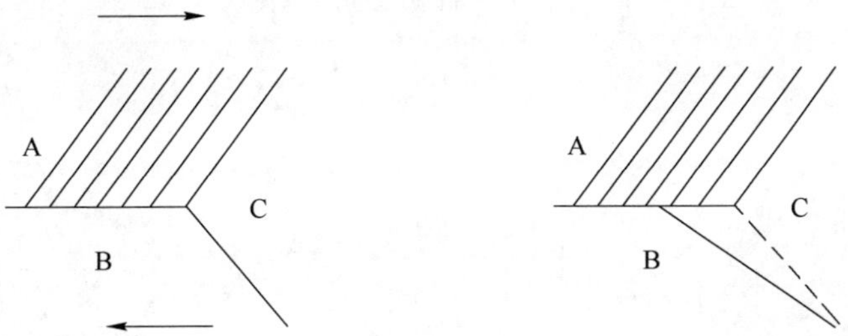

图 7-13 晶界滑动原理图

2707 双相不锈钢经过固溶处理和大压下量的冷轧处理得到了细晶组织，而且由于大量的 σ 相和二次奥氏体的析出以及奥氏体动态再结晶细化了晶粒组织，从而相互抑制晶粒长大，形成大量细小晶粒组织，大幅度提高晶界的比例，储存更多的界面能，促进晶界滑移。而且晶粒转动可以改变晶界角度，表现为小角度晶界逐渐减小，大角度晶界逐渐提高，大角度晶界的显著增加为晶界滑移创造了条件。

晶界滑移也促进晶粒转动，晶粒转动机制如图 7-14 所示。此晶粒转动模型是一个二维模型，在超塑性变形过程中，晶粒受力不均匀，会沿着受力方向发生转动，使得晶界角度发生变化。从试样经过超塑性拉伸宏观形貌图可以看出，大部分试样没有发生明显的颈缩，此二维模型不能解释变形过程中试样表面积的增加。Gifkins 提出一个三维的晶粒转出模型。当晶界在滑移过程中会产生孔洞，这时有些晶粒从下层转出来填补此孔洞。从图 7-15 可以看出，超塑性变形后试样表面变得起伏不平，这是晶粒沿垂直于表面方向的上下运动所致，表明晶粒在三维空间内通过晶界滑移发生晶粒转动。

在应力的作用下，晶粒在层与层之间转动，下层的晶粒翻滚到上层，宏观表现为变形过程中试样没有发现明显的颈缩，只是在厚度方向上变薄，这种晶粒转动使得 σ 相和奥氏体相互穿插，形成较为均匀的两相组织，有利于超塑性变形的进行。

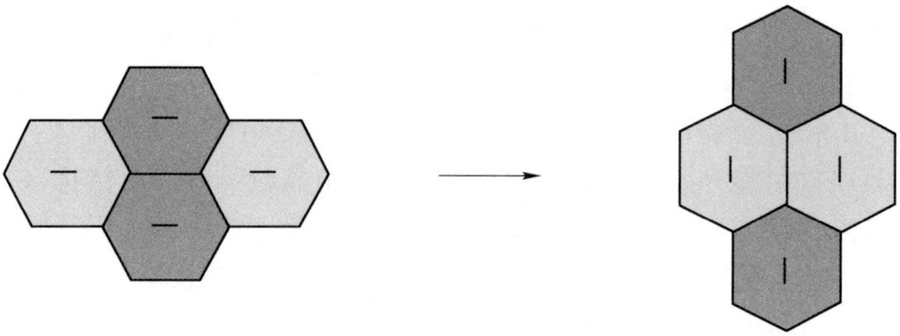

图 7-14　晶粒转动原理图

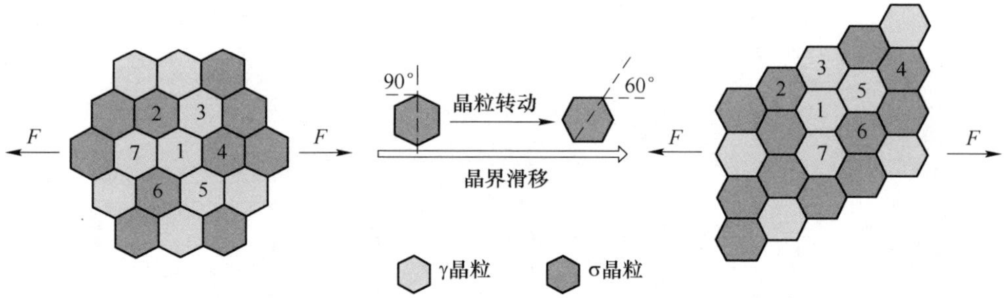

图 7-15　超塑性变形机理示意图

双相不锈钢超塑性变形中晶界滑移和晶粒转动的机理。每个小六边形代表一个晶粒，其中浅色六边形代表奥氏体晶粒，深色六边形代表 σ 晶粒。由于超塑性变形中后期铁素体相含量很少，所以忽略铁素体晶粒。小六边形组成的大六边形表示变形前试样的显微组织。在晶界滑动的作用下，双相不锈钢的六边形显微组织变为平行四边形。其中相对于 1 号晶粒，6 号晶粒和 5 号晶粒朝着应力方向向前滑动，但是还未分离。1 号晶粒和 4 号晶粒在晶界滑动的作用下分离。在超塑性变形的同时，在晶粒转动的作用下，晶界角度也发生了变化。综上可知，超塑性变形机制为晶界滑移、晶粒转动、动态再结晶等的复合机制。

7.3　双相不锈钢的超塑性及其应用的研究

要想实现超塑性，一般来说要求材料的显微组织具有“等轴、细晶、稳定”的特点。这里的“稳定”是指材料在超塑性变形时组织保持“等轴细晶”状态而不发生明显粗化。所以，一直以来大多数学者致力于研究如何获得稳定的等轴细晶组织并选择适当的变形条件（变形温度和应变速率）以获得较佳的超塑性。

当然，非理想组织材料的超塑性在近年来也备受关注。例如，通过 Ti 的合金化可以实现具有100~350 μm晶粒尺度的Fe-Al合金的超塑性[19]。Ni_3Al基合金[20]以及NiAl和Ni_3Al双相合金[21]在高温变形时存在大晶粒超塑性现象；单相或准单相铝合金中在热变形时由于粗晶细化而表现出超塑性[22]铝合金中非等轴晶可以实现等轴化[23]。由此可见，虽然有些非理想组织材料并不具备“等轴、细晶、稳定”的特点，但是其组织在高温变形过程中可以发生非等轴晶等轴化、混晶均匀化及晶粒细化的现象，从而有利于实现超塑性。值得一提的是，如果可以实现非理想组织材料的超塑性，就可以免去或者简化前期制备“等轴、细晶、稳定”组织的工艺流程，这是很有实用价值的。

目前，在国内外学者的共同努力下，超塑性材料及其成形技术的研究已经取得了重要的进展，如图7-16所示。超塑性材料广泛用于国民经济各个领域。日本NAS-Murdock公司采用这种双相不锈钢超塑性材料成功地制造出了波音737客机用盥洗盆。该产品长1100 mm、宽350 mm、深270 mm，是当时最大的不锈钢超塑性成形制品。美国开发出了超塑性成形和超塑性扩散连接技术，此项技术对于航空结构加工生产是一次具有划时代意义的技术革命。超塑性材料广泛用于国民经济各个领域。材料的超塑性在成形方面的应用，是一种高精度有少切削或无切削的新技术，可以提高材料的利用率，降低能耗，提高产品质量，其意义十分重要。双相不锈钢超塑性成形加工包括多种超塑性技术，如钢制模具的超塑性成形、超塑性形变热处理、超塑性焊接、超塑性化学热处理等。广泛应用材料的超塑性这一特性具有十分重要的技术经济潜力。

图7-16 双相不锈钢超塑性应用

参 考 文 献

[1] Wei Z, Lai Z J, Jin C H, et al. Effect of ageing on precipitation and impact energy of 2101 economical duplex stainless steel [J]. Materials Characterization, 2009, 60 (1): 50-55.

[2] 武金有，李保成. 材料的超塑性及其应用 [J]. 兵器材料科学与工程，1992，15 (4): 5-9.

[3] 张立斌，张雷. 高技术材料的超塑性研究及应用的进展 [J]. 航空制造工程，1991 (11): 3-7.

[4] Chiang M F, Young M C, Huang J Y. Effects of hydrogen water chemistry on corrosion fatigue behavior of cold-worked 304L stainless steel in simulated BWR coolant environments [J]. Journal of Nuclear Materials, 2011, 411 (1/2/3): 83-89.

[5] 俞子超. 热处理对 Cr22Ni5Mo3 双相不锈钢组织与性能的影响 [D]. 西安：长安大学，2018.

[6] 肖纪美. 不锈钢的金属学问题 [M]. 2 版. 北京：冶金工业出版社，2006.

[7] 谭华. 双相不锈钢焊缝组织演变与腐蚀行为研究 [D]. 上海：复旦大学，2012.

[8] Enikeev F U, Mazurski M I. Determination of the strain rate sensitivity of a superplastic material during load relaxation test [J]. Scripta Metallurgica et Materialia, 1995, 32 (1): 1-6.

[9] 宋玉泉，程永春，王习文. 拉伸变形应变速率敏感性指数的力学涵义及其规范测量 [J]. 机械工程学报，2000，36 (8): 6-10.

[10] Yuquan S, Shujun L. Mechanical theory of strain rate sensitivity index m and new method of measurement using constant load [J]. Materials Science and Technology, 2013, 29 (5): 123-130.

[11] Backofen W A, Murty G S, Zehr S W. Evidence for diffusional creep with low strain rate sensitivity [J]. Transactions of the Metallurgical Society of AIME, 1968, 242 (1): 329-335.

[12] Chaudhari P. Deformation behavior of superplastic Zn-Al alloy [J]. Acta Metallurgica, 1967, 15 (12): 1777-1786.

[13] Gifkins R C. Grain-boundary sliding and its accommodation during creep and superplasticity [J]. Metallurgical Transactions A, 1976, 7 (8): 1225-1232.

[14] Lee D. Structural changes during the superplastic deformation [J]. Journal of Materials Science, 1970, 1 (1): 309-311.

[15] Francis A, Byrne G, Warburton G R, et al. Experiences with Zeron 100s superduplex stainless steel in the uHH process industries [C] // Proceedings of the International Conference on Corrosion Science, 2015: 120-128.

[16] 向红亮，刘东，阮方如，等. 时效析出相对铸造 2507 超级双相不锈钢力学及耐蚀性能的影响 [J]. 金属学报，2010，46 (8): 941-945.

[17] Witkin D, Han B Q, Lavernia E J. Mechanical behavior of ultrafine-grained cryomilled Al 5083 at elevated temperature [J]. Journal of Materials Engineering & Performance, 2005, 14 (4): 519-527.

[18] 赵钧良，肖学山，徐明华，等. 高温下 00Cr25Ni7Mo4N 超级双相不锈钢的相组织及其元素

含量变化研究［J］. 上海钢研，2006（3）：33-37.

［19］ Lin D，Lin T L，Shan A，et al. Superplasticity in Fe_3Al-Ti alloy with large grains［J］. Scripta Metallurgica et Materialia，1994，31（11）：1455-1460.

［20］ 谷月峰，林栋梁，单爱党，等. 晶粒尺寸为 10~30μm 的 Ni_3Al 基合金的超塑行为［J］. 金属学报，1997，33（3）：325-329.

［21］ 刘震云，林栋梁，谷月峰，等. NiAl 和 Ni_3Al 双相合金的超塑性变形［J］. 金属学报，1996，32（11）：1139-1143.

［22］ Hales S J，Mcnelley T R. Microstructural evolution by continuous recrystallization in a superplastic Al-Mg alloy［J］. Acta Metallurgica，1988，36（5）：1229-1239.

［23］ Kaybyshev O A，Lutfullin R Y，Salishchev G A. Microstructural changes during heat treatment and hot deformation of titanium alloy VT9 with platelike structure［J］. Materials Science and Engineering，1985，73（2）：45-53.